# 转型背景下城市新区居住空间规划研究

王承慧　著

东南大学出版社·南京

# 目　录

# 0 绪 论

## 0.1 研究的背景和意义

在信息化和经济全球化的推动下,中国有可能在较短时间内完成工业化的进程,进而改变长期二元结构体制下的城乡结构。这一变革对城市空间结构的带动主要体现为城市产业结构的调整、大量产业园区的兴起以及农村地区的自主就地城市化过程,相应地推动了城市空间结构的调整,引发了新区建设的热潮。城市新区建设是城市空间扩张的一种方式,对于早期建设的城市新区而言,其动力机制一般为产业积聚推动、舒解旧城人口压力,从类型上看一般较多为产业园区和城市边缘大型居住新区。2000 年以来,伴随城市产业结构的深度提升,从区域层面加以职能定位的综合性新城成为发展趋势;同时 1990 年代末深化住房制度改革,城市新区逐渐成为房地产开发的热土,居住空间的建设对于城市新区来说不再是单纯的配建,表现出日渐增强的引领作用。

城市新区的居住空间作为城市居住空间的主要增长空间,在促进新区的内涵式发展、增强新区的吸引力和竞争力方面的作用是巨大的。从目前的发展状况来看,城市新区居住空间已成为吸纳旧城疏散出的人口(包括主动疏散和被动拆迁)的主要空间,同时也是城市扩展中涉及的被征地农民的聚居空间,还是外来移民的聚居目的地之一。城市规划在其中起到了一定的引领和推动作用,同时又暴露出种种问题。

一是功能方面的问题。宏观层面,缺乏对新区居住空间发展的动态控制,居住空间与就业空间难以取得良性互动。中观层面,配套设施规划建设缺乏适应性;居住空间组织结构趋同,缺乏深入细致的研究支撑;不重视设计组织,特色与活力欠缺。微观层面,空间环境与住区形象过于注重视觉效应、豪华风格以及与身份标签的对应,对外缺乏与城市结构的互动,内部设计忽视场所性、生态性和集约性。城市规划亟须从更高的角度、以更宽广的视野综合考虑经济效益与社会效益、短期效益与长远效益。

二是社会方面的问题。新区居住空间发展普遍忽视社会空间结构的调控。居住社会空间结构的丰富性和混合度呈现下降之势。对于承载低收入、失地农民等居住空间的保障性住房的建设而言,规划一直以来呈现失语状态。突出的问题诸如经济适用房普遍存在社会负效应和外部负效应问题,失地农民安置区由于缺乏适宜的环境支撑导致城市适应性低,外来农民工租赁住房保障失效等,这些问题不利于社会和谐发展,不利于新区长远持续健康地发展,将给日后整治协调增加巨大的成本。

我国 1980 年代以来进入社会经济的"双重转型"时期①,受发达国家后工业生产方式及经济全球化等影响,其所涉及的社会经济层面的变化十分复杂。当下这一阶段已经走到了转型的关键时期,经济增长速度加快,社会分化程度加大,利益格局差距加深,环境污染问题严重。为应对这些问题,国家政治经济体制已开始针对性的改革,开始从"又快又好"地发展转向"又好又快"地发展。反映到有关居住空间建设方面,住房制度、房地产调控、土地管理、住房规划等方面的政策导向已开始转型。新区居住空间的良性发展,将推动城市整体空间结构的调整,促进新区经济的健康发展、社会的和谐发展,使新区真正成为新型理想家园。

有人认为,新区处于动态发展过程中,在这一过程中出现问题是不可避免的。诚然如是,但却不能以此作为为城市规划的失效进行辩护的理由。城市规划的作用当然是有限的,但如果城市规划并未发挥出其应有的作用的话,仍可将之归作是城市规划的失职。因此,笔者在研究中的所有努力,皆可归结为:从新区居住空间的功能和社会性两方面探讨已有建设中的城市规划效用,面对转型期的发展形势和挑战,探寻城市规划如何推动新区居住空间的良性发展。

需要强调的是,本书的着力点不在于已出现问题的解决(这是城市更新和社区研究的范畴),而在于在当前城市新区还在蓬勃发展、不断崛起的形势下,如何尽量避免这些问题的产生,降低日后整治协调的巨大成本,探讨城市规划如何与时俱进,如何通过提升城市规划效用来推动居住空间的良性发展。

因此,立足于城市新区居住空间这一具体研究对象,通过兼具广度和深度的居住空间理论研究和实践研究,把握功能、社会性、制度三方面的理论研究重点和热点,梳理不同发展基础与条件下居住空间扩展及建设的路径,总结新区居住空间发展趋势,以期对我国城市新区居住空间建设具有借鉴意义;聚焦于转型以来我国城市新区及其居住空间的建设历程,检讨分析功能、社会性方面的成绩与问题,把握当前制度环境下的形势与挑战,将为新区居住空间发展夯实实践研究基础;而以开放的视野,从建设机制、规划体系这两个可以与更广域的社会经济背景相联系的方面切入,提升规划理念,具体开展规划行动、规划控制、物质空间形态规划、保障性住房规划四个方面的规划应对研究(前两者侧重于相关规划机制和体系的全面优化,后两者侧重于规划弱项的重点强化),对推动城市新区居住空间以更为健康、有序、高效、和谐的方式发展,具有重要的理论意义和实践价值。

# 0.2　研究对象的界定

## 0.2.1　关于居住空间的概念

自古以来,住宅都是建筑的主体,在城市中是数量最大、分布最广的建筑。"住宅直接反

---

①　由传统农业社会向现代工业社会转变,由计划经济体制向社会主义市场经济体制转变。

映出一个时代的人民生活,它能说出很多具体的事实,在社会发展史的研究上,有时住宅似乎比巍峨壮观的公共房屋更能说明问题。"[1]城市的居住空间建设是居民生存生活的基本需要,居民在居住生活中产生一定的利益关系和组织关系,这些关系涉及个人、家庭、群体等多层次的物质及精神范畴,形成城市的居住生活社会。人们定居在特定的居住空间环境中,生活环境与行为之间必然会产生相互作用,从而形成相应的生活方式、价值观念和意识观念。

城市居住空间是与住宅的分布和组织密切相关的功能性空间,却又不仅如此,它是容纳人们与居住有关的日常生活的空间。城市居住空间兼具四种属性——物质性、功能性、结构性和社会性。居住空间环境既包含相对固定的物质实体空间秩序,也包含流动性的功能活动与存在于社会关系之中的社会活动的组织秩序。

居住空间的物质性——是人类在城市中基于原有地域环境条件建设的与居住生活相关的建筑物和人工环境。从用地层次上看,包括居住用地的区位、规模、形态;从建筑层次上看,包括住宅、公共建筑以及建筑群体的空间组合。

居住空间的功能性——包括狭义的居住功能、交通功能、商业功能、服务功能,以及对居住空间与其他城市空间之间的物流、人流等物质和能量的流动需求的组织。

居住空间的结构性——包括居住空间在城市中的整体格局、居住空间中观层面的组织结构、居住空间的微观环境这三层面的结构,只有基于这三层面的结构,才能实现其功能。

居住空间的社会性——不同的社会结构必然产生不同的居住空间,在特定社会环境下形成的居住空间又是产生和维持一定社会结构的有力的物质空间环境。居住空间的社会属性可从居民的职业类型、收入和财富等级、教育程度、权力和权威等级、家庭规模与类型等社会经济指标加以量度。

## 0.2.2 "城市新区"的界定

顾名思义,"城市新区"指的是新的城市发展区域。新,具有相对的含义。自古以来一直都有连绵不断的城市新区建设,如古希腊及希腊化时期出现的大量殖民城市、欧洲18世纪末至19世纪在许多中世纪城市基础之上的城市改建与扩建等等。但是,真正的大规模城市用地的拓展发生在19世纪末20世纪初,工业生产全面替代农耕经济,住房问题日益得到重视,田园城市等关于城市生长的理论思想于此时出现。这一时期城市新区建设的实践探索层出不穷,如大规模的郊区发展、英国花园城建设、欧美等国的新城规划与建设等等。虽然受到经济萧条、一战和二战的抑制,相关的研究在欧美始终没有中断。二战后,在住房短缺、科技发展推动、经济全球化以及城市规划的多重因素作用下,城市新区建设呈现出更大的规模以及波及全球的趋势。

战后西方的城市生长和郊区发展模式可以归结为如下几种类型:[2]

### 1) 新城(Planned New Towns)

指在高度的政府引导和控制作用下,在强烈的规划指导下建设的大规模社区或新城镇。新城建设思想可追溯到百年之前的田园城市理论,在1940年代战后伦敦重建工作中获得了强烈响应和全面的推动,而英国城乡规划法(Town and Country Planning Act)更使在大城市区域(metropolis)建设卫星城(Satellite town)获得了权威许可。此后新城建设更在现代主义运动(Modernist Movement)推波助澜下,在全球普及,如瑞典、罗马、新加坡等国家和地区都相继展开了新城建设。

**2)边缘城市(Edge Cities,Technoburbs,Urban Realms)**

指近二三十年出现的,由于特定因素聚集了某种产业发展优势,具有强烈内在发展动力的新兴城市(不同于新城)。通常出现在具有较高经济水平的大城市区域,是繁荣经济的象征。典型例子如日本的东海道走廊(Tokaido Corridor)和加州的硅谷(Silicon Valley)。其城市特点主要有:用地功能混合、密度相对较高。

**3)郊区扩展(Suburban Expansion)**

目前郊区的扩展常用一个带有贬义的词来代替——蔓延(Sprawl),一般指无计划的低密度扩展。而实际上,历史显示郊区扩展也并不只有无节制蔓延这一种形式,如:早期在村庄居民点基础之上的缓慢扩展、早期郊区的紧凑发展、20世纪末在城市发展应有所限制理念下的TOD(Transit Oriented Development)模式和紧凑发展等。在可持续发展理念下借鉴历史,总结经验和教训,对城市发展规模加以限定并选择恰当的郊区扩展模式极为重要。

**4)非正式居民点(Informal Settlements,Squatters)**

由于缺乏发展管控和空间组织,在发展中国家出现了大量非正式居民聚居区。这种非正式居民点以自发形式出现和增生。据估计,有6亿亚洲、非洲和拉丁美洲的居民生存在此种环境中,并以远超过城市人口增长的速度扩展。

我国改革开放之前,大部分城市居住用地和住宅严重不足。改革开放以来,城市结构调整、土地有偿使用、住宅分配商品化等制度机制推动了起始于1980年代、加速于1990年代的城市发展空间重构。一方面,旧城在持续地更新和改造;另一方面,出现了城市向外围郊区的扩展以及具有明确功能导向的新兴城区。如果和西方国家战后的城市发展模式相比较,新城、边缘城市、郊区扩展、非正式居民点——都可以在中国找到相应的案例,但是在外表的相似之外,其形成背景、推动机制、社区特性、存在问题与发展趋势却是不尽相同,甚至有着巨大的差异。

改革开放后中国的城市扩展模式有以下几种:

(1)郊区化　先期以工业郊区化引领,后逐渐以市场力量为主导。其形态既有低密度或者低层次的蔓延式,也有注重功能组织和持续优化的紧凑发展式。从行政上属于各辖区,也有跳跃式的远郊拥有较好自然资源地区或小城镇的郊区化。人口以从主城疏散出的人口为主,本地人口为辅。

(2)自下而上的城镇化　一些基础条件较好、具有区位交通优势的小城镇内生式的城镇化,产业逐渐从以第一产业主导向以二、三产业主导转型。人口以本地人口以及外来流动人口为主。

(3)新区　行政推动,政府主导,规划先行,具有明确职能定位的新综合职能区,是城市发展战略升级、自上而下主动进行的空间结构调整的结果。其地理范围可能涵盖上述两种模式的地理区域。

粗放型的发展将使中国的持续发展竞争力萎缩,如何平衡发展的速度和质量,如何在继续借助市场推力的同时加强政府的调控,促进城市发展所涉及的各类主体利益的公平性,引导城市的可持续发展,是当今的重点问题。基于科学发展观和城乡统筹的理念,城市规划越来越有全局的观念。通过功能布局促进新的经济增长点的生成增强城市竞争力,通过有序的城镇体系应对城市化的快速推进,保证城市的健康生长。因此,在当今诸多大中城市的发展版图上,我们可以看到一个个"新区",而近几年这些新区中有很多已在进行如火如荼的建设,更有诸多新区已处于起步阶段。

这些新区名称不同,如"新市区"、"新城区"、"新市镇"、"新城";区位选择也十分多样化——城市近郊、城市远郊、紧邻旧城;发展基础也不同——乡村用地、已有一定集聚规模的小市镇、已经初步发展的近郊区;起步推动力不同——以大型城建项目启动、以工业开发启动、功能整合逐步发展。其物质形态的体现较为复杂,根据具体情况也会有较大差异。有的与蔓延式郊区有类似之处,有的还有非正式居民点(如郊区大量出租住房的农村、城中村),有的则极为干净整洁,完全是全新形象。

本书研究的新区,并不泛指所有城市发展的新区域,而主要指规划建设中体现出高度的政府引导和控制作用的,从推动机制看比较类似于西方的新城,且具有以下特点:

(1) 位于都市发展区域;

(2) 具有相对明确的规划范围;

(3) 具有相对明确功能定位的新综合职能区。

### 0.2.3 城市新区居住空间

城市新区居住空间不同于新居住空间。相对于某一历史时段而言,由于催生机制的变化,导致居住空间功能、社会属性、组织结构、空间形态等方面出现了以前没有过的新形式,对于这些变化了的居住空间,皆可称之为新居住空间。如旧城更新后的绅士化高级公寓或住宅区、旧工业厂房改造后的 LOFT 居住空间、全球化背景下大城市郊区的外籍人士封闭住区、郊区化进程中各类新主题住区、城市扩展中出现的城中村、城市边缘的流动人口聚居区(包括租住于既有村庄农宅的、村集体兴建并集中管理的和违章搭建的棚户区)、失地农民安置区、住房体制改革后出现的政府主导建设的经济适用房和廉租房住区(目前某些地区已出现市场提供的廉租房和打工楼)、应对老龄化社会的老年人住宅及住宅区。

而新区居住空间,与新居住空间在空间形式上有交叉,但更着眼于一定的地理范围,即新区。根据建设基础条件,可能包含已有的居住空间,同时逐渐生成新的居住空间。随着新区发展的推进,这些旧居住空间不可避免的也会转变,有的是在维持现状基础上渐变,有的则被拆迁更新,为新的空间形式所替代。

## 0.3 研究思路

本研究基于如下思路:一、以问题为导向,基于发展过程研究和实态评析,剖析新区居住空间建设在功能和社会性两方面的成绩和问题，评价城市规划效用；二、紧密结合制度研究，既包括对住房制度及相关政策等制度环境的研究，明确形势与挑战，也包括对新区居住空间开发建设的运行机制研究，探寻城市规划行动能力以及相关机制的作用；三、基于前两点的研究成果，进行规划应对研究，既包括"规划机制的优化"以深入到新区居住空间发展的制度体系中去，也包括"规划体系的完善"，以达到对新区居住空间各层面的引导，结合规划理念的提升，进一步挖掘城市规划潜力，推动功能健康运行，促进社会和谐发展。

本书整体框架围绕"基于全面的发展回溯和检讨基础之上、探讨转型背景下的新区居住空间规划应对"这一研究目标展开。将主要从三方面着手研究：

首先，展开相关理论研究，了解相关理论研究的重点以及当今研究前沿。新区居住空间不是独立的，它与城市呈现整体性、历史性关联，必须以系统的、历史的视角来考察。由于新区居住空间是城市扩展中出现的空间形态，故以"城市扩展中的居住空间"来考察相关理论及研究进展，既保证视角的足够广域，又避免过于宽泛。着眼于经济、社会、制度、空间四个方面的关联，紧扣居住空间发展中的居住空间功能研究、社会性研究、制度研究三个既相互独立又有交叉的维度加以梳理，综合跨学科的研究成果。

其次，进行国内外城市扩展过程中居住空间建设的实践研究，以对作为城市扩展方式之一的新区居住空间建设提供借鉴。对国外城市居住空间扩展的实践进行研究，主要通过发展路径的梳理，总结出发达国家居住空间扩展的历史发展趋势。同时结合不同的国家特定的发展基础和条件，分析其推动机制、开发机制与空间形态的关系，为依据我国国情采取恰当的发展路径提供可资借鉴的经验和教训。

对国内实践的研究，重点聚焦改革开放后尤其是 1990 年代以来城市新区及其居住空间建设历程，在过程研究的基础之上总结发展规律和相应推动机制。通过实态研究，对新区居住空间功能和社会性进行检讨，重点评析城市规划效用中的成绩与问题；通过制度环境分析，充分认识当下宏观经济和社会层面乃至城市新区在经济目标、社会目标和政府作用三方面的转型诉求，着重探讨和居住空间直接相关的制度和政策的转型趋势，从而把握新区居住空间建设面临的形势和挑战。

最后，进行转型期城市新区居住空间规划应对研究。新区居住空间的建设有着广泛的社会、经济、政治和文化影响。新区居住空间的发展所面临的挑战，也不是单一的住房政策、住房规划或市场经济可以解决的，而要把所有这些统筹整合，从更大领域来解决。城市规划应对研究要有开放的视野，虽然立足自身研究领域，但应深入到新区居住空间发展的实质运行过程中去，发挥出应有的调控作用。基于上述认识，本书探讨了体现于开发建设机制中的城市规划行动能力的拓展，提出了完善城市规划体系的建议，并对长期在规划体系中缺项的保障类住房进行了专门的规划应对研究，最后对规划体系中常被忽视的居住空间物质空间形态规划进行了深入探讨。

# 0.4 篇章结构

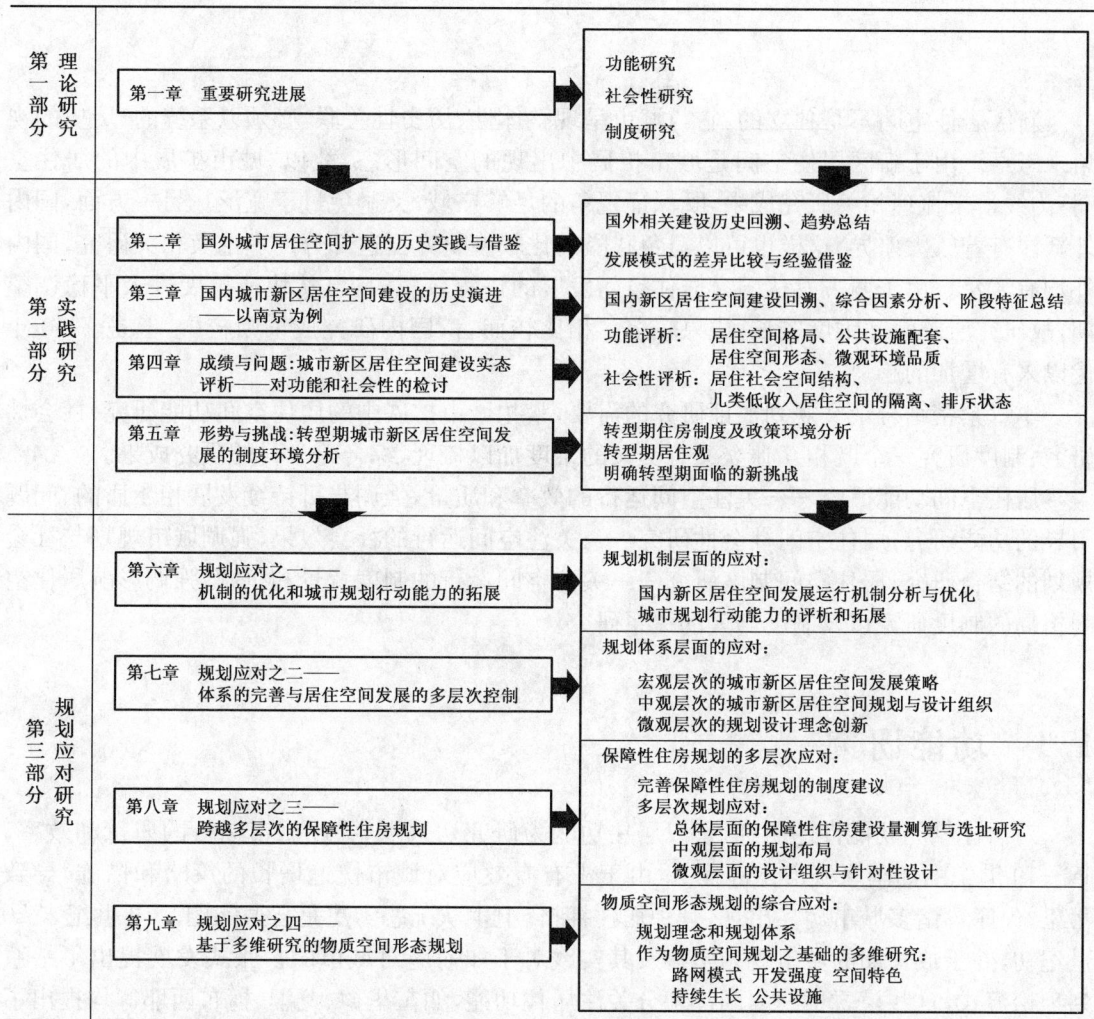

# 1 重要研究进展

新区居住空间不是独立的,它与城市呈现整体性、历史性关联,必须以系统的、历史的视角来考察。由于新区居住空间是城市扩展中出现的空间形态,故以"城市扩展中的居住空间"为线索来梳理相关研究成果,既保证视角的足够广域,又避免过于宽泛。另一方面,国内外新区有着较大差异,这样也可以避免狭隘的比较型研究。这部分的理论及相关研究,国内外均有涉及。由于西方发达国家居住空间发展的进程较早,且已从快速扩展进入平稳调整期,故研究所跨时间维度较长,成果较多。相比较而言,国内研究成果则较少,但是1990年代以来有增加的趋势。

本章紧密结合论文规划实证研究的需要,紧扣城市扩展中的居住空间功能研究、社会性研究、制度研究三个既相互独立又有交叉的维度加以梳理,综合跨学科的研究成果。

居住空间功能研究——关注空间运行的效率和质量,强调与可持续发展相矛盾的、问题引导的功能研究;居住空间社会性研究——关注空间运行的社会效果,强调城市规划与社会规划的结合研究;居住空间制度研究——关注空间运行的制度背景和机制,强调影响居住空间格局的制度研究以及制度与人的关系研究。

## 1.1 功能研究

对居住空间功能性的研究,是以居住功能为研究切入点,关注城市运行的质量和效率。18—19世纪欧洲国家城市化进程中,由于没有有效应对城市快速增长的策略和措施,导致污染、失序等诸多城市病症出现,其中居住拥挤、卫生状况恶劣更是普遍问题。19世纪末20世纪初,处于成长期的城市规划学科及其实践对于如何应对城市的扩张式发展提出了一系列理论模式,这些模式不约而同都十分关注居住功能,如霍华德、戈涅、柯布西耶等均提出了各具特点的优化模式;及至邻里单位理论的出现,对于居住空间功能模式的探索逐步进入成熟期。邻里理论由于关注综合系统的建构,具有毋庸置疑的实践价值,在各国均被广泛应用,在我国被吸收借鉴成为居住区规划理论。

20世纪后半叶以来,随着环境问题的凸显、全球产业结构的变化、经济全球化、社会结构及有关利益博弈的复杂化,城市发展的研究视野越来越广阔,对城市扩展过程中居住空间的功能研究越来越关注与城市整体的关系。具体集中在以下几个方面:居住空间格局研究、公共设施配套研究、居住空间形态研究。

### 1.1.1 居住空间格局

居住空间格局关注的是居住空间和城市整体的关系,包括与城市整体职能密切相关的

"居住空间与产业空间的结构性关系"，与可持续发展密切相关的"居住空间与交通体系的关系"以及"居住圈研究"。

**1）居住空间与产业空间的结构性关系**

这一方面的研究着重于城市扩展过程中居住空间和产业空间的联动关系（是否脱离、前后关系、对应关系、相互作用等）。研究成果主要体现在有关郊区化的研究中。

郊区化是城市郊区化或郊区城镇化的简称，它是指人口、就业岗位和服务业从城市中心向郊区迁移的一种离心分散过程。西方发达国家主要经历四次从城市中心推向郊外的浪潮，即人口的郊区化、工业的郊区化、商业的郊区化、办公业的郊区化。[3] 理论研究对于西方郊区化的反思除了"蔓延、过度依赖汽车造成对环境的破坏、生活质量的下降以及文化生活的贫瘠"以及"郊区的发展加剧了旧城的衰败和社会隔离的状况"以外，居住与工作的不平衡问题也是一大焦点问题。这一问题包括"通勤距离的增加，人口素质与就业岗位的不平衡"。

郊区化初期，主要是人口的郊区化，通勤的问题主要体现为郊区居住人口与城市中心之间的通勤，由于这一时期的郊区建设主要在近郊区，同时这些人口为了获得郊区田园环境也愿意承担增加的交通成本，因而矛盾并不突出。随着工业郊区化以及郊区的远郊化，人口素质与就业岗位之间的不平衡日趋明显，即郊区中高收入人口工作在城市中心，而低收入人口却由于制度原因（如房价、教育、税收等）无法居住在就业机会日益增长的郊区。产业郊区化的过程则是一个分散的过程，加剧了通勤问题——无论是郊区到中心区、中心区到郊区，还是郊区之间的通勤量在 1960—1980 年期间都有明显的增长。"在人口与制造业从中心城市外迁的高峰阶段，即在 1960—1980 年的 20 年间，中心城市范围内的通勤比例，从 46％下降至 30％，传统的郊区到中心城市的车流增长近一倍，在总通勤量中的比例由 16％上升到 19％，而反向的通勤即由中心城市到郊区的交通量略微增加，在总通勤量中由 5％增至 6％。这期间增加量最为显著的郊区之间的通勤，总人数由 1 100 万人猛增到 2 500 万人，在总通勤量中的比例由 28％上升至 38％。"[4]

而产业的分散化和居住的低密度化造成公交建设的边际成本大为增加，无法采用完善的公交系统解决问题，这一点与日本大城市扩散有着非常显著的不同，由于较高的建设密度日本的捷运系统得以顺利发展，同样存在的居住与工作地的分离问题可以得到相对比较好的解决。

西方发达国家也曾尝试通过相关政策促进产业与居住之间的就近平衡，如英国新城斯蒂文乃奇（Stevenage）申请住房须经过当地劳动交流部门复杂的审批，以保证新城住宅主要提供给在新城就业的人群，但过于强调就地就业平衡为其他相关目标设置了障碍，使得新城人口阶层十分单一，同时排斥了低收入人群。[5]

西方城市郊区化过程中，边缘城市是值得注意的可促进居住与就业积极联系的现象。"边缘城市"是在原有的城市周边郊区基础上形成的具备就业场所、购物、娱乐等城市功能的新都市。1970 年代开始，郊区城市与原有大中城市商业中心之间存在的土地差价，使许多大公司纷纷把自己的总部迁往郊区城市，1980 年代后，高新技术的发展，把更多的资本、技术带往郊区，新兴产业也在郊区兴起，具有完善城市功能的中心区域在美国郊区形成。这一变化带给郊区大规模的就业机会，原来往返于市区与郊区之间的工作生活方式大为改变，郊区城市成为许多中产阶级人士主要的生活、工作空间。许多美国郊区的城市化中心由此而成为具有复合城市功能的"边缘城市"。[6]

然而,美国的边缘城市仍然具有低密度、过度依赖小汽车交通的缺点。相对来说,澳大利亚的郊区城市中心(类似于美国边缘城市,但由于经济总量的限制,其规模相对要小)在政府的控制之下,呈现出较好的聚集态势,政府鼓励高密度发展,鼓励运用已有的基础设施提高公共交通的运用,鼓励以社会平等和保护环境的可持续发展原则来发展郊区城市中心。[7]

实践证明了城市扩展过程中分散与集聚作用的同时增强。而过度集中或过度分散的居住空间与就业空间总是存在着这样那样的严重缺陷。找寻适宜的中间道路成为规划实践研究的重要课题——哪些功能适宜分散、哪些要素适宜集中、如何采取措施加以引导等成为重要的研究内容。

国内郊区化过程中同样存在功能层面的不协调问题。宁越敏、邓永成(1996)曾经撰文对上海郊区化发展动力机制进行了研究,注意到上海郊区化发展的某些问题,如郊区快速交通建设的滞后、房地产业开发的盲目以及人口扩散与产业扩散的不协调等;赵晓雷(2005)对上海人口、产业空间分布比例分中心城与郊区两个层次进行比较,认为形成了"人口空间分布结构与城市区位功能结构非对称现状"。

总的来说,相关研究的结论可概括为:通过捷运交通解决居住与就业的联系必须与土地利用相结合,居住、就业应相对集中避免过于分散化;通过恰当的土地利用和空间布局的引导促成居住与就业良好关系的形成,结合产业尤其是新兴产业(办公楼、金融业、高科技、产品的售后服务)对于区位的趋向,对土地利用中的产业性质、发展区域、城镇规模加以控制,充分重视公交系统的规划建设。

**2) 协调发展的居住空间与交通组织**

目前国内外城市交通系统主要分为两类,即以小汽车为主的交通系统和以公交为主的多方式交通系统。如美国城市多属于第一类,香港、新加坡等城市属于第二类。

第二次世界大战后,由于小汽车和"美国梦"生活方式的普及,美国的土地利用呈现以郊区蔓延为主要模式的无序扩张,引发了一系列恶劣的社会、经济和环境问题,如土地利用结构松散、效率低下、就业岗位和人口空间分布不均匀、交通出行次数和总量大幅度增加、交通堵塞和空气污染严重、市政基础设施支出难堪重负等。而产业的分散化和居住的低密度化造成公交建设的边际成本大为增加,无法采用完善的公交系统解决问题。基于这些问题,新城市主义的规划思想最早出现在美国,强调基于公交系统紧凑式发展。但是对于已成为痼疾的低密度城市形态来说,基于新城市主义思想的局部建设难以对整体系统产生本质影响。因此居住空间的土地利用必须与城市交通相协调,此类研究成为近年重点。

在城市区域层次的交通体系研究方面,注重土地利用和城市交通协调发展的 TOD 模式已成为共识。

"TOD"理论倡导在区域层面上整合土地利用和公共交通系统,这样有助于提高公共交通使用率,减少私人汽车的出行,抑制城市的无序蔓延。"TOD"的核心特征是:结构紧凑,混合使用的土地利用模式;土地利用和公共交通相辅相成;有利于提高公共交通使用率的土地开发;公交站点成为区域内的交通枢纽;公共设施和公共空间临近公交站点;鼓励步行和自行车交通方式。

区域内每个"TOD"由于现状条件和地理位置的不同,体现出不同的特点,起到不同的作用,主要分为城市型 TOD（Urban TOD）和邻里型 TOD（Neighborhood TOD）两大类。城市型 TOD 直接位于区域公共交通网络中主干线上,如地铁、轻轨或快速公交线路上,将成为区域内较大型的交通枢纽和商业、办公、就业中心,具有相当高的土地开发容积率,同时规模也较大,一般以步行 10 分钟的距离或 600 米的半径来界定它的空间尺度。邻里型 TOD 位于地方或辅助公交线路上,通过公交支线与公交主干线相连,行程时间约为 10 分钟,距离不宜大于 3 英里,邻里型 TOD 的居住、服务、零售、娱乐和休闲功能应开发至适当强度",见图 1-1。[8]

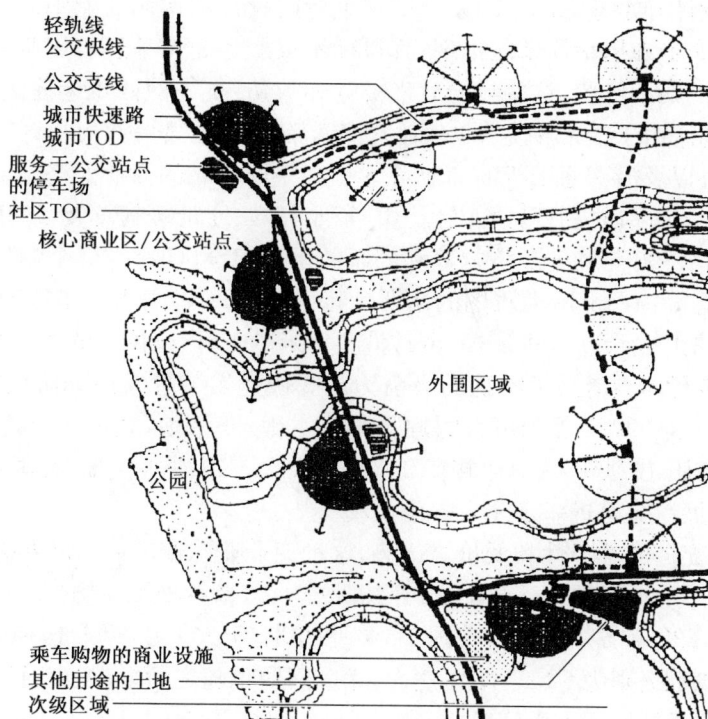

图 1-1　基于 TOD 的区域发展模式

## 1.1.2　公共设施配套

公共设施作为提供公共服务的重要空间,对新区发展的作用包括:①营造面向城市职能的设施层级网络,促进城市公共职能的升级;②完善面向社会多元需求的服务多元供给,促进城市服务品质的升级;③保障面向全体市民的生活便利和社会福利,促进城市宜居度的升级。"从国外新城规划和发展的经验来看,公共设施规划往往作为重要组成部分而备受关注。一方面,新城以高品质的公共服务和完善的基础设施体现其时代发展特征和综合生活质量,并以此作为吸引人口和产业入驻的重要前提条件;另一方面,通过提供各类收入、年龄、种族、宗教都能支付和享用的公共设施服务,促进新城群体的社会融合和凝聚力,从而推动新城健康快速地发展。"[9]

始于 20 世纪初的邻里单位理论对于城市新区的公共设施建设具有深远的影响,其中蕴涵了最早的公共设施分级配套概念,其中服务半径对应于便捷性,配套分级对应于效益,而邻里中心对应于社区活力。分级配套在居住区综合规划理论中进一步得到完善,相应的配置参考标准随着社会经济的发展(需求变化、行业发展等)被各国不断修订。但在实践中公共设施布局却经常被简化为树形结构,抛弃了传统城市结构的复杂性和有机性,其综合目标难以达到。代表性案例就是欧美十分普及却又争议重重的"购物中心"(shopping center)。

购物中心是城市郊区市场经济的产物,也是蔓延式郊区的重要标志景观,同时是居民日常生活的中心。它曾经是经济繁荣以及自由市场的象征。

以美国为例,购物中心经历了如下三个发展阶段:①初级发展阶段。1920年代汽车逐渐普及,新社区设计开始考虑汽车因素。第一个专门设计的地区商业中心康蒂俱乐部广场(County Club Plaza)在堪萨斯郊区出现,其目标不仅服务于本地还着眼吸引整个地区。该设计开创了全新的购物经验,这些经验后来被竞相效仿:统一的西班牙建筑风格,铺张的景观,充足的停车场。由于在市场竞争方面的优势,购物中心很快替代社区中心式的商业业态,大型购物中心以及沿交通干线的商业带——这些反中心的商业业态随着郊区发展成为主流的商业形式。②品质提升阶段。经济萧条和二战一度延缓其发展,1946年只有8个大型购物中心,然而1950年随着经济复苏和郊区的迅速建设,已有100个购物中心。1950年代,诞生了新的概念——mall,西雅图的诺斯盖特(Northgate)引入了步行街概念,随后明尼阿波尼斯的南戴尔中心(Southdale Center)借鉴了米兰19世纪拱廊的做法设计拱廊式步行圈,通过丰富的步行体验增强了购物的吸引力。③快速发展进入饱和阶段。1970年代,出现了超级购物中心,1992年美国最大的购物中心占地39公顷,其中2.8公顷为游乐园,内有520个商店,雇用12 000人,每年接待4 000万人次。1980年代末,美国购物中心进入饱和期。当今其发展趋势是进一步注入娱乐活动。[10]

由于提供了充分的选择性和低价格优势,这种商业业态逐渐在全世界盛行,以下为一些国家的人均购物中心面积数据:瑞典320平方米/千人,荷兰242平方米/千人,法国231平方米/千人,英国229平方米/千人,美国1 800平方米/千人。在美国,这种业态占据了50%零售总额,欧洲该数据则为12.6%。[10]然而,相应问题也随之而来,如交通拥堵、对邻里型商业的排挤、住区缺乏社区感和美感等。

商业业态的反中心化和巨型化,造成商业区与居住区的分离,削弱了社区活力,文化休闲交往活动极度匮乏。购物中心是低密度郊区蔓延城市背景下市场经济的产物,该业态本身符合居民消费层面的需求,但是低密度郊区蔓延的城市背景导致其他商业业态丧失,由此带来一系列社会文化层面的问题。

目前对于公共设施的研究主要集中在便捷性、效益、社区活力如何兼具,研究重点具体有以下几个方面:①公共设施配套模式研究。包括配套分级、定量标准,由于公共设施涉及特定的建设主体、运营主体以及服务对象,其内容及配套模式应根据社会经济的发展和使用主体的差异进行适时调整。②公共设施布局形态研究。提倡兼顾效益与社区活力,对于重要、大型公共设施采取区位经济理论提供科学依据,与日常生活更为密切的社区配套设施应改变简单的树形布局而采取网络布局形态,强调基于深入细致的行为学研究创造公共空间的场所性。公共设施布局中的有些问题是与居住用地的规划建设模式相关联的,如国外大型购物中心与居住用地的低密度扩展密切相关。从这些问题出发反思居住用地规划的错失也是一类研究方向。③公共设施规划建设管理研究。单纯依靠市场或政府过度主导都不利于公共设施的建设与发展,应在市场与政府控制之间找寻合适的平衡点,既推动相关建设运营主体的经济发展，又能够使得居民福利最大化。这方面的研究包括新区建设初期推动引导性大型公共设施建设的投融资、组织架构等研究；确保公益性设施的用地标准、建设标准的规划建设管理研究；经营性设施用地的弹性控制等。

### 1.1.3　居住空间形态

20世纪初，适应时代发展的住宅生产工业化模式替代了前工业化时期的自建自住以及小规模住宅投机的生产模式，为随之而来的城市化浪潮解决了劳动力的居住问题，为他们提供了卫生健康的生活环境。在肯定住宅生产工业化的同时，不可否认的是随之而来的负面问题。1960—70年代，对于居住空间生产的现代性问题的批判此起彼伏。雅各布（Jacobs）对于"街道之眼"的追忆、亚历山大（Alexanden）对于树形结构的批判，其矛头无不指向20年代兴起并被广泛采用的邻里单位理论。该理论被与这样一些词汇画上了等号——与传统的割裂、丰富交往空间的缺失、城市性的丧失。但是追溯该理论的起源，无论是邻里（Neighborhood）还是邻里单位（Neighborhood Unit），其主旨与其后果并无相关性。邻里单位理论在应对汽车时代可能带来的问题，在用一种操作性较强的方式提供舒适满足各类居住需求方面无疑是先进的，即使在今天，邻里单位理论的道路分级、重视绿化、注重配套等思想仍然不可以被颠覆。然而究竟是什么导致了邻里单位被批判的命运？

这应该归结为其优点之一——可操作性太强，以至于在被大量应用时被简化成简单化的套用模式（而非指导模式），此种实例在二战后的大规模建设中屡见不鲜，无论是在美国的郊区低密度发展，还是苏联的计划经济建设，抑或是欧洲具有福利色彩的住宅建设中。当然，邻里单位理论本身也确实没有就如何避免这些现代性问题提出相应的措施。

在空间形态方面获得突破性进展的有以下三个方面：

（1）场所建构和特色生成　舒尔茨（Norberg Schulz）的"场所精神"和空间结构的对应关系、凯文·林奇（Kevin Lynch）的城市认知地图、奥斯卡·纽曼（Oscar Newman）的可防卫空间与领域、亚历山大的模式语言以及半网络结构的提出、罗西借鉴历史的类型学理论，这些基于空间行为学、环境心理学以及重新审视历史的研究，大大丰富了邻里单位理论。如何通过空间的建构产生场所意义、如何通过空间形态的组织促发特色生成，增强新住区的内涵和家园感成为研究热点。倡导"传统邻里模式"（即TND模式）的新城市主义实践在这方面的工作尤为优秀，通过借鉴历史上充满活力的传统居住空间的研究，使得新城市主义的创新工作由于以历史的空间实践为基础从而具有更强的可靠性。国内研究中，周俭等提出的"生活次街结构"也是相关的研究成果。[11]万科地产则通过"都市核心路"、"开放商业街"、"回家的路线"等空间建构，试图使住区获得活力盎然的城市气氛。[12]

另外，城市设计手法和运作在推动居住空间建设中也起到了较好的作用。恰当的城市设计组织和运作包括两个方面：①重视片区总体规划质量和设计导则的制定，以保证对片区特色整体的控制；②通过协调机制组织多家设计力量参与，以避免新区快速建设过程中容易产生的单调性设计。日本的新城建设、美国的新城市主义指导下的新居住区建设、英国的都市村庄实践、瑞典的新住区建设中都有成功的可资借鉴的案例。

（2）交通道路布局模式　住区道路布局与空间形态之间具有密切的关联，道路布局模式演变与住区的发展息息相关，可归结为如下三个阶段，[13]见表1-1。

表 1-1　道路布局模式演变的三个阶段

| 第一阶段：<br>应对工业化初期城市无序建设和恶劣环境的郊区画意式道路模式 | 19 世纪末 20 世纪初，线性设计优美，注重道路断面设计的景观型道路布局。追求舒适、明朗、彰显自然风情的郊区道路景观 |
| --- | --- |
| 第二阶段：<br>应对汽车时代的道路分级模式 | 基于邻里及邻里单位的规划思想，20 上半叶美国的郊区普遍采取道路分级模式，地区之间联系道路与内部道路根据其功能各司其职，并在宽度、交叉方式、线型设计等方面有着很大不同，避免车行交通对住区内部环境的干扰，强调住区的私密性的保护，这一时期大量采用了深入社区内部的尽端路形式。20 世纪中期基于交通安全的实证研究进一步鼓励不联通的规划布局模式 |
| 第三阶段：<br>应对城市蔓延的鼓励公交与完善步行系统的道路模式 | 基于 TOD 的土地利用模式，对以往交通模式加以扬弃，并从传统社区中吸取营养。典型的突破是摒弃树枝状的不联通的尽端路，提倡采取格网式路网结构，以增加步行线路的可选择性，并通过工程技术手段限制格网布局可能带来的车行交通过于快速（格网变形，增加 T 型口或适当偏转等）。在格网式道路布局中，步行、车行、住宅临街面、公共设施、开发空间不再是简单分区，而是和谐共处，增加社区的自我监视、安全感，并通过功能混合带来社区活力 |

　　（3）与交通协调的土地利用密度分区　从环境可持续发展的角度，鼓励公交、非机动车和步行等交通方式，通过停车数量限制抑制易发生交通堵塞区的机动车流量。在土地利用方面，日益倡导有利于公交发展的用地模式和城市结构布局，并根据交通系统合理确定土地的开发强度，即建构与交通协调的土地利用密度分区，达到土地集约利用、充分利用公交系统、促发选择非私人机动交通方式等多重发展目标。

　　例如西雅图 1994—2014 总体规划建构了四个层次的密度分区[14]，把用地、交通、住房、市政设施、公用设施和经济发展紧密联系在一起，依次导入未来新增的就业和住房发展需求。具体如表 1-2：

表 1-2　西雅图 1994—2014 总体规划的密度分区

| 都市中心集合（Urban center village） | 高密度的商业和居住中心，平均半径约 1.6 千米，每公顷约 37～124 户居民和 124 个就业岗位；与区域密集型交通干线相连，有完善良好的公交和步行设施 |
| --- | --- |
| 核心型都市集合（Hub urban village） | 为密度较高的商住混合，周边以居住用地为主。平均半径约 0.8 千米，每公顷约 37～49 户和 62～124 个就业岗位，周边每公顷约 20～30 户居民。与交通干线相连，有大的公交中转站 |
| 居住型都市集合（Residential urban village） | 以居住用地和连排式住宅为主，有完备的商业服务。平均半径为约 0.4 千米，每公顷约 25～37 户。有公交干线将该地区与上两类地区直接联系，鼓励步行和自行车交通 |
| 社区中心点（Neighborhood anchor） | 以独立式住宅为主。平均半径为约 0.4 千米，每公顷约 15～20 户，允许 2～3 个街廓为商业或多层居住用地。有公交设施，有良好的步行和自行车交通联系 |

## 1.1.4　微观环境品质

　　居住空间微观环境的建构是规划、建设行为的最终结果，是城市居民接触到的居住空间终端产品。18 世纪—20 世纪初，工业化和城市化浪潮催生了大规模住宅建设的需求，如何利用工业化生产方式快速高效地制造符合卫生、健康、基本生活需求以及一定面积标准的城市住宅和住区是当时微观环境建构的目标。二战后，伴随西方国家经济发展的复苏，城市建设呈现大规模扩张之势，而社会层面和环境层面的危机逐渐凸现。微观环境品质方面的研究进展有以下两个非常重要的方面：

**1）可持续发展理念的应用和落实**

1972年瑞典斯德哥尔摩人类发展会议、1980年代《蒙特罗公约》都已经表现出国际社会对于地球环境发展危机的关注。1992年召开的全球环境高峰会议颁布了"Agenda 21"环境议程，之后在联合国倡导下，可持续发展理念成为共识，不少国家宏观层面的发展目标开始调整，并体现在各类具体的生产建设领域的管理政策中。住宅和住区建设方面同样受到这一趋势影响。

① 住区生态技术的应用。包括：生态型能源计划，生态型水资源计划，生态型废弃物处理计划，生态型土地使用计划，生态型自然关系——动物栖地、植物栖地与人文栖地的整合。[15]

② 住宅生态化建设方式。包括：建筑材料生产的生态化、建筑节能减排技术、辅助建筑布局的最佳日照环境和风环境虚拟技术。[16]

③ 人性化空间建构。包括：住区无障碍设计、残障者住宅计划、老人照养计划，以及基于日常生活最佳化的公共设施布局。

④ 社会资本的挖掘和引导。曾梓峰（2005）介绍了德国三个新城社区，不同于一般的基于已成熟社区基础之上的社区建设，这三个新建社区体现出一种新型的多种社会力量介入营造的理念和策略。"在汉诺威 Kronzbeng 的社区中，有开发商的先期参与、规划工坊、环境教育与沟通者平台；在弗莱堡 Rieselfeld 社区中，各种类型国际竞图、社区规划师、开放性的居民组织、协议式的房屋购买合约与居住合约关系；在 Vauban 社区中，对购买房屋有兴趣的市民，被鼓励寻觅对可持续生态居住志同道合的人，自己组织建造，自己成为业主，参与到建筑与住宅的营造过程中来，甚至以论坛的形式，组成社区管理的组织，进而在共同承载的规划过程中成为公私部门互助伙伴的关系，营造出最佳化的社区空间形态与规模。……社会资本的运用成为一个极具创意与开放的规划过程，其中各种未来可能共同承载社区生活的族群，可以在这个过程中参与各种问题的斡旋与讨论。政府发展与提供各种接口去支撑这些社会资本的发展，去创造各种游戏规则，使一组承载未来生活理想的新社会关系得以开展。"[17]

**2）文化批评**

20世纪以来，出现了空间发展的种种不平衡和隔离等现象。关于空间的新的哲学视野试图揭示空间现象背后的深层次原因，并指出解决路径。

对"空间的生产"的哲学研究，揭示了资本的动态过程以及国家基于利益的综合考量采取的干预政策，是住房问题的关键和城市居住空间发展演变的真正动因。人们在对居住空间占有以及使用过程当中，经由供应体系、住房制度、环境感知达成微观环境领域与宏观决策系统之间的对话。通过组织化的生产和系统的构造，人们最终可以获得住房这一重要的生活资料，其属性包括面积、类型、区位以及外观形象。也就是说，微观层面的住宅必须通过宏大的生产系统来提供，在资本强势集团有意无意的操控下极易造成"系统对生活世界的殖民"[18]，"殖民"既表现在获得和使用住宅时的无奈、无力感，也表现在住宅过于浓重的身份印记很大程度消解了闲适安居的幸福感。在庞大的系统所决定的制度面前，如何实现变革？对生活领域和文化及微观领域的哲学研究，让我们看到了曙光。尽管存在巨大的困难，变革的可能性就存在于我们自身以及我们的日常生活领域。

"卢卡奇（Ceorg Lukacs）、葛兰西（Antonio Gramsci）等人认为，现代资本主义的统治和压迫不单单表现为政治压迫和经济剥削,而是以物化意识、操纵意识和文化霸权意识为特征的总体性统治"。[19]对应于政治、经济层面的批判,文化批判、意识批判、日常生活批判也越来越引人注目。"在近20年里,学术界开始重视城市的象征形式。这些象征形式——城市的文化——不再被看成是城市本质所附带的不重要的特征,而恰恰被认为象征着城市的本质。"在消费型社会,文化也成为一种可以消费的产业,被资本加以利用来创造和改变空间。当前屡见不鲜的主题性场所(包括各类主题住宅区)使得空间日益迪斯尼化,资本对文化的重视表现为文化霸权和文化引诱,反而导致了文化的肤浅和深层次文化的丧失,层出不穷的创造性破坏即源于此。

"封闭社区"(Gated Community)即是这一种文化现象的产物,造成了城市肌理被割裂,城市的边界被忽视,导致了冷漠而不友好的城市景观,间接强化了分异和隔离。

阿格妮斯·赫勒(Agnes Heller)认为,彻底的革命必须是基本需要的革命,在未来以自由生产者为基础的社会中,人类的需要结构将发生根本的变革,那些以自身为目的并成为第一需要的活动和人际关系将取代生产劳动和物质消费而成为日常生活的基本要素。只有这样,才能改变当前资本主义社会中,需要受到控制和操纵的状况。而吉登斯"生活政治"的提出,更为明确地在政治经济领域与日常生活领域之间建立了联系。生活世界领域的变革,诸如生活风格、话语、交往等微观层面的变革,最终将通过生活情境的设定影响到每个人的思想意识,自下而上的意识变革最终将对自上而下的系统决策产生影响,从而缓解"趣味对立、乃至价值观的抵触"[20],消解现代性造成的对大众的压制,促使社会得以良性运转。日常知识的革新和遵循一定原则的日常交往,是日常生活领域有可能获得提升的基础。这样,在借助日常生活结构和图式生存的同时,自由自觉的个体可以知道"何时应该中止这种实用主义、过分一般化、重复性思维、重复性实践等日常生活图式,而求助于创造性思维与创造性实践。"[19]

生活世界的真实性以及生活世界的无主题性使得系统的重构成为可能,生活世界领域的变革最终将渗透到系统中去。在"居住"领域,规划师、建筑设计师在微观层面的主动建构将会从生活风格、居住消费价值观、场所营建等方面影响到人的发展,从而自下而上间接介入到系统的革新。

# 1.2 社会性研究

对居住空间社会性的研究将关注焦点回归到城市发展的根本——"人",关注人在城市发展过程中与居住空间之间的关系,关注在居住空间中生活的人与人之间的关系,也关注居住空间与社会结构的关系。其主旨在于居住空间在发展的同时,也能够产生健康、和谐、公平的社会空间环境,真正成为能够推动人持续发展、欣然而居的新"家园"。

20世纪后半叶,西方发达国家工业化和城市化进程基本完成,并逐步进入后工业化时代。工业化时期忽视人的发展的城市建设模式遭到强烈的抨击和反思,与此同时,信息技术的发展带来全球产业结构的变化以及经济运作的全球化,继而影响到社会结构的变迁,如社会极化现象的出现,并反映到居住空间结构上来。1980年代以来,发展中国家相继进入城市化的快速发展期,而其面临的挑战更为复杂,其历史背景为工业化、现代化与全球化的多维交织图景,而社会不和谐甚至引发剧烈冲突的现象在某些国家已有显现。

因此,居住空间发展的社会性研究成为跨学科研究的重点领域,尤其是社会学和城市规划学科相结合的研究成果大量涌现。居住空间发展的社会性研究多从问题或现象出发,探讨问题或现象背后的促发因素,分析相应的社会发展规律,剖析问题或现象产生的机制,试图给出解决问题的方法。基本可将其归为两方面的研究内容,一是从社会空间隔离和排斥等现象出发研究居住空间分异;二是从社区缺乏持续发展的推动力出发研究社区发展。

## 1.2.1 居住空间分异

不同的社会结构必然产生不同的居住空间,在特定社会环境下形成的居住空间又是产生和维持一定社会结构的有力的物质空间环境。

生产组织的工业化造就了"个人主义、市场经济和民主政治"为基本内涵的自由主义的社会现代性特征。一方面,工业化生产方式要求社会呈现出大型的社会团体特征,不同的专业分工、科层制的社会组织体系导致人们对资源享有程度的不同;另一方面,由于生存背景的地域和历史性差异,人们的生活方式和价值观念越来越呈现出差异。社会分层由此产生。这些差异在对自我居住空间的占有过程中也越来越清晰地体现出来,从而造成了居住空间的分异,继而通过居住空间所关联资源的差异进一步循环至个人的社会性层面。

**1) 社会分层和社会流动**

(1) 社会分层 分层现象自古有之,如奴隶制度、种姓制度、封建等级制度下的社会均有分层现象。然而普遍的复杂的社会分层可以说是工业化的生产组织带来的不可避免的结果,这种现象与前工业化时期的分层有着极大差异——没有法律或宗教信条确定,也不世袭,更具流动性;经济因素、控制资源的差异是阶层区分的基础;阶层不平等在社会经济大环境中体现出来,而非单纯的压迫与被压迫的关系。[21]

马克思(Karl Heinrich Marx)和韦伯(Max Weber)关于社会分层的理论构成了日后大多数分层理论的基础。马克思用"阶级"一词来指代阶层,强调经济问题是社会矛盾的核心,突出极化的剥削与被剥削的阶层关系。拥有生产资料的是资产阶级,而出卖劳动力的是无产阶级。因此社会财富的空前增长却不能提高无产阶级的生活水平,即使提高了,与资产阶级之间的鸿沟也越来越宽。韦伯承继了马克思的重要思想,即权力和财富是非常重要的决定性的分层因素。但韦伯发展了这一理论,形成更为复杂多维度的视角,即地位(市场地位、社会身份等)和政党可以跨越阶级而存在,这些相互重叠的元素在社会中产生了多种可能的社会位置。

美国社会学家埃里克·奥林·赖特(Eric Olin Wright)则在吸取两者理论的基础上,指出基于对三种经济资源控制的方式来认识阶层——对资本的控制,对物质生产资料的控制,对劳动力的控制。控制所有这三方面的是资产阶级,工人阶级无法控制任何一个方面,而介于两者之间尚有一些中间阶层,他们控制其中某些资源,在控制链条中处于高低不同的位置,而技能和专业知识则会决定其与权威的关系从而决定其阶层的位置。

(2) 社会流动 社会分层既然不可避免,那么是把它作为一种自然而然的社会秩序泰然处之,还是惶惶然于阶层之间可能存在的分化和紧张关系?应该以一种什么样的态度审视之,并指导社会实践?关于阶层之间关系的研究以及社会流动的研究对于回答上述问题十分有帮助。

单纯进行阶层的描述性研究不能给社会实践以深刻启示,关系型阶层研究则能够揭示出阶层之间分化与紧张的态势,包括阶层之间的剥削关系(沿用马克思的方法)、阶层之间的隔离或排斥、阶层对于公共民主活动的参与分析等等。其中尤其对于阶层两极的研究更为重视,即富人与穷人。

社会流动指"个体或群体在不同的社会经济地位之间的运动"。对社会流动的研究包括两个维度,一为向上、向下流动(upwardly mobile,downwardly mobile),一为代际、代内流动。在理想的社会经济制度下,应该能够使社会流动做到公平、合理、开放,并且相对于"先赋性因素"以"后致性因素"为主导。相反,不理想的状况是阶层封闭性强、边界清晰化。

目前,在西方发达国家,普遍认为当代社会经济条件下,对于社会流动存在两种矛盾而又互相牵制的推动作用。一、全球化和国家对经济市场干预范围的缩小导致贫富差距的扩大和阶级不平等的"硬化"[21;385],许多学者用双城(dual city)或"极化"等词语来指代。二、信息社会、高等教育的扩大等将进一步瓦解旧的阶级与分层模式,将会创建更具流动性的秩序。如何扬长避短,一直是试图建立具有建设性的理论范型的社会学者的研究重点。德国的哈贝马斯(Jürgen Habermas)和卢曼(Niklas Luhmann)就代表了这样两种范型:前者以社会理念为尺度变革改造社会,是积极的社会改造者;后者着重探明社会机制以解决社会问题,首先是认真的社会分析家,认为现代社会由许多并列的亚系统——如经济系统、政治系统、卫生系统、教育系统、意识系统等等组成。每一社会现象都自成系统,它们靠自我机制运行并靠自调来解决问题,它们既各不相同又相互牵制。[22]

(3) 中国社会分层的现实 1949年以来,中国发生了两次重大的制度变革。第一次发生在1949年以后,借鉴前苏联社会主义制度模式建立中央集权的计划经济体制,社会阶层结构演变为由工人、农民、知识分子(干部)构成的两个阶级一个阶层的社会结构[23]。社会整体趋于封闭,先赋性规则成为社会流动主要规则。1978年以后,中国开始第二次重大制度变革,改革先从经济体制始,次及政治体制和社会体制改革,实现向社会主义市场经济体制的转变。经济体制改革、经济发展、经济结构的变化推动了社会结构的分化,催生了诸如私营企业主、农民工等一些新的社会阶层和群体,"社会分化为由十大阶层组成的社会阶层结构","凡是现代化社会阶层的基本构成成分都已具备,现代化的社会阶层位序已经确立"。但相对于经济发展,社会发展严重滞后,目前的分层结构"还只是个雏形,还不是一个公平、开放、合理的现代社会阶层结构,存在引发社会危机的结构性因素"。[23]现代社会流动机制初步形成,一方面来自经济发展、经济结构、产业结构变化的直接推动,另一方面社会流动机制多元化,后致性规则成为主导规则。但是流动还存在诸多问题,渠道还不够畅通,计划经济遗留下的制度性障碍(如户籍制度、就业制度、人事制度、社会保障制度等)仍然不同程度地存在,同时在发达国家伴随全球化而来的引起社会极化的因素同样也在影响发展中的中国。

**2) 有关居住空间分异的研究**

居住空间分异研究是在工业化社会的阶层分化逐渐反映到居住空间的差异时为学者所体察并逐渐加以深入研究的。它将人的社会属性与居住空间相对应,通过社会空间结构的描述和批判揭示居住空间分异的状况、机制与问题。

最早关于居住空间分异的研究可以追溯到恩格斯对19世纪曼彻斯特的工人无产阶级的居住状况的揭示,反映出两大对立阶级之间的居住空间差异。随着社会经济发展,居住空间分异日益明显和更趋复杂,对于居住空间分异的系统研究于20世纪相继展开。

相关研究可以分为两大类：一类为社会经济条件发生变化时对居住空间分异进行描述和阐释性的研究；另一类则为批判性研究，通过与社会流动、社会隔离、社会排斥等社会学研究对象相结合，评析其对于社会发展的正面或负面作用。

（1）描述和阐释性研究　　对于居住空间分异的描述和阐释性研究主要有三类学派。

城市社会生态学——著名的美国芝加哥学派是这一学派的先驱。1925 年伯吉斯的土地利用同心圆模式、1936 年霍伊特的扇形模式、1945 年哈里斯和乌尔曼的多核心模式，成为芝加哥学派留给后人的最著名的学术遗产。这些模式不仅总结了城市空间结构演变的规律，更立足于细致的人口分析，揭示了居住空间的分异，还揭示了分异与城市各功能空间之间的关联性。在此基础上，城市内部空间结构的判识和测度成为城市研究的重要领域，而方法和技术也有了突破性进展，主要表现为社会经济因子分析方法。有学者（Shevky、Williams、Bell）将城市内部空间结构用经济地位、家庭类型和种族背景三种主要特征要素的空间分异加以概括，据此判识城市社会空间的结构模式。[24]

新古典主义经济学——阿隆索（Alonso）（1960）运用地租竞价曲线来解析城市内部居住分布的空间分异模式，根据经济收入作为预算约束条件，分析区位成本（通勤费用）的变化与土地成本（地租）的变化相对不同收入人口的重要性，对其时普遍的城市内部居住分布的空间分异模式的表现——高收入家庭居住在城市边缘和低收入家庭居住在城市中心——做出了阐释。着重于微观个人层面的新古典主义经济学以孤立的个人主义、完美的市场为假设，忽视了个人与制度之间的联系。

结构学派——结构学派侧重于解析社会结构体系对居住空间分异的作用，对于空间实践具备更强的建设性的指导意义。随着西方城市 1960 年代社会危机的加剧，马克思主义政治经济学在社会结构认识上的运用越来越广泛。仅仅依靠科学主义的工具理性来认识城市显现出巨大的局限性，运用政治经济分析的价值理性逐步普及。哈维（Harvey）（1973）分析了各种资本通过投资、建造和使用城市物质环境，获取剩余价值和实现资本积累。因此，城市物质环境的形成过程受到各种资本的影响，以满足资本再生产的要求。"关于城市物质环境对于劳动力再生产的影响，结构学派认为，城市居住空间分异不仅反映了劳动力在生产领域中的地位差异，而且有助于维持这种差异作为资本主义社会结构体系的组成部分的延续，因为公共设施（如教育设施）的空间分布差异对于劳动力的再生产（特别是受教育程度）具有重要影响（Gray，1976）。"[24]

中国特定的国情使得城市居住空间分异具有明显的中国特点。1980 年代后期借鉴西方的研究方法，始有社会空间结构的相关研究；1990 年代后期及至 21 世纪关于居住空间分异的研究成果进入一个相当丰富的时期，关于南京（吴启焰）、西安（王兴中、邢兰芹等）、武汉（张维等）、合肥（吕露光）、上海（李志刚、吴缚龙、刘冰）、北京（顾朝林）等城市的居住空间分异研究逐渐浮现，这些实证研究成果均以描述性研究为基础，以阐释相关城市居住空间分异的现状、机制为重点。

这些描述性研究大部分采取选择典型住区进行差异性比较的方法，这些类型划分的因子包括：按收入、按建设类型、按区位、按社会身份、按产业类型、按生活模式，也有兼具上述几种类别综合的类型。其中也有一些居住空间分异研究针对的是某种或某几种特定类型，如顾朝林对北京流动人口棚户区和高收入者别墅区的分析[25]、吴缚龙对北京外国人封闭社区的分析[26]。此外，一些具有地理学背景的学者通过综合因子分析法对某个地理范围内的居住空间进行综合区域划分。

这些学者的描述结果大致可总结如下：

吴启焰等"南京市居住空间分异特征及其形成机制"：郊区高级别墅区的富豪阶层，郊区多层、市中心高层公寓区的上流阶层，市区或近郊区商品房的中上阶层，郊区或市区低档商品房、危改房的中级阶层，郊区或市区危旧房的蓝领阶层，租郊区农房、多人合租城市边缘区危旧房或安身于建筑工地或自行营造棚户的农民工阶层。[27]

张鸿雁"论当代中国城市社区分异与变迁的现状与发展趋势"：传统式街坊社区，单一式单位社区，混合式综合社区，演替式边缘社区，新型房地产物业管理型社区，自生区或移民区，旅游型综合社区，科技产业型社区，加工出口贸易型社区，新型大型社区。[28]

李志刚等"当代我国大都市的社会空间分异——对上海三个社区的实证研究"：中心地区的多高层商品房，中心地区的高密度中低层工人新村，边缘地区的混合型大型社区。[29]

刘冰等"城市居住空间分异的规划对策研究"：中高档商品房小区，历史保护型小区，动迁安置型小区，单位配给型小区，都市边缘型小区。[30]

张维等"武汉市居住空间分异特征初探"：郊区高级别墅区上层群体，市核心景观区和滨江滨湖地带高层豪宅上层群体，市中心高层公寓区中上层群体，市区和郊区多层商品房和市郊小高层的一般中上层群体，郊区或市区社会中层群体，危旧房的中下层群体。[31]

这些研究揭示出当前居住空间分异的现状特征——①社区建设的历史时段存在着持续性影响；②逐步呈现出内部均质化和外部异质化趋势；③与地域性结构的分化密切相关，城市规模扩大涉及农村社区转型、城市结构演变形成不同的功能区（除了传统的工业区、居住区、商业区的功能区划分，体育社区、市场社区、大学社区、旅游社区等逐渐浮现）等城市结构的变化直接导致了分异中的区位差异。

对居住空间分异的机制阐释除了借鉴阶层分化的研究成果之外，相关住房制度和城市发展策略被认为具有决定性的影响[32]。住房分配取消福利制、走向商品化提供了政策机制，由政府推动的房地产市场为各阶层提供了自由择居的市场机制，加速推进城市化、城市结构演变为分异提供了多样性空间。

（2）国内居住空间分异中关于郊区或新区的描述及阐释性研究  城市郊区正成为居住空间分异最活跃的地区。"在郊区，城市空间扩展不仅与房地产市场、住房商品化、住房私有化和服务业、高技术产业的发展相联系，而且与贫富两极人口的郊区化密切相关。北京的城市边缘区正成为社会空间结构中快速变化、城市问题最多、贫富差距最大和最活跃的地区"[33]。

杨上广、丁金宏（2004）对于浦东新区社会极化问题的研究揭示了外来流动人口、城市中低收入动迁安置人口等中低收入居民被市场过滤机制影响所获取的城市资源极其有限，此类人口在边缘地带的同质聚居加剧社会问题。[34]袁雯等对浦东新区社区空间布局的分析强调社区与城市功能结构的关系，将社区划分为城市社区和准城市社区，而城市社区又可再划分为一般住宅区、工业居住区、工厂居住区、商业居住区等。[35]魏立华、闫小培对于广州郊区社会空间分异的研究，揭示了"广州市郊区是由大型国有企事业单位、全球化产业居住空间、原住自然村落、外来移民聚落、大型中产阶层居住区等多种社会空间类型构成，且不同类型之间的运行体制、制度待遇方面迥异，尽管其空间邻近，但却呈现'隔离破碎化'的特征"，指出1980年代以来基于不同社会经济条件下建设的住区类型存在很大差别，这些差别是由城市政府主导下的"显性力量"使然,而郊区的原住村落的"自发力量"也不应被忽略,"实质上郊区农村自下而上的城镇化及工业化进程亦在塑造着新的产业及社会空间,并填充了'政府主导型社会空间'的间隔地带,体现在自然村落、城中村、村镇级劳动密集型产业园区及工人居住区等方面"[36]。

魏立华、闫小培对于广州郊区社会空间分异的研究,还揭示了不同的社会经济制度背景下郊区的新建职能区类型差别很大。"1980年代广州市郊区 主要新建或迁建内城外溢的大型国有企事业单位,并相应配套单位制居住职能,为'国有工业企业单位制'的郊区化阶段,其中南海市黄岐镇因接纳荔湾区旧城改造的拆迁安置居民而成为广州市'被动性'的居住郊区化的重要地点。1990年代广州市郊区为迎合经济全球化进程而兴建经济技术开发区、保税区、信息产业园、科学城等新的'全球化空间',相应配套适应中产阶层居住的商品化住宅区;1990年代中后期广州市 东部、南部郊区交通条件改善,适应'通勤者'中产阶层的大型商品化住宅区开始涌现,为'全球化力量推动的产业与居住'郊区化阶段"[36]。

(3)批判性研究  居住空间分异的批判性研究,就是通过将空间分异与社会流动、社会隔离、社会排斥等社会学研究内容相结合,研究社会属性与特定空间的结合是否疏离阶层之间的关系、是否阻碍社会流动,尤其是中低阶层的向上流动,进而评析其对于社会发展的正面或负面作用。

20世纪初期芝加哥学派进行居住空间分异研究时的忧虑在于由分异所表达出的"异质性"和"匿名性"——虽然生活在同一座城市,但是由分异而隔离、由隔离而陌生。然而这个世界却又是"一个既碎片化同时又联合在一起的世界"(包亚明,2002),陌生的人们生活在同一个经济体系中、必须相互依存。

根据新马克思主义学者"空间的生产"观点,空间分异经由劳动力的生产与产生空间分异的经济体系之间是互动的。然而经济发展不能等同于社会发展。在经济发展的过程中,各阶层是否承担平等的责任和义务、享有平等的权利、拥有平等的发展机会,从而共享经济发展的成果才是社会发展的重要评价方面。而在社会各阶层中,对于容易主动逃避责任的富人阶层以及容易遭受排斥的穷人阶层的隔离与排斥研究最为广泛。

隔离——强调"隔、离"的行为和相互关系。隔离,首先表现为物质空间的隔离,进而延伸至社会经济的其他领域。隔离分两种情况,被动隔离和自主隔离。被动隔离指某类群体被某些政策限制、被经济能力限制或被其他群体以相对直接的方式拒绝(如歧视)。主动隔离指某类群体基于从事某类特定工作、或构建互帮互助网络的生存需要而主动聚居某地。物质空间隔离并不必然造成阶层关系的冷漠和恶化,但是确实也是造成阶层关系紧张、向上流动渠道阻塞的主要原因。

排斥——指的是个体有可能中断全面参与社会的方式,包括经济排斥(economic exclusion)——就业和消费方面的排斥、政治排斥(political exclusion)——持续普遍的政治参与排斥、社会排斥(social exclusion)——使用社区设施、社区生活、构建社会网络方面的排斥。[21:409]排斥一般指某一群体"被"排斥的情况,同时也可以指某一群体自主地从主流社会自我排除。居住空间分异与排斥相关的部分在于:①居住空间与就业空间之间的关系是否联系便捷、交通成本是否可以接收;②公共设施的规划建设是否全面及其质量是否良好;③能否延续支撑性的社会网络,等等。

(4)国内居住空间分异的批判性研究  国内居住空间分异是政治经济体制转型和全球

化大背景下不可避免的必然结果。部分学者对分异的整体态势持乐观态度。张鸿雁认为居住社区的分化型发展是一种积极向上的社会结构运动,有利于城市空间功能的完善,有利于某些核心、专业部门的发展。这种分化未来还将进一步向纵深发展。[28]饶小军在对深圳的边缘社区(包括城中村、郊区农村和郊野自发聚居区)考察后认为这些边缘社区除了存在种种严重问题之外,也具备正面价值:居民虽处社会下层,但是比在原籍要好,并非穷而思乱之人,其思想谓:"移民保守主义",需要社会安定并希望城市容纳他们。[37]

更多的学者则对居住空间分异尤其是高低两端的社会空间分异持忧虑态度。认为分异与"阶层隔离、信息分离、心理落差乃至社会疾病蔓延"[38]之间存在因果联系。居住分异被认为显化了贫富差距以及外地人与本地人之间的矛盾,造成城市资源分配不平等,加剧了城市社会问题。这些已被揭示和关注的社会问题包括:①城市拆迁导致的中低收入人口居住区位重置,割断了原有社区情感关联、削弱了原有的社会网络,就业渠道不完善,交通成本却大为增加;②中低收入居住区,尤其是流动人口聚居区生活环境恶劣,配套设施不完善,尤其不能提供促进代际流动必须的优质教育资源;③郊区农村人口城市化集聚流以及外来人口流,高强度汇集于市郊新建城区或城乡边缘地带,而城乡边缘地带管理本就薄弱,造成其在社区环境、治安等方面存在严重问题。

这些问题一方面是排斥的结果,另一方面又将继续强化排斥,导致阶层疏离并阻碍社会流动。相应地,这些批判性研究在政策方面、社会实践方面、空间规划方面提出了若干针对性建议。但是这些建议多集中在如何缓解已有问题上,对于当前中国城市快速扩展过程中如何在分异必然出现的背景下居住空间分异加以控制和引导的研究却不多见,不过一些学者对西方国家相关经验的引介还是很有方法论上的参考价值。

### 1.2.2 社区发展与城市规划

社区理论研究从一定程度上弥补了传统社会学微观领域和宏观结构理论缺乏实践指导性的缺陷。通过对一定地域内的社会共同体的强调,社区理论试图弥补当代社会过于分离的人际关系。指出基于一定组织基础之上的社区的自身提高与发展以及以共同体的形式参与范围更广的区域决策与发展,对于社会整合具有积极的推动作用。社区概念包含了社区的地理意义,因而具有城市规划的空间特性。社区发展理论的启示在于:居住空间的物质载体与社区的社会构成和决策具有较强的关联性。

**1) 从社区建设走向社区发展**

社区建设属于弥补社区生活设施中某些不足的过程,是社区发展的局部任务,目标是扶助弱势群体,改善居住、卫生、治安环境,通过社区互动,增强社区意识、促进社区文化,以及为适应上述要求的制度建设和公共设施建设。社区建设着眼于已形成的社区的持续发展,尤其关注如何赋予弱势群体生存的条件乃至发展的能力。当前,社区建设从增加福利和相关服务向推动可持续发展能力转变,表明社区建设的关注对象越来越从狭隘的社区地理范围向外拓展,既包括社区内部人能力的提升,也包括社区外部力量的导入。

"社区发展"的概念外延就大大超出"社区建设",从社会整体发展的角度丰富了社区建设的理念。社区发展,是通过增加社会资本而提倡人文关怀和人际联络的社会整合方略。目标是在较大的地区规模上规划和调控经济社会和环境的可持续发展,更合理地整合区域资源,为社区建设提供更好的系统环境,包括增加更多的就业机会、培养新的工作能力、积累社会保障的物质基础、改善生态环境等等。[39]

对于处于快速城市化阶段的发展中国家来说,社区正处于动态形成阶段,如何避免由于资源分配不公导致的社区差异,尤其是要避免低收入社区先天缺乏可持续发展资源的问题,而社区发展理念为之开拓了更宽阔的视野。

**2) 社区规划:社区发展与城市规划的结合**

随着社区发展运动的深入开展,人们开始对社区长期的持续发展予以主动的考虑,社区规划开始进入相关机构(包括政府机构和民间机构)的视野。"如美国始于1974年的社区发展拨款计划后来增加了一项重要的附加条件,每个社区必须在制订统一规划(consolidated planning)和执行计划(action plan)并获得通过后方能获得联邦拨款。"[40]

社区规划的组织形式可以分为由官方社区机构组织制定和由民间社区机构组织制定两种[41]。在强调发展持续性的社区规划中,规划师向政府与社区之间的协调者这一角色转化,并不单纯是某一社会力量的代言人。

从规划内容和工作方式来看,社区规划包括"定期的综合性社区规划"和"持续的边发展边制定的琐细的社区规划"。定期的综合性社区规划一般包括:社会规划(对人口规模、人口结构的研究和预测,确定阶段性的就业、居住、社会化服务等需求)、物质空间规划(在整合现有资源基础上,确保社区经济、公共设施、环境顺应未来发展)、行动规划(争取外来支持、激发内在潜能的具体实施行动计划)。持续的边发展边制定的琐细的社区规划包括:对综合性社区规划分解项目的实施性规划、组织民众参与、反映民情民意的项目确定与实施性规划(如台湾的社区规划师制度中规划师的日常工作等)。

社区规划的有效性和能否实施由以下几方面决定:①规划所获取的信息是否建立在多方组织单元的有效沟通基础之上,这些组织单元包括政府、社区、专业机构、民众等,因此各个层面的规划组织者的组织能力非常重要。②涉及利益协调时能否有充分有效的社会互动。纽约的社区规划经验表明,涉及社区与社区之间或者阶层之间的关于整体资源分配问题时(如社会住房问题、对优良公共设施的争夺、对污染型设施的摆脱等),弱势一方必须采取强有力的斗争姿态方能获得胜利,这种情况下,民间社区机构远比官方社区机构具有更强的行动能力[41]。之所以如此,在于有效的社会互动机制的缺失。③社区规划必须是主动的、立意长远的综合协调过程。如对于社区中的贫困失业阶层,简单的福利和救济只是短期见效,要深入研究问题背后的根本性制约因素,改善其持续发展的生存环境。④社区规划的执行能力非常重要。一般来说,立足社区自身资源的项目实施相对比较容易,而需要政府政策支持或资金支持的项目实施较为困难,这时组织者的行动能力就显得十分关键,另外制度体系对于自下而上的社区规划的支持也十分重要,比如是否有明确的支持政策等。

传统的城市规划,注重宏观经济社会效益,其规划时效一般以规划期内的投入产出比为衡量指标;而社区规划追求社会效益,其评价指标应该是居民的综合满意度和社会发展条件的综合提升;两者之间应互为借鉴。西方经验表明,社区规划虽然不能替代传统的城市规划,但越来越成为城市规划体系的重要补充,一方面立足社区规划推动社区自身发展,可以大大减轻政府财政负担和降低自上而下的规划误导,另一方面也是日益增强的社区力量的主观要求。

**3) 城市规划对于社区社会属性建构的介入**

社区规划总体来说还是受制于传统的城市规划,在两者发生强烈冲突时能否改变城市规划很大程度上依赖于社区力量的强弱。另一方面,基本属于对已形成的资源分配格局的调整,不能介入到资源分配的决定性建构过程。因此,在城市规划的相关政策中逐渐主动考虑一些影响社区资源公平分配的因素,以期减少可能引发的冲突和降低管理成本。

这一方面的重要进展主要体现在社区社会属性的建构上,以期减少导致负面效应的居住分异的可能性。

(1) 宏观城市规划层次的介入  强调战略目标应从单纯追求经济目标向公平、融和、平衡、参与的目标转变。城市总体空间结构向多中心发展,避免可能强化房地产投机的单中心结构,城市空间领域不仅为经济发展创造机会,也为个人提供更多可选择、发展成本低的成长环境与就业机会。而精明增长、城市控制等政策既应和了环保趋势,又因为提倡工作—居住平衡、公交主导等,在实质上降低个人发展成本的规划理念,也是有利于社会公平的。

(2) 在中观城市规划层次的介入  通过制定有相关政策,政府主导或介入住房市场,实现混合用地,提升居住群体的异质性。如在中低收入人群支付不起的社区建设适量的经济房屋,打破地产商的逐利性;或对衰败社区进行改造时避免绅士化趋势和再度贫困化的可能,通过对住房市场介入改变社区人口构成,引导混合型社区的形成,如荷兰1995年制定的大城市政策。

强调交通等基础设施和教育等公共设施配置的公平性,避免环境枯竭使得弱势群体丧失自我发展和向上流动的机会。如优化轨道交通用户的社会空间分布。"从基于TOD策略的城市空间规划的基本原则来看,应依据公交和小汽车交通模式与城市社会空间的关系,优化轨道交通用户的社会空间分布,整合居住、商业和办公等用地与公交设施的用地布局,形成良好的轨道交通运营环境,保证客源充分。对于轨道交通用户,其社会属性为以中低收入者、交通弱者为主的全体居民,用户空间分布主要位于以TOD策略开发地区为主,兼顾常规公交网络覆盖地区。对于小汽车用户,拥有者以中高收入阶层为主,拥有者空间分布于第二区(secondary areas),如区位较好的郊区新镇、外商住宅区和中高收入者别墅区等。"[42]

(3) 在微观城市规划层次的介入  微观环境的文化层面、精神层面的塑造是城市规划落实的最具体层面,也是居民最易感受到的层面,对于弱势群体尤其可以增强自豪感、树立信心。澳大利亚UFP(Urban Frontiers Programme)报告提出对于微观环境的促进建议,包括"文化改造、地方环境规划和社会规划整合、制定社区状况报告和设定地段提升奖等多个方面。"[43]这一层面的规划有的以政府为主导,有的以社区为主导,但都注重规划制定者和实施者的选择,如美国可支付住宅建设的社区机构对于规划团队的谨慎选择,悉尼UFP报告则鼓励既要吸引私人组织和个人投资,又要筛选开发商——选择既有的乐于供给居民福利设施的开发者或组织。

(4) 中国社区发展的实情及与城市规划的结合路径  20余年来,在政府的扶持投入和社会各界支持共建下,社区生活性服务方面取得显著成就,包括社区环境、社区卫生、社区治安、社区活动设施等社区生活要素的建设和对低收入群体的福利性支持。但从目前发展情况看,社区结构呈现家居性表层化特征,其深入发展遇到障碍。"所谓家居性共同体,是指社区就其所有的资源而言,它不能为大多数适龄成员提供就业和各种发展的机会,而只有居家生活的意义。"[39]

究其原因,一方面由于历史原因,社区发展所依托的市民社会尚未建立,社会资源并未能够被充分发掘,需要通过文化建设来推动,而这需要长时期的引导;另一方面在于社区发展理念本身的制约,目前中国的社区发展运动大部分还只能属于社区建设范畴。

中国的国情决定了中国尚未出现为第三方民间社区机构服务的类似于美国辩护式规划和英国社区建筑运动的社区规划。但是,借鉴西方理论和实践,结合国情的社区规划已在国内出现。

这些社区规划大多是针对基本成型的社区的进一步完善和调整。长期以来,无论是计划经济时代还是改革开放后的很长一段时期,我国的居住区规划关注的都是项目建成的终极状态(end-state)。这些住区随着时代的发展难以适应变化了的需求,尤其在社区环境、社区公共设施方面。而定期编制的分区规划、控制性详细规划也大都是将已建成的作为现状,很少或几乎不去调整,即使调整也是自上而下的粗放型的,没有立足民情民意。目前已有的社区规划一般是基于这个背景之下的规划。委托主体一般是官方社区机构——街道,与其密切配合,通过组织公共参与,立足深入的调查实践对社区经济、社区公共设施和社区环境进行发展规划[44]。基本上是狭义范围立足社区建设目标(而非全面社区发展目标)的社区物质空间规划。全面涉及社会规划、社区物质空间、执行计划的社区规划尚在探索之中。

总体来说,社区规划中依赖社区自身资源的项目可由社区机构积极推进,这对于推进社区发展大有帮助。但是由于缺乏制度体系的权威确定,在具体执行时通常作为行政型城市规划的参考来发挥作用,尤其是碰到重要资源配置的关键问题与城市规划意图相矛盾时,没有相应机制讨论和调解,社区规划意见难以被采纳。

另外一个非常重要的方面是,在当前中国快速推进城市化、居住空间不断扩展的今天,城市规划对于社区社会属性的主动建构,对于城市的和谐发展至关重要。但是相对于西方发达国家,国内城市规划对于社区社会属性的主动介入尚未见有价值的和建设性的理论探讨,理论界已有研究多为国外经验引介和在分析有关问题时就事论事的探讨。那么城市规划如何立足中国国情,向推进社区发展的目标前进呢?

中国的自治型社会力量远未形成,已有的社区发展运动具有明显的中国特色,即"党组织始终发挥着领导核心作用;政府及其派出机构发挥着规划、指导、组织协调、管理、控制等作用;社区居民自治组织发挥着骨干作用;社区内企事业单位、中介组织和居民群众发挥着基础和支持作用"。[45]

依据这样的国情背景,刘平指出在市民社会尚未建立和面临建设的长期性条件下,政府的引导作用至关重要。首先,要在超社区的范围内规划社区发展,统筹资源格局,根据现状条件及发展预测加以规划;其次,在深层自治结构和非政府组织缺席的情况下,政府作用可抑制非主流甚至反主流力量,管理角色向服务型转变并推动社区自治;第三,通过有关制度建设,使一定地域的资源配置与当地的社区发展更有利地结合起来,不仅使社区居民在社区发展中得到实惠,也可以通过实实在在的经济活动加强居民与社区的联系。[39]

# 1.3 制度研究

居住空间的形成是个人在制度框架内进行选择的结果。制度的作用包括以下四个方面:①以文化和整体的观点考察制度,国家、法律、文化、政治等制度安排作为一个整体对经济所产生的影响;②虽然价格发挥着普遍而重要的作用,但是由制度决定的权力结构才是决定资源配置的最基础因素;③制度调整要符合作为整体的社会利益。真正的价值判断标准是"满足人类高质量的生活",即经济价值只是各种社会价值的一种,还应考虑除此以外的社会价值;④制度对于微观经济行为的影响是个人面临的环境约束,它不仅是收入约束,还包括交易成本约束。个人不是"完全理性"而是"有限理性"人。[46]

作为居住空间最基本考察要素的住房,不是普通的商品,住房作为商品具有一定的独特性。住房具有以下特征:必需品(满足人类最基本的需求);重要性(对于大多数住户来说住房是其资产中最重要的构成部分);耐久性(使用期较长);空间固定性;复杂和多重异质性(除了住房单元本身以外,住房还附着有与各类环境相关的特性);生产的非凸性(该特性导致修复、拆除、重建和变更的不连续变化);信息非对称的重要性(消费者不能完全了解每个住房单元的特征,相关人员之间不能了解彼此的品质);交易成本的重要性(搜寻成本、迁移成本、交易费用);缺乏相关保险与期货市场。[47]住房的这些不同于其他商品的特征使得住房市场的运行也明显不同于其他市场。住房建设涉及供给和需求,是国民经济的重要组成部分,对宏观经济形势反应敏感。

涉及居住空间的制度研究包括两个方面。一方面是作为社会政策之重要构成的住房制度,涉及国家对于住房资源生产与分配的意识形态,对于住宅生产供应链条中的利益走向具有决定性的影响;另一方面是影响居住空间格局的制度和机制研究,涉及各利益集团对于住房资源生产与分配的博弈,决定了包括空间形态与社会空间结构在内的居住空间格局。

## 1.3.1 作为社会政策的住房制度

社会政策是国家为保障全民或特定阶层实现其社会权利保障的一系列政策措施,如教育、医疗保健、住房、就业等政策。社会政策和实施这些政策的相关机构构成了社会福利体系。住房政策的设计离不开一个国家的福利制度的总体策划。

### 1) 福利制度和住房政策

福利制度虽然各有差异,但确是当今世界上大多数工业化国家普遍采取的制度。马克思主义者认为福利制度是维持资本主义制度所必需的,它以一种有序的方式整合社会,减少自由市场制度必然带来的经济不平等。另一方面,福利制度又是民族国家公民权利发展的结果。①

1929年经济大萧条使人们认识到自由放任的市场经济带来的社会危机,开始重视政府的干预作用,1933年美国的新政就是在这样背景下进行的创新实践,整个美国经历了一场由政府推动的社会革命,建立了一整套关于紧急救济、农业调整、整顿银行秩序、工业复兴以及养老失业等社会保障体系。市场经济这只"看不见的手"与政府干预这只"看得见的手"联合起来共同推动社会经济的稳步发展。二战以后,由于物质资源的普遍短缺以及战争导致的普遍的国家团结意识,福利制度得以进一步改革和扩展。在欧洲发达国家,福利完成了从选择性向普遍性的转变。20世纪中期英国的几个主要法案阐明了新的普遍福利国家的核

---

① 随着时代的发展,普遍认为公民权利经过了以下发展阶段:18世纪公民权——包括言论与思想的个人自由、私有财产权、法律面前人人平等,19世纪政治权——包括选举权、投票权以及参与政治的权利,20世纪社会权——包括教育、医疗保健、住房、养老等社会与经济保障权。

心,如 1944《教育法案》、1946《全国健康法案》、1946《全国保障法案》、1948《全国援助法案》、1945《家庭补助法案》、1946《新城市法案》。整个 1930 年代以及二战后的 20 年左右时间中,在住房短缺以及福利制度不断发展的背景之下,社会住房得以大量供应。

1970 年代以后,关于福利制度的共识开始瓦解。认为普遍福利制度的存在条件已发生变化,首先经济形势的变化、人口结构的变化、日益庞大的福利官僚制度使福利开支大为增加,其次认为普遍福利制度导致了不求上进的福利依赖,而真正需要福利支持的人却不能获得足够的扶持。在这样的背景下,英国、美国均大幅度削减了福利支出,进一步将福利责任转移到私人部门、志愿组织以及地方团体,强调"积极福利"——致力于培养人们在事业和个人生活方面的能力,强调机会的平等以及多元主义和生活方式多样化的重要性。"社会政策关心提高社会凝聚力,促进相互依赖的网络,并努力使人们的自助能力达到最高程度。"在住房政策方面,政府补助开支的削减曾经一度导致无家可归者的增加①。而同时,由 NGO 和社区所推动建设的社会住宅又弥补了公共住宅的缺陷,富有活力的社区发展运动为人自身的发展提供了更多的机会和平台。

各个国家由于国情不同,福利制度也是有差异的。"住房体系,尤其是以政府的出租住房和各类非营利机构的合作住房为主的社会住房,与福利国家的社会福利体系密切相关。……不同类型福利国家的住房政策,无论在住房供应方式还是住房产权结构上都存在多方面政策差异,并在相当程度上形成福利国家类型与住房政策类型的对应关系"[48],见表 1-3。

表 1-3　福利国家类型与住房政策类型

| 国家类型 | 自由福利国家<br>the liberal welfare states | 社会民主福利国家<br>social-democratic welfare states | 保守的合作主义福利国家<br>conservative-corporatist welfare states |
|---|---|---|---|
| 福利性质 | 福利是高度商品化的,鼓励市场为中产阶级提供商品化服务。运用资产调查和严格的申请资格制度,采取有选择地针对低收入者的社会保障制度。如美国 | 福利是高度非商品化的,通过建立起能够最大限度减少差异的全民性福利系统,国家向社会提供尽可能多的福利。如瑞典 | 福利是非商品化的,但未必具有普遍性,公民获得的福利与其社会身份有关。福利制度更大程度上是为了维持社会稳定、保护传统家庭和对国家的忠诚。如德国,法国 |
| 住房供应政策 | 住房供应体现最低程度的国家干预,住房供应的筹备和建设实施主要以大型私有企业为主,以营利为目的的投机性商业开发贯穿土地开发和住房建设全过程 | 住房供应体现最高程度的国家干预,住房供应的筹备和建设实施主要以大型国有企业和民间住房合作机构为主,土地供应呈现公有化和较强规划控制的特征,以非营利和有限获利为目的的住房供应动机成为土地开发和住房建设全过程的主流 | 住房供应的政策特征介于前两者之间,住房供应以民间合作机构为主,住户自筹方式占据一定比重 |

国家在发展过程中,相关政策也有可能发生变化,如英国,早期更类似于社会民主福利国家,现在则具备更多自由福利制度的特征。即使如法国、荷兰等国家,虽然政策总体变化不大,但是也逐渐向政府引导并与社会机构共同推动的方向发展[49][50]。

目前,在西方大多数福利国家,政府和非营利社会住宅机构的合作已成为主流的社会住

---

①　如英国 1980 年《住房法案》允许地方当局大幅度提高住房租金,为地方政府大规模出售住房奠定了基础。批评家指出 1980—90 年代地方当局住房的私有化极大增加了无家可归者(参见安东尼·吉登斯著;赵旭东等译. 社会学. 北京大学出版社,2003:426)。

宅供应方式,政府通过政策加以引导和扶持,非营利社会机构负责具体的社会住宅建设及运作组织。新建社会住宅基本都是小规模的"补充型",而社会住宅机构另一项重要的工作则是通过租售等方式对社会住宅加以存量管理和维护管理,十分重视旧城的住宅更新工作,既可以促进经济发展,又可以避免推土机式改造带来的历史资源丧失和纯商业改造所带来的旧城绅士化以及贫富隔离。

**2) 发展中国家对于城市住房的政府干预**

"住房不仅指建筑物结构,也包括居住点的土地和上面的服务设施,以及它提供的通往外部服务(教育、医疗等)、就业和其他城市设施的途径。"由于发展中国家整体资本积累较为贫瘠、国民收入相对较低、投资市场不尽规范,因此"住房在发展中国家的福利事业和经济发展中都是十分重要的组成部分,通常在家庭消费、固定资本投资甚至就业机会中占相当大的比重。城市住房市场上的住房干预于是非常普遍,其形式不仅包括对私有活动的管理,而且包括通过基础设施甚至住房上的直接投资。"[51]

政府干预一般都是针对特定的住房问题,这些问题包括"土地侵吞和非法再划分、过度拥挤、缺少基本服务、就业机会的可达性差和快速增长的地价房价。"然而即便是从问题出发制定的政府干预政策,其效果也不一定是好的,有的达不到设定目标,有的却又引发了其他问题。

比如缺乏监管的公共住房政策导致其有利于富人而非穷人,甚至扰乱了正常的住房市场;比如清除贫民窟政策虽然为低收入者提供了物质条件较好的住房,却造成了新的社会问题;另外,在某些国家和地区获得成功的政策在其他地区却不一定有效,如新加坡和香港的大规模公共住房工程的成功在于大量特别的因素,包括平均收入的相对高水平、机构的超群能力、严重的土地短缺和文化方面对高增长、高密度生活方式的接受,而类似的政策在巴西却不能获得成功。

总体来说发展中国家对于城市住房的管理和控制总是很难有效地达到其目标,常常还会带来负面作用。一方面是由于社会经济条件本身的复杂性,另一方面也是由于政策设计所存在的问题。政府干预难以全面替代市场的效用,住房干预政策不应损害市场的有效性,政府应结合国家以及地区的实际情况认清政府干预所起的作用,从而采取恰当的政策和实施细则,并与仔细的市场监控和评估反馈体系相结合来"保证相关政策能有效地为有意义的目标服务"。

## 1.3.2 影响居住空间格局的制度和机制

广义的制度指"用于指定一些体系或相互作用的一些设定好的过程,这些过程相互之间有联系,并以此为特征。"首先,它包括狭义的、由正式的组织所制定的制度,具有权威性和强制性。其次,它还包括非正式的制度——"广义的社会习惯的(认同的)行为"。[52]

在居住空间格局的形成过程中,同样可以观察到这两个层面的制度影响,可以分别称作为"政策层面的制度"——由相关机构制定的土地、规划、开发、金融等政策,包括法律、法规、决策体系等,和"文化层面的制度"——非正式的社会习惯认同。

美国二战后的低密度郊区化和新加坡1960年代独立后的高密度新城是非常不同、差异性极大的居住空间形态。在其背后是差异极大的制度背景,见表1-4。

表 1-4　美国低密度郊区化和新加坡高密度新城的制度背景差异

| | 政策层面的制度因素 | 文化层面的制度因素 |
|---|---|---|
| 美国低密度郊区化 | 在利益集团的游说之下,对郊区低密度商品住宅开发与置业的双重推动。表现在有关金融制度、税收制度和贷款制度方面 | 国民多怀着"拥有自己独立土地和住宅"的美国梦 |
| 新加坡高密度新城 | 强有力的政府干预,对居者有其屋计划的推动。表现在组屋的建设、租售和管理等制度方面 | 国土狭小,国民对高密度住宅的接受程度高 |

居住空间格局不是一成不变的,它随着时代而发展,社会制度及环境的变迁而改变。目前,在美国出现的与交通协同的紧凑发展模式,则是基于在可持续发展观点影响下政策与文化层面制度因素均有所变化的结果。在政策层面,成长管理政策着眼于严格的土地开发控制管理,以有效遏制郊区的无限蔓延;在文化层面,对于共担环保责任的倡导以及对于低密度郊区丧失人文价值的反思,促成了生活方式的多元化追求。

在制度的约束下,各参与方在居住空间发展过程中的作用将最终决定居住空间格局的形成,因此对运行"机制"的探讨是深入考察制度环境的不可或缺的环节。机制,"泛指一个工作系统的组织或部分之间相互作用的过程和方式。"[53]

基于韦伯的社会分层理论,资本主义社会关系理论的研究于 20 世纪得到进一步发展。相对于马克思十分强调的经济范畴中的阶级关系,社会范畴的社会关系更为多元化。这些关系不是简单的压迫与被压迫关系,而是在总体社会经济背景之下的相互关系。福柯(Michel Foucault)对于渗透于日常生活的"知识——权力"微观权力关系网络的揭示深刻反映了现代化时期的资本主义社会关系与前现代化时期的等级压迫和资本主义早期的阶级压迫的不同。在一个市民社会中,其社会关系的多元化必将导致各类社会组织的出现。

在城市发展领域,公认有这样三种基本的社会力量:以私营部门(广义上包括不同性质的企业)为行为主体构成的竞争机制;以公共部门(主要是不同层次的政府和准政府组织)为代表的国家作用;以群众团体、社区组织(非营利组织)为特色的民众自助。[54]构成这些社会力量的组织单元,基于利益权衡,通过各类方式参与权力与责任的分配、运用和调整。这些社会力量的活动与制度体系之间的关系是互动的。一方面,在不同的制度环境下,能否参与、参与的效果、获得的结果是非常不同的;另一方面,这些组织单元的活动能力又可以引发制度的变迁。

机制研究关注在影响居住空间形成的决策中,决策主体的构成(参与部门、利益集团、公众)、内部组织模式及其如何影响土地市场、房产市场以及空间区位。

# 本章小结

新区居住空间是城市扩展中出现的空间形态,故以"城市扩展中的居住空间"来梳理相关研究成果,既保证视角的足够广域,又避免过于宽泛。

首先,从多学科角度——地理学、经济学、社会学、城市规划学——对居住空间的扩展进行了综述。然后,紧密结合论文规划实证研究的需要,紧扣城市扩展中的居住空间功能研究、社会性研究、制度研究三个既相互独立又有交叉的维度对重要的研究进展加以梳理。居住空间的功能研究进展主要体现在居住空间格局、公共设施配套、居住空间形态和微观空间品质等方面。居住空间社会性的研究进展主要体现在居住空间分异和社区发展与城市规划的结合两方面。制度研究进展主要体现在住房制度、影响居住空间格局的制度与机制等方面。

随着时代的发展,可持续发展理念已成为共识,可持续发展理念如何体现在具体实践的每一个环节中,深入到操作程序和居住空间发展的实质性运行过程中,使规划紧密联系实际、起到应有的作用,成为居住空间规划研究的热点。因此,居住空间规划研究与其他研究领域的交叉日渐广泛。

# 2 国外城市居住空间扩展的
历史实践与借鉴

从全球视角看,新区建设不过是为了解决城市在某个特定发展阶段产生的特定问题孕育而生的一种解决方案。在不同的背景下,各国产生了不同的发展模式,其推动机制、开发机制、城市形态等方面均体现出差异。对于特定的国家而言,居住空间发展的区位、形态、功能及居住空间的布局、组织结构等随着社会经济的发展,表现出一定的发展趋势和阶段性的主流发展理念。

本章选择美国、英国、日本和新加坡四个国家,对其20世纪以来应对城市化或者其他原因造成的房屋短缺问题所进行的居住空间扩展(包括新区建设)的实践进行历史回溯和总结,最后在与中国比较的基础上指出可借鉴之处。

## 2.1 美国

### 2.1.1 城市化进程与居住空间发展概述

1790年,美国城市化水平只有5％,没有任何一个城市人口超过5万人。1860—1920年,是城市快速发展阶段,由于科技的发展以及在运河开凿、铁路建设、机械制造等方面的应用,以及大量移民的涌入①,城市化水平从不到20％发展到超过50％。某些重要的城市发展迅速,城市居住空间出现了早期郊区化态势和居住分异。20世纪上半叶,芝加哥大学社会学派在一系列重要论著中论述了伴随城市扩展的社会空间结构的著名模型。纽约就体现出了当时大城市典型的空间格局,中心高密度发展、城市中心兴建高密度的公寓式多户集合住宅、外围工业区及其廉价的工人住宅,再向外围沿着交通廊道分布着早期的郊区住宅。[55:8]

1929年,经济大萧条暴露了城市建设中严重的住房问题,城市建设尤其是住房体系滞后于城市化进程,大多数人的住宅是租用房屋,在经济萧条的冲击下,很多人沦为无家可归者。在纽约,尽管有强烈的抗议活动帮助了7万余人继续居住在租用房屋中,但还是有十万余人变得无家可归。[55:8]

1930年代,联邦政府颁布了具有划时代意义的新政(the New Deal),1934年成立了联邦住宅管理机构,联邦政府开始介入住宅建设。一方面开始推动公共住宅的建设(包括旧城

---

① 南北战争后,美国政府制定了《移民奖励法》,从1820—1928年间,移民共达3 800万人。移民增加也导致美国人口迅速增加,1790美国只有人口393万人,1920年达到10 570万人。

中的公共住宅以及郊区的公共住宅），另一方面开始制定相关政策鼓励房地产发展和居民购买住房。

二战后，美国经济迅猛发展，在政府相关政策和举措的推动下①，城市扩展的速度加快。城市居民的住房需求极大释放，在郊区拥有一处独立住宅的"美国梦"对于大多数中上阶层来说触手可及，导致了城市发展爆炸式的郊区化，而旧城则变成城市贫民居住地以及郊区居民的办公场所。与此同时，旧城更新、清除贫民窟、公共住宅的建设也在争夺公共财政。旧城的公共住宅建设在不同的城市有着不同的情况。在纽约，虽然公共住宅的建设没有种族歧视，但却出现了不曾预料的结果——住区规模较大，多为黑人聚居，导致了白人的逃离，无意之中加剧了种族隔离；在芝加哥，1949 年之前，只建造了很少的公共住房，1949 年之后，建设量增加，但是其建造的位置受到当时的体制影响，一般都是不好的位置，而大规模清理贫民窟导致了黑人向白人区的迁移，从而导致了相当多的种族冲突以及白人的逃离式迁移；在洛杉矶，冷战时期的某些城市由于受麦卡锡主义的影响一度停滞，强化了阶层隔离。这一时期的公共住宅的建设由于对规模、选址没有调控，其建设的后果大大违背了初衷，进一步推动了住宅的郊区化发展。[55:15]

1960 年代，经济的发展却未带来城市中的和平，旧城中由种族问题而引发的暴乱迭起，而郊区由于日益严重的"阶层分异、过度依赖汽车、文化贫瘠"招致批评，同时学术界普遍对于资本主义现代性展开反思，而日益严重的环境问题也促使学界对于城市发展的限度问题开始进行认真的思考。由此，旧城、郊区如何联动发展，在推动经济发展的同时应对社会问题和环境问题逐渐成为城市规划的研究热点。

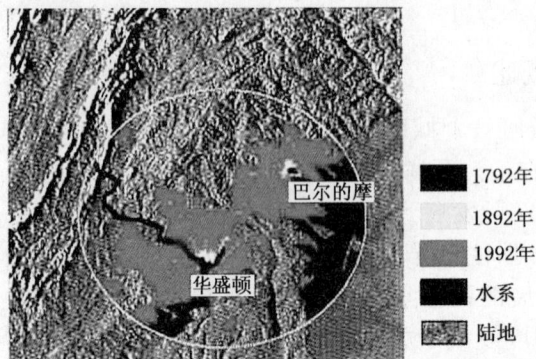

图 2-1 1792—1992 年华盛顿-巴尔的摩地区的城市化过程[56]

1970 年代以来，美国城市人口的增长主要集中在大都市区，而大都市区也表现出连绵发展的快速态势。"1970—1990 年的 20 年中，美国四个主要大都市区的人口呈现不断增长之势，其中新兴大都市区洛杉矶和西雅图分别增长 45％和 38％，传统大都市区增长 4％和 5％。美国 2000 年全国总人口达到 2.81 亿，大都市区人口达到 2.25 亿，占总人口比例的 80％，占总面积比例的 19％。预计 2050 年，总人口达到 3.9 亿，大都市区人口达到 3.12 亿，面积比例增长到 35％，即全国人口的 80％以上、国土面积的 1/3 以上属于大都市区。1990 年代以来，大都市区人口增长放缓，但还将保持持续增长的势头。"[56] 图 2-1反映了华盛顿-巴尔的摩大都市区近 100 年来的快速发展。基于可持续发展理念的精明增长模式首先在这些大都市发展区成为居住空间发展的主流模式，并通过成长管理（Growth Management）政策对城市发展的总量、时序、区位、速度加以组织、协调、引导和控制。[57]

---

① 这些政策和举措包括：1949 年住宅法案（Housing Act）背景下的低息住房贷款政策；联邦政府同时投资建设覆盖全国的高速公路网和水利电力网；农业用地转换为城市用地可获得高额利润等。

### 2.1.2 美国郊区居住空间发展的四个阶段

**1）19 世纪末、20 世纪早期——早期郊区的紧凑型建设模式**

建国以后,在资本主义市场自由经济主导的背景下,区划成为城市规划建设的重要手段,而为了彰显新大陆自由之国的精神力量,许多城市还借用了巴洛克城市手法。城市基本呈现的是由巴洛克风格所装饰的方格网结构。19 世纪末城市发展的速度逐渐加快,二战后新的城市居住区在郊区呈快速扩展之势,其所依赖的基础就是这些方格网城市。

进入 20 世纪,在开发商的努力以及城市美化运动的影响下,在郊区住区建设方面出现了不少大胆探索之作,形态日渐丰富多样化,体现在道路形式、绿地布局、配套设施布局等多方面。

波特兰的拉德斯·艾迪逊(Ladds's Addition)(51 公顷) 和劳雷尔赫斯特(Laurelhurst)(173 公顷)都是当时一位重要生意人的地产。和当时希望沿着规划的电车线进行房产投机的商人一样,拉德斯·艾迪逊于 1891 年被规划,1905 年建造,现已成为该市的历史保护地段(historic area)。其特点是:放射型街道、5 个小公园、宽阔的人行道及其行道树、房屋背后联结车库的小巷、不规则的宅基地。劳雷尔赫斯特在几年后开发,借鉴了奥姆斯泰特(Olmstead)的设计思想采用了曲线型道路,设置了教堂、学校和一个大型公园,沿西北角设置商业区,在街区内部则限制商业发展。虽然这两个早期郊区居住区在形态上有所不同,但都体现出一些反映早期郊区的共性特征:小的宅基地、紧凑的住宅布局、以街道(电车)为导向的建设、注重人行道和行道树的配置和景观作用、住宅式样多样,[58:228] 见图 2-2、2-3。

图 2-2　拉德斯·艾迪逊,波特兰(Google Earth)

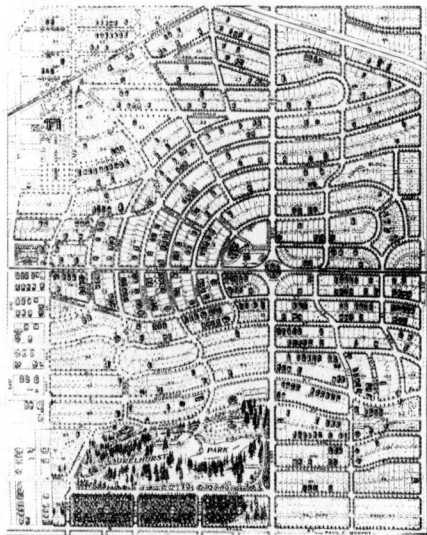

图 2-3　劳雷尔赫斯特,波特兰[58]

**2）1920—30 年代——田园城市理论的实践与创新:适应现代生活方式与田园梦想的邻里模式\公共财政资助的低收入绿带新城**

随着汽车的普及,在探索早期郊区建设的基础之上,极具影响力的新住区规划模式和理论于 1920 年代末相继出现,分别是克拉伦斯·斯泰恩(Clarence Stein)和亨利·赖特(Henry Wright)的以雷德朋规划为代表的邻里(Radburn neighborhood)规划模式,和克拉伦斯·

佩里(Clarence Perry)在其理论著作中提出的邻里单位(neighborhood unit)规划概念。见图 2-4。这两个邻里概念都初步体现出人与自然和谐、人与技术和谐、人与人和谐发展的理念。

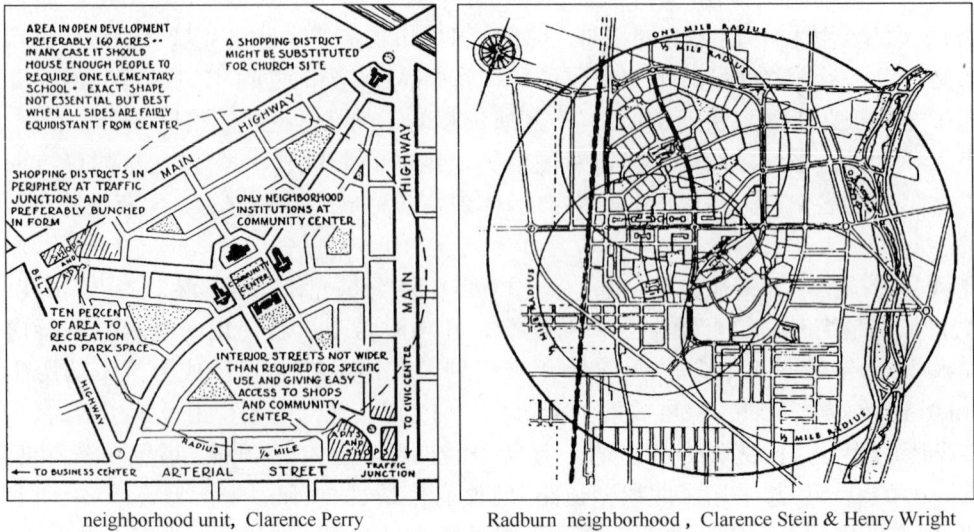

neighborhood unit, Clarence Perry　　　Radburn neighborhood, Clarence Stein & Henry Wright

**图 2-4　邻里单位模式和雷德明邻里规划模式**[59]

克拉伦斯·斯泰恩关注如何通过物质规划来应对汽车时代的问题,并深受田园城市的影响,其雷德朋邻里规划的代表特征是超级街区和尽端路。克拉伦斯·佩里则总结了能够增强或削弱邻里社区环境的物质形态特点,并吸收了当时有关学校、商店和街道布局的研究成果,特别是对儿童上学安全性、防止汽车干扰和设施使用便捷性方面的研究,其集十年研究之功所提出的邻里单位的主要思想是道路系统保证设施使用便捷性、过境道路不从住区内穿越、社区中心与学校结合、提供足够的开放空间。雷德朋邻里和邻里单位有不少相同之处,如限制规模、限定边界、充足开放空间、邻里中心、不允许过境交通且注重行人安全的道路系统等,这些空间的组织方式成为邻里基本模式。

虽然受阻于经济大萧条和随后而来的战争,这种模式并未得到大规模的普及,却为二战后大规模的城市扩展奠定了功能主义的理论基础。

这一时期特别值得注意的是大萧条时期(1935—1938 年)的绿城(Green Town)计划。在美国新城建设史上,该计划可以说是独树一帜,由罗斯福的重建局(Resettlement Administration)组织建设了三座针对低收入家庭的新城,分别是格林贝尔特(Greenbelt)、格林戴尔(Greendale)、格林希尔斯(Greenhills)①。其建设希冀达到两方面的目标。一是社会目标,为失业者提供工作,为低收入者提供可支付住宅。这一计划可以说是在社会经济层面承继了某些霍华德田园城市理念的案例,如由政府部门单方面控制土地产权、完全回避市场化操作方式等等,资金来自联邦救济资金,采取一定的申购政策限制购房人群等②。二是

---

① 格林贝尔特位于马里兰州的华盛顿,格林戴尔位于威斯康星州的米尔瓦基,格林希尔斯位于俄亥俄州的辛辛那提。

② 要求通过入住申请方能取得住房资格,当时定下的收入标准是夫妇年均收入在 800～2 200 美元者。

物质空间的建设目标,力图为未来美国新城建设提供范本,计划中的三座新城都采用了雷德朋模式,如设置专用步行道实施人车分流、注重设施配套、自然环境优美等。遗憾的是该计划遭遇了财政困境,最后不得不通过市场方式来解决,而完全纯居住的郊区不能为入住后的居民提供有力的就业支撑,[60:71-93]见图2-5。

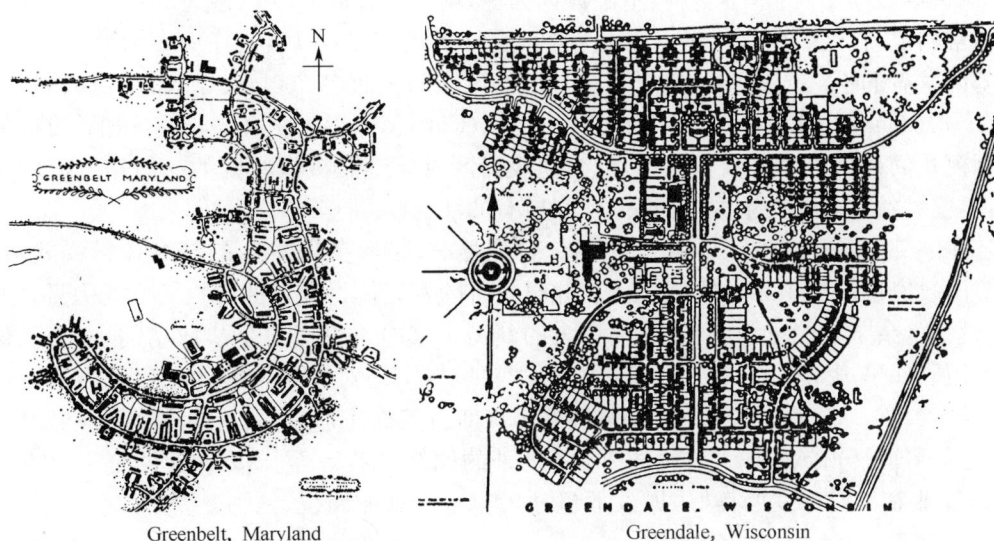

Greenbelt, Maryland    Greendale, Wisconsin

图 2-5  绿城计划中的两座新城[61]

### 3) 二战后——松散的低密度郊区蔓延模式与1960年代的综合新城

位于波特兰市中心以西5英里、面积为324公顷的锡达希尔斯(Cedar Hills),被当时的联邦住宅局(Federal Housing Administration)推广为战后具有代表性的规划模式——曲线型街道,较大的宅基地(26米×36.5米,而波特兰市内只有15米×30米),以单层独户住宅为主,少量多户出租住宅,配置商业中心、公园、学校、社区中心、教堂等公共设施。这些要素构成了经典的二战后汽车导向的松散低密度蔓延模式,[58:229-230]见图2-6。

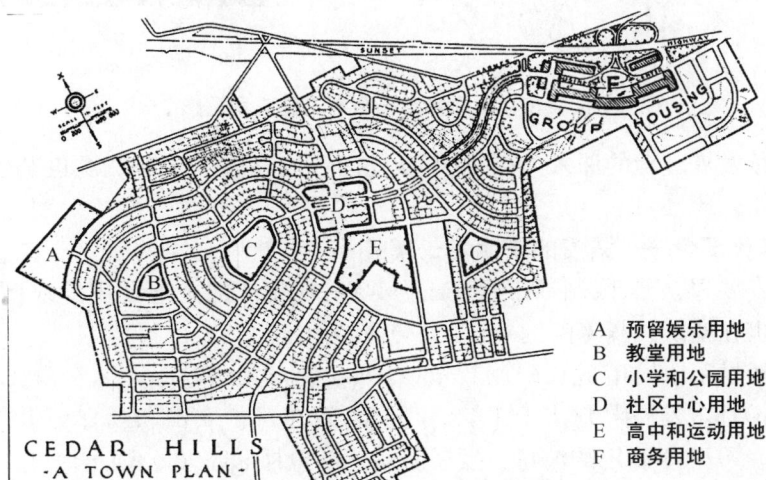

A  预留娱乐用地
B  教堂用地
C  小学和公园用地
D  社区中心用地
E  高中和运动用地
F  商务用地

图 2-6  锡达希尔斯,波特兰[58]

锡达希尔斯当时规划要容纳 2 000 户、10 000～15 000 人，这是战后较早的大规模住宅区建设，因而其被当作是一座建立在农田基础之上的新城，而不仅是郊区的普通住宅发展项目。锡达希尔斯先后由住房建设公司和联邦共同出资建造，其中还有一些是当地的建筑工人在建筑监管下建造，从而保证了住宅形象的丰富性。锡达希尔斯的街区较大，没有设置人行道，建筑退后不多，树木不多，以单层住宅为主，给人以开放的景观感受。

非常明显，锡达希尔斯借鉴了邻里模式，这种模式一度在 1940、1950 年代成为美国低密度郊区发展的不二选择。但是 1960 年代，评论家简·雅各布(Jane Jacobs)、赫伯特·冈斯(Herbert Gans)、城市社会学家凯瑟林·鲍尔(Catherine Bauer)对压倒一切的、流行的邻里规划模式的盲目应用提出了批评，认为超级街区以及遵循机械原则的功能布局削弱了城市性，不仅导致景观同质单调，还缺乏社区应有的活力。

随住宅郊区化而来的工业郊区化趋势日渐显著，借鉴英国战后的新城建设模式，1960 年代美国政府也制定了相关法规条例。此时经济的发展使得开发商和投资商的力量日益壮大，建设了十余个功能更为综合、规模更大的新城。其中哥伦比亚是最成功的一个，不仅娴熟地采用了邻里规划模式，其所聘请的社会学领域专家还对公共设施的项目和布局进行了相关指导[60:108]。哥伦比亚的开发商詹姆斯·卢斯将其称作是除"衰落的中心城"和"经济分层、文化贫瘠、过分依赖机动交通的郊区"之外的明智选择。至 1985 年，哥伦比亚人口达 6.5 万，商业和工业都发展良好，提供了超过 39 000 个就业岗位，见图 2-7。

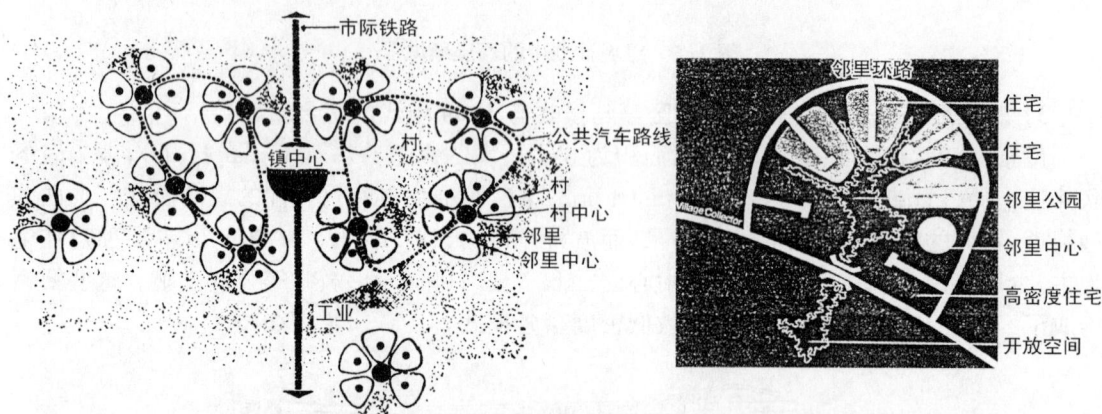

图 2-7  哥伦比亚新城结构与邻里模式示意图[60][61]

随着可持续发展理念的深入人心，低密度郊区占用过多的生态资源也开始招致越来越多的批评。

### 4) 1970 年代至今——紧凑的精明增长模式

在可持续发展理念下，限制都市发展成为共识，在相应的土地利用规划目标指引下，郊区的发展模式也在变革。紧凑的发展模式重新成为主流。

波特兰是较早采取城市成长限制政策(Urban Growth Boundary，简称 UGB)的城市。俄勒冈(Oregan)都市发展限制法于 1973 年制定，旨在保护农田和森林等生态用地不被城市扩展所摧毁。1979 年制定的波特兰发展限制范围包括 93 890 公顷土地，但在以后并没有相应的规划模式推出，导致松散的蔓延很快就逼近该范围。因此马里兰州出台法规要求地

方政府应加强监管,以保证限制范围
内将有 20 年的备用发展土地供应。
即便如此,该范围还是不得不一再追
加,而当时尚未对紧凑发展达成共识
的公众的反对也是 UGB 政策受到挫
败的原因之一,见图 2-8。

为了保证 UGB 的实施,州政府制
定了关于住房和发展的相关土地利用
目标。其中关于住房的第十条目标要
求当地政府确保未来备用居住用地和
提高住宅形式和密度的多样性;关于
城市化的第十四条目标明令对住宅需
求加以研究,以保证从农业用地向城
市用地转化有序和土地得到高效利

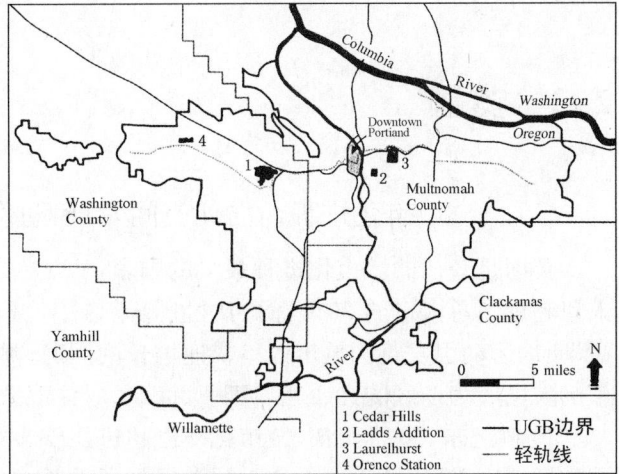

图 2-8 波特兰 UGB 边界及本节选取的案例区位[58:228]

用。而被土地保护和发展委员会(Land Conservation and Development Commission)所采
用的《大都市住宅规范》(Metropolitan Housing Rule,简称 MHR)实施细则则将目标落实到
操作层面,比如:对于连排住宅和多户住宅比例加以规定、对于最小建筑密度加以规定以及
对于车站社区的推广和相应密度分级控制规定等。[58:225]

1990—1995 年,波特兰的地价和房价飞涨,短短四年时间,居住用地地价长了三倍,房
价也随之翻倍增加。波特兰住宅建设联盟以及其他利益集团向政府施加压力,认为正是
UGB 导致了地价与房价的上升,降低了波特兰住宅的可负担程度,并强烈要求扩大 UGB
范围。而反对者则认为并未实行发展控制的某些西部城市同样出现了价格上涨,价格的上
涨与 UGB 无关。这一斗争导致了地方政府的有限妥协,但并未从根本影响 UGB 的实行。
不管怎样,价格的飞涨也改变了波特兰人的购房需求,连排住宅、共管公寓(Condomini-
ums)、小的独户住宅成为主要的购买房型。[58:226]

距波特兰市中心 32 千米的厄伦
库车站社区(Orenco Station)(81 公
顷)就是在此背景下的著名的轻轨车
站附近的社区,代表的是 TOD 和
TND 模式。[58:235]该社区紧凑设计模
式与 100 年前的早期郊区模式有诸多
相似之处。规划包括 1 406 间公寓,72
个商住两用连排住宅,位于中心地段
的 lofts,182 个连排住宅和共管公寓,
162 个带有小巷的小型别墅,仅有 12
个较大宅基地的独户住宅。市场证明
这些较小的住宅销售情况极好,见
图2-9。

图 2-9 厄伦库车站社区,波特兰[58:235]

## 2.2 英国

### 2.2.1 城市化进程与居住空间发展概述

英国是公认的城市化进程最早的国家,从 1760 年开始到 1851 年的 90 年间,英国城市人口超过了总人口的 50%,而当时世界人口中,城市人口只占总人口的 6.5%。在工业革命、圈地运动引发英国城市人口快速增长的同时,城市规划与建设却相对滞后,被迫进入城市的农民成为彻底的无产者。工业、商业、居住混杂无序,城市环境普遍恶化。

19 世纪末、20 世纪初,城市化率已超过 70%。为了应对工业城市的发展要求和日益严重的城市病,规划城市的生长发展被提到了重要位置。1903 年,英国在伦敦以北 56 千米处的郊区建设历史上第一个田园城市莱彻沃斯(Letchworth),这是一个"不规则的理想城镇",110 平方千米的总用地中只有 37 平方千米进行了低密度的建设[62]。与二战后的新城不同,20 世纪初期的两个田园城市由于组织建设机制不成熟,因而无法普及,见图 2-10。但田园城市居住空间的设计模式成为日后低密度花园郊区的普遍范本,尤其是在南部的伦敦地区。1909 年,英国颁布了《住宅、城镇规划法》(*The Housing,Town Planning,etc Act*),意图对住区规划建设加以引导控制,立法规定了城市住宅区(大部分位于城市郊区和边缘地区)的规划内容,建构了住区规划的制度性框架,提高了住区规划水平。

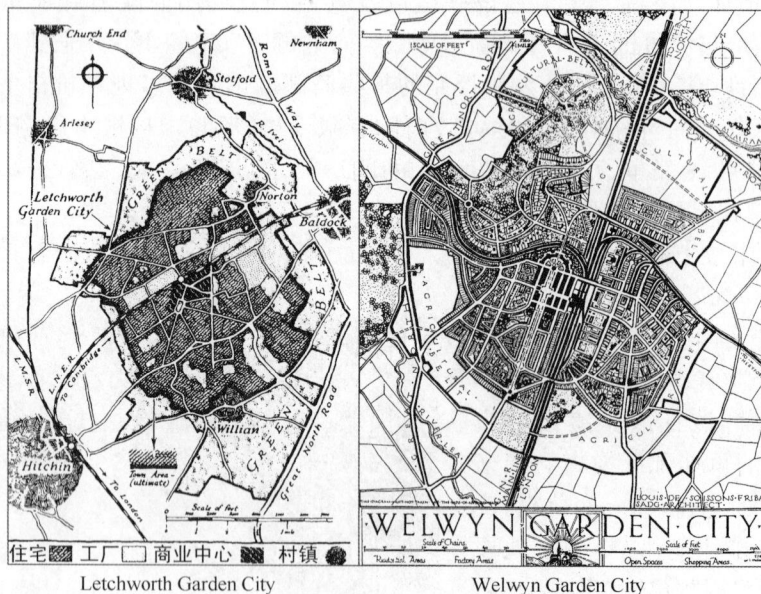

住宅▨ 工厂□ 商业中心▨ 村镇▨

Letchworth Garden City          Welwyn Garden City

图 2-10  20 世纪初建设的两座田园城市[62][63:22]

1918 年一战结束后,英国人口增长速度放缓,1921 年其城市化水平已达 77.2%。但是城市人口高度集中,2/5 人口集中在七个主要地区,仅伦敦地区就集聚了 900 万人口。这些区域的城市蔓延趋势十分明显。1921—1939 年,伦敦建成区面积扩大了 3 倍多,50 万居民移居郊区,沿交通干线分布大量低密度住宅,由于缺乏规划导致城市杂乱无序。而此时住房问题也日益尖锐,国家采取了更有力的方式干预住房供应,如:向开发建设企业提供补助(第二个田园城市Welwyn即得益于此),或是通过公共团体直接主动提供房屋建筑。这一时期由政府资助的大型住宅区仍然以低密度、自然分布的特征遍布全国,尤其在南部和中部地区。这一时期新居住空间的规划建设没有什么突破性进展,与一战后经济发展压力较大导致的规划低迷有关。不过区域规划研究于此时逐渐兴起,1944年大伦敦规划中创新性地提出了"组合城市"概念,为二战后从更宏观的角度推动居住空间的合理扩展和建设打下了基础。[64:34-39]

1946年,英国政府颁布了新城法(New Town Act);1952年进一步通过《新城开发法》(*New Town Development Act*),详细阐述了新城建设的政策要点。意图通过新城建设解决战后的大城市问题——缓解住房短缺、有计划地疏解中心城市人口。值得注意的是,"英国战后的疏解中心城市人口和产业及改善生活和工作环境的目标,并不仅通过开发新城来实现。新城开发政策、绿带建设、工业布局控制及老镇扩建政策同时被中央政府所强调。"[64:57]至1974年,英国共建设32个新城,至20世纪末,英国居住在城市的人口已达90%,其中约23%是居住在政府规划和建设的各种不同规模的新城中。[64:61]

英国的住宅建设自二战之后,基本可以分为4个主要阶段:第一阶段是自战后到1950年代中期,这一阶段,政府(特别是地方政府)作为主要的住宅供给者,为快速解决战后住房短缺问题进行了大规模的住宅建设,并通过一系列政策和财政资助来干预住宅市场;第二阶段是自1950年代中期到1960年代末,这一阶段"房荒"问题基本解决,主要需要改善住宅的品质,因此住宅建设以贫民窟清理和城市更新改造为主,也结合英国新城开发而进行了一些大规模的建设;第三阶段自1970年代初开始,政府的住宅政策从供给资助转向需求补贴,而且不仅削减了政府在住房建设的公共开支,还减少了政府在住宅建设过程中的干预,旨在推动住宅自由市场的发展;第四阶段:自1980年代末,伴随着家庭数量的增加,英国自1970年代以来大规模削减住房建设的公共开支以及政府对市场调节的缺失,造成了英国再次出现住宅短缺,自此政府重新开始加强对住宅市场和开发建设的干预。[52]

### 2.2.2　英国居住空间扩展的四个阶段

#### 1) 19世纪后半叶——集合式工人住宅区的试验

1848年《公共健康法》的颁布使得社会对进一步提高工人住房的要求有了初步的认识。改善工人条件协会于1844年在伦敦发起建造了第一批工人住宅,这批住宅由建筑师亨利.罗勃兹(Henry Roberts)设计。在这坚定的开端之后是1848年至1850年斯特里什恩街住宅,以及仍由罗勃兹设计的于1851年在伦敦万国博览会展出的典型的四单元二层工房。这种把公寓成对地围绕一个公用楼梯堆叠起来的通用模式,影响了本世纪后来的工人住宅的规划。

1893年伦敦郡委员会(1890年成立)开始依法兴建工人住房,他们运用本国的艺术和手工艺运动风格建造六层住宅街坊,典型例子是1897年兴建的米尔班克住宅区。[65:12]

这些工人住宅区有的位于城市的街坊肌理中,有的则与工厂等构成综合工业组合体。后者始于罗伯特·欧文(Robert Irving)于1815年在苏格兰创立的新拉纳克,其他典型例子有泰特斯·萨特爵士(Sir Titus Salt)1850年在约克郡创立的萨尔泰尔(Saltarie),这是一座家长式的工厂城镇,完整配置了传统的城市机构,如一座教堂、一所医务所、一个中学、公

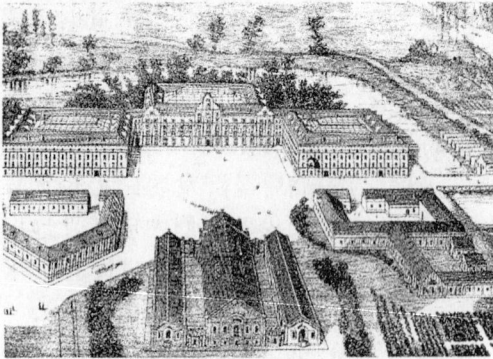

图 2-11 法米利斯特尔[65:14]

共浴室,救济院以及一处公园;还有与傅立叶的法朗吉概念相近的由工业家戈丁(J. P. Godin)于 1859 至 1870 年间在吉斯工厂相邻处建造的法米利斯特尔(Familistere),建筑群由三个居住组团、一所托儿所、一所幼儿园、一所学校、一座剧院及公共浴室和洗衣房组成,[65:13]见图 2-11。

**2) 20 世纪前半期——低密度、画意式的田园郊区**

除了适应劳动群众的需要外,18 世纪伦敦的街道和广场网格在 19 世纪得到了扩大,以满足市内中产阶级日益增长的要求。但是对那种四面被街道和联列式住宅所围成的点缀性绿地的规模和特点感到不满,园艺师雷普顿(Humphrey Repton)倡导了英国公园运动,试图把农村的风景引入城市。[65:14]

这一城市景观设计的新趋势与霍华德的田园城市理论在重构城乡关系方面是暗合的。1903 年于赫特德郡建造的莱彻沃斯(Letchworth),这第一个花园城市,就体现了两者的结合。规划师昂温(Raymond Unwin)深受西特的影响,将该花园城市以"不规则的理想城市"概念来建造,110 平方千米的总用地中只有 37 平方千米进行了低密度的建设。另一个代表性例子是 1905—1909 年在伦敦西北建设的汉姆普斯特德花园郊区(Hampstead Garden Suburb),由昂温和帕克规划设计,住区内兼有各种住宅类型,富于变化又十分和谐,且对于住区内各种类型和尺度的街道也都进行了精心设计,获得了与拥挤的旧城反差鲜明的优美景观,"是 20 世纪初英国在规划设计方面的重要成就"[61]。这一时期除了十分注重郊区住区内部的景观外,对住区之外的景观也十分重视,尤其是将联系通道作为"园林大道(Parkway)"来设计,通过曲线式的线型组织、两侧的绿化配置彰显郊区画意式的自然景观,见图 2-12。

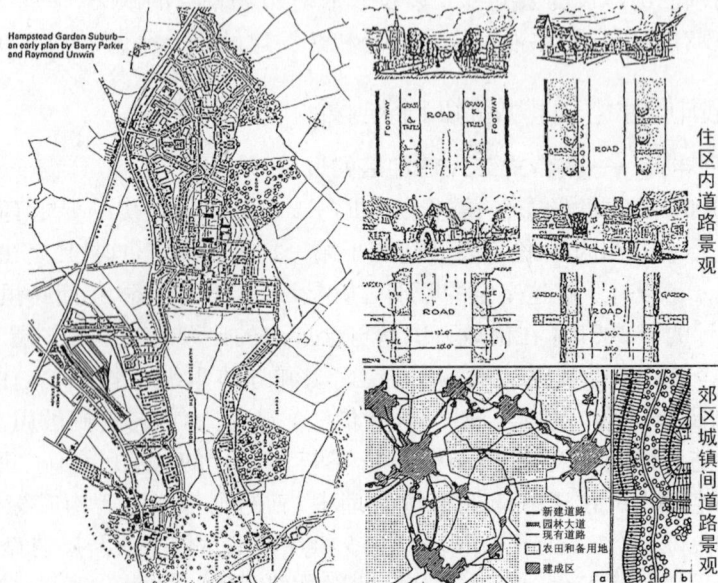

图 2-12 汉姆普斯特德花园郊区[66]

**3) 战后的新城建设——富于创新却又矛盾重重的新城居住空间**

不同于田园郊区,新城具备以下几个特点,一是综合配套完善,二是力图就地平衡就业和生活(虽然该目标很难达到),三由政府主导下的新城开发公司加以开发、不以营利为目的,但是进行市场操作,四对新城管理授权进行明确规定。

新城中约50%住户通过购房和自建房屋拥有房产。政府通过相应政策鼓励租户购买租用住宅。对于租户,其租金的设置较为多样,相对于其收入设定在可以接受的程度,如英格兰地区的新城,住户收入的20%用于支付租金。而住宅的类型也较为多样化,一般会设置一定数量的福利型住宅(针对老人、单亲家庭等)以及小型公寓(针对年青家庭等,采用街区式的公寓布局)。[67]

(1)第一代新城 第一代新城指1946至1950年战后恢复期建设的14座新城。其最根本目的是解决住房问题。第一代新城有以下特点:一,规划规模小;二,建筑密度低,居住平均密度为75人/公顷,住宅模式以独立式住宅为主,如斯蒂文乃奇的公寓式住宅只占10%;三,借鉴了美国邻里理论,住宅按邻里单位进行建设,各个邻里有各自的中心,各邻里间有大片绿地相隔;四,功能分区明显;五,道路网一般由环路和放射状道路结合组成,放射状道路主要连接新城中心和邻里中心,环路连接各邻里中心,邻里内采用人车分行的雷德朋模式。哈罗新城可谓第一代新城典型,见图2-13。

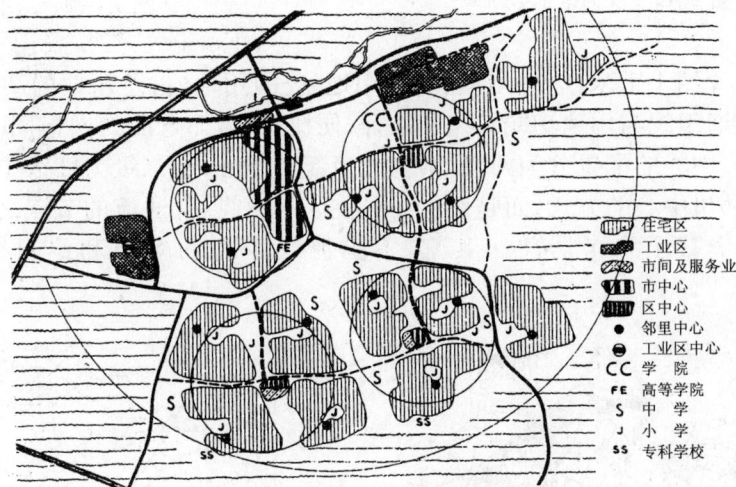

图2-13 哈罗新城结构示意[68:30]

其缺点正好与其特点相对应,由于规模小,配套设施运营困难,服务水平不佳;由于密度低,缺乏城市型生活气氛,一些新城中心缺乏生气和活力。另外,过于强调就地就业平衡,为其他相关目标设置了障碍,如斯蒂文乃奇申请住房须经过当地劳动交流部门复杂的审批,以保证新城住宅主要提供给在新城就业的人群,这就使得新城人口阶层十分单一,同时排斥了低收入人群。[5:25]

(2)第二代新城 第二代新城指1955年至1966年建设的新城。这一时期战后房荒问题基本解决,新城建设不仅应对住宅问题,更力图开辟新的经济增长点。具体规划模式也借鉴了第一代新城的教训。第二代新城有以下特点:一,规划规模普遍加大,密度提高;二,淡化邻里的单元式空间模式;三,更多注重景观设计;四,应对私人小汽车的增长,交通处理较

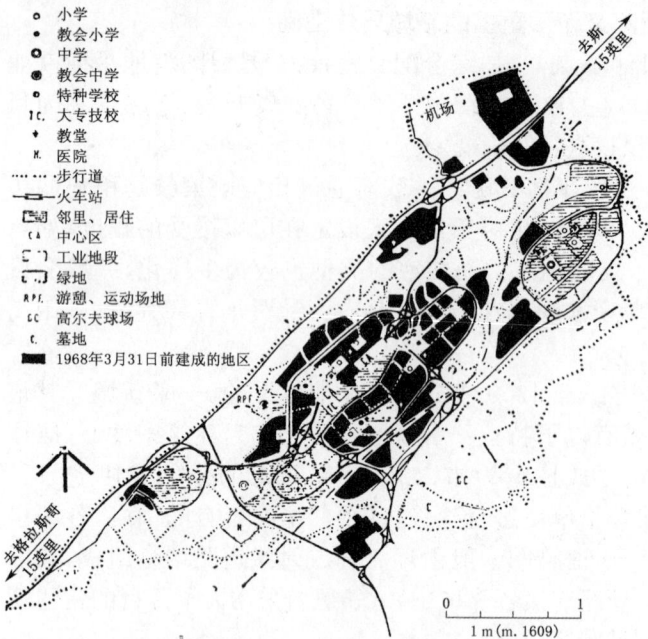

图例:
- ○ 小学
- ● 教会小学
- ■ 中学
- ◆ 教会中学
- ◎ 特种学校
- ⊥ 大专技校
- ✦ 教堂
- H 医院
- ····· 步行道
- ⊥ 火车站
- 邻里、居住
- 中心区
- 工业地段
- 绿地
- 游憩、运动场地
- 高尔夫球场
- 墓地
- 1968年3月31日前建成的地区

图 2-14 坎伯诺尔德新城[61:162]

为复杂,构建机动车、公交车、步行等多层次的交通系统。苏格兰的坎伯诺尔德(Cumbernauld)可谓第二代新城典型,见图 2-14。

(3) 第三代新城 第三代新城指 1967 年起建设的新城,止于 80 年代。第三代新城在区域层次的作用更趋主导,首先选址都是已有一定基础的城镇,规划规模进一步提高,基本都达到中等城市规模,功能综合性更高,独立性更强。[5:25]规划模式在第二代新城的基础上进一步完善,出现了一些极具创意的规划方案,如伦康新城的 8 字形交通组织系统。

以密尔顿·凯恩斯(Milton Keynes)为例,采用了网格道路布局模式,格网尺寸约 1 千米,居住用地、就业用地、公园用地(占总用地的 20%)相互配套耦合式布局,交通组织与用地功能组织相结合、便捷快速,而弯曲的网格同时又照顾到了景观的多样性。中心的配置分为两级,第一级为新城中心,第二级为社区中心,社区中心的布局突破了邻里中心的方式,而是设置在居住区的边缘、交通流的节点之上,一个中心往往可以为两个甚至多个居住区共享,不拘泥于中心的等级和绝对的均衡性,见图2-15。

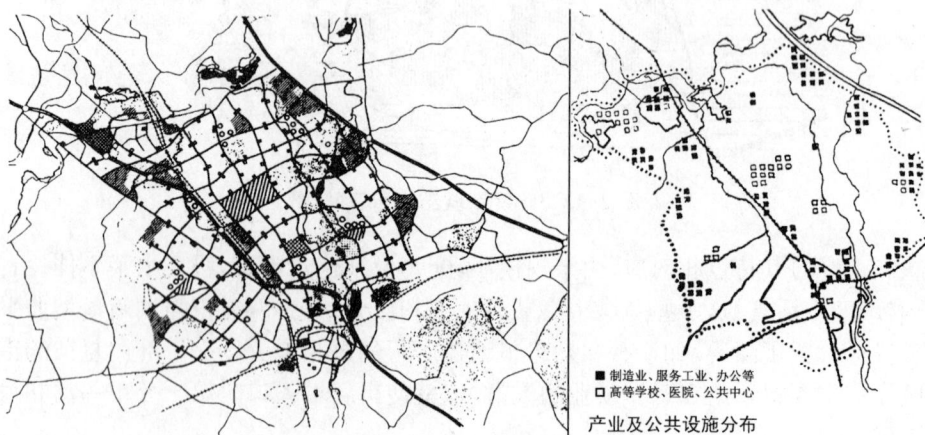

- ■ 制造业、服务工业、办公等
- □ 高等学校、医院、公共中心

产业及公共设施分布

图 2-15 密尔顿·凯恩斯新城[68:35]

网格设计适应的是机动车交通,其设计时速较快(96 千米/小时),加之密度较低,导致道路的交通性过强、生活性较弱,变成了分隔各居住社区的隔离带,而每个地块内的社区同质性较强,原来设想的混合居住的目标没有达到。

　　密尔顿·凯恩斯优越的区位条件使得其产业发展较好,成功地提供了较多的工作机会,但是就业岗位的发展、本地人口素质、教育水平之间存在的不平衡发展问题可能造成新的就业不平衡。

　　另外值得一提的是,密尔顿.凯恩斯提供了良好的社会服务。新城发展公司雇用了相当数量的员工从事社会发展工作,包括:"社区发展——培育新的社会网络,鼓励参加各类社会活动,包括帮助新居民;社会规划——在规划决策中加入社会规划,促使规划决策考虑更多的社会问题因素;信息和参与——确保居民参与规划决策,尽管他们缺乏责任心。"[5;52]

　　(4) 都市村庄发展理念——立足于制度建设的居住空间发展　20世纪后半叶,西方城市制造业和重工业大幅度缩减,而商业、办公也呈现向城外迁移之势(大型零售、产业园等),大量住宅区也表现出痛苦的社会、经济和物质形态的分解和崩溃。这一切都导致了内城的衰退。与此同时,英国人口与家庭结构的变化趋势造成住房紧缺。于是,一方面,城市复兴成为时势所趋,另一方面,必须进行适当的城市扩展以应对可能出现的住房短缺。

　　在可持续发展理念影响下,英国这些与新住宅开发相关的土地供应等公共政策引起了很多争论,其中土地的再利用、对新住宅需求增长的预测、城市蔓延和乡村保护、城市绿带和新城的作用等都是热点问题。一度新住宅选址是选择棕地(Brownfield)还是绿地(Greenfield)成为争论焦点[69]。因此,住宅区位选择、规模决策、规划作用、政府促进地区繁荣等方面,彼此关系更为紧密。

　　与20世纪初期和中期田园城市和新城的探索一样,如何长远解决这些城市问题必须再次面对。以往的建设被全面回顾与反思,在多方力量综合作用下,都市村庄(urban villages)概念被提出并为政府所推广,在城市复兴和新区开发等多种类型的规划建设项目中加以应用。其概念主旨一方面十分强调统筹集约利用土地资源,如认为新建居住空间首先应选择已建设用地,通过城市改造更新挖掘已建设用地的发展潜力;其次选择城市边缘交通走廊两侧的用地;最后选择位于郊区的尚未建设的绿地。另一方面关注土地的有效利用和城市活力的营建,强调就业机会、适宜密度、混合用途、多种服务及活动设施提供、社区活力和吸引力。20世纪90年代以来建设的多个都市村庄项目中,有成功也有失败,加迪夫大学(Cardiff University)的跟踪研究更揭示了项目进行和概念实现的种种困难。但总的来说,都市村庄项目得到了普遍肯定,其规划策略被美国西雅图、澳大利亚悉尼、墨尔本等多个城市借鉴。都市村庄项目在规划框架、设计组织、项目操作等方面日趋完善,形成了较为成熟的项目运行体系和机制,被认为随着实践经验的进一步积累,还会有更好的发展。20世纪90年代以来,英国都市村庄(Urban Villages)的规划概念成为内城更新、衰败工业区的重建以及郊外新城建设的主导概念。图2-16所示的是占用城市绿地的都市村庄项目——阿普顿(Upton)。

图 2-16　占用城郊绿地的都市村庄项目——
　　　　　阿普顿,北安普敦,英国[63;239]

## 2.3 日本

### 2.3.1 城市发展与相关政策概况

尽管日本在二战中经济遭到了重创,但二战后复苏的速度很快。"1950年,城市化水平恢复至战前水平37.3%;1960年,城市化水平已达到63.5%;1970年达到71.4%;1975年达到75.2%。"[70]1977年以后,由于城市人口基本达到饱和状态,城市化速度缓慢。1996年城市化水平为78%,仅比20年前高出2个百分点,并且在这一阶段,很多居民开始从三大都市区向外迁移。[71]日本的城市化进程,虽然比一些西方国家晚百余年,由于其城市经济飞速发展,只用了几十年时间,已达到了西方发达国家的城市化水平。经济高速发展,造成大城市人口集中过密和地区间差异拉大。1960、1969、1977、1987年进行了四次全国综合开发计划,最终形成多级分散的以"都市圈"和"城市带"为鲜明特色的中心城市空间结构。

日本的城市化与工业化总体比较协调。工业的迅速发展产生了大量的劳动力需求,大量农村劳动力从农业中顺利转移出来。而城市发展的同时,并不置农村发展于不顾,而是追求城乡一体化的发展。日本农业现代化是采取小规模家庭经营的基本经营方式。日本政府在推动农业现代化的过程中,注重选择与小规模生产经营相适应的技术与方法,并为在小规模家庭经营基础上实现现代化创造宏观条件,如国家财政支持和补贴。[72]

1950年代以后,为应对城市人口的迅速膨胀,日本鼓励多方筹资大量进行住宅建设。特别需要指出的是1950—1970年代,政府在住宅供应中起到了重要的作用。1955年,为了实现当时鸠山内阁提出的"住宅建设十年计划",解决住宅不足问题,以实施大都市为中心的区域性住宅开发计划为目标,设立了"日本住宅公团"。日本住宅公团设立初期的主要任务为:①在住宅明显不足的地区进行大众住宅建设;②开展具有良好耐火性能的集合住宅的建设;③按区域规划、建设大城市周边的住宅;④大规模住宅区开发。住宅公团设立不久,就开始大规模"团地"(即住宅区)开发,提供优质住宅和住宅区。完成了高藏新城、多摩新城,以及1960年代后期开始建设的港北新城、千叶新城等大规模新城开发事业。可以说,日本住宅公团,作为国家经营的房地产开发企业,在各个时期都走在其他公司的前头,提出并采用了新开发理念和新的经营管理方法,为提高全国的居住水准、形成良好的居住环境做出了很大的贡献。

1970年代以后,经济的复苏和对社会住宅的积极建设,使住房危机基本得以缓解,"全日本从1948年缺住宅280万套到1978年拥有住宅3 545.1万套,超过需要量8%"[73]。国民生活水平逐步提高,住宅发展重点更注重居住质量的提高。1981年,日本住宅公团与宅地开发公团合并,成立了"住宅·都市整治公团"。这时,对住宅和住宅地需要已经从量到质的转变。新城建设更为注重多功能复合。住宅建设开始反思单调的现代主义建设方法,寻求更为人性化、更为多样化的居住环境。

进入高度城市化阶段以后,城市发展速度放缓。对已建设用地的整治成为主要任务。为实施《21世纪的国土总体设计(Grand Design)》这一新的国土规划,并适应21世纪日本以及世界经济变革的状况,日本国会1999年10月1日通过有关法律的修订,废止"住宅·都市整治公团",设立了新的"都市基盘整治公团",公团的任务已不再是大量建设住宅,而是向都市整治转向①。[74]

### 2.3.2　新城居住空间发展的几个阶段

#### 1) 起步期

日本的新城开发始于 20 世纪 50 年代后半期[75]。1958 年制定了"首都圈第一次基本规划",该规划基本上是参照"大伦敦规划"来制定,该规划在对已建成的城市地区进行整治的同时,为了抵制城市的过度膨胀,在建成区外设置了一圈近郊环带,以阻止建成区的无序蔓延,并在近郊环带外圈规划了一定的城市开发地域,在此地域建设卫星城用以吸纳流向大城市的人口和产业,抑制人口和产业在城市中心区的过度集中。这一时期的新开发地区大多是临铁路布置,依托已有车站或新设车站建设的,单个开发地区的规模都不大,且布局分散,还没有进入实质性的新城开发阶段。

住宅设计十分集约。1949 年提出了最初的标准设计方案,其中有代表性的是面积只有40 平方米的公营住宅标准设计 51C 型,成为这时期住宅设计的原型。1953 年前后,经济稍有宽裕时,新一代建筑师们提出了 nLDK 型方案,即以 L(起居室)、D(餐厅)和 K(厨房)为住宅的基本构成因素,以家族团聚的起居室为中心,连接 n 个卧室。这种类型的住宅通过标准化构件的设计和推行工业化的生产方式降低了造价,使大量生产和普及推广成为可能。由于卧室面积和个数的变化,可衍生出不同的类型来满足不同家庭的需求,很受居民的青睐,这一形式直到现在仍为日本城市住宅的主流。

#### 2) 兴盛期(1960—1970 年代)

1958 年"首都圈第一次基本规划"中制定的绿色隔离带最终抵制不了发展的需求而被取消,1968 年代之以保持了卫星城设想的郊区发展区域。在这些郊区发展区域,日本政府为了适应人口迅速增长的要求、也为了避免零星开发建设的无序状况,决定进行大规模的住宅区开发。[75]

政府专门制定了"新住宅市街地开发法",使新城的开发进入实质性阶段。而公团在其中起到了重要的作用。1964 年开始着手千里新城的规划开发(1964,大阪市,11.55 平方千米),紧接着多摩田园城市(1964,东京市,30 平方千米)、高藏寺新城(1965,名古屋市,7.02平方千米)开始建设,它们成为以改善大城市居住条件、提供大量住宅为主要目的的早期新城的代表。之后,又有千叶滨海新城、成田新城、千叶新城及港北新城等相继得到开发,新城开发进入大规模建设阶段。

这一时期开发的新城,除个别之外基本上是以居住为主要职能,属于卧城,其开发的先决

---

① "都市基盘整治公团"新的发展方向:①从住宅、住宅地的大量供给转向都市基盘的整治。如:大都市地域内的市街地(相当于我国建成区的概念)的整治改善,包括旧城区的再开发、住宅街区的环境整治等;大都市地域内租赁住宅的供给与管理等;都市生活、都市活动的基盘整治与改善;通过对公共设施的整治与土地的整理来形成建设用地和住宅地等也将成为新公团的改革方向。②强化与地方公共团体和民间的合作关系,与民间共同分担责任,共同协力开展都市基盘的整治。③为实现对大都市的"整修(Renovation)",特别关心以下的都市再建构的项目:推进有助于城市中心居住、职住接近的综合居住环境的整治;大都市临海部等地区的土地利用再编与整治;推进与区域性、骨干性城市基盘成为一体的市街地的整治;形成业务核城市等区域性基地;高密度市街地的整治、改善;推进根植于历史文化和市民生活的市中心区的活性化利用;促进未利用或低利用土地的有效利用;大都市近郊区蔓延的土地利用的整治与有序化;有魅力与活力、能成为后代的历史资产的城市建设与社区营造。

条件是要与母城保持便捷的交通联系,因此,铁路建设成为新城开发建设的先导和推动力。城市功能单一,在拥有优美安静的环境的同时,也产生了诸如生活乏味单调、缺乏活力等问题。

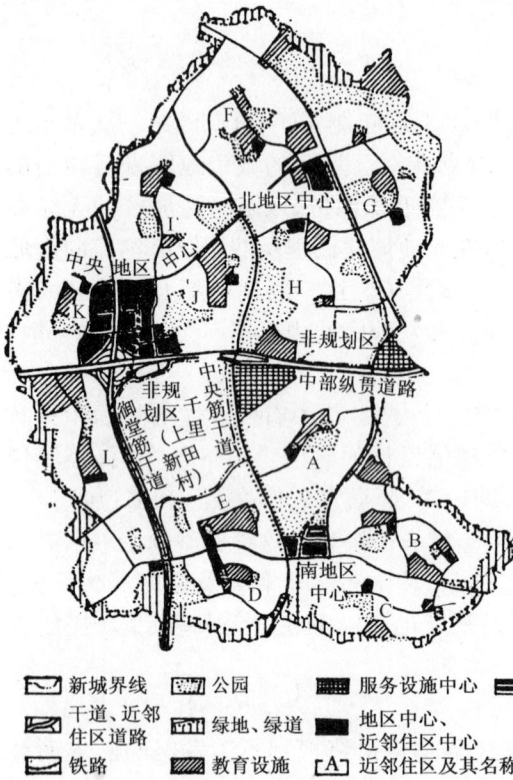

图 2-17　千里新城[61:125]

千里新城为最早的新城之一。配置了新干线和两条铁道线与大阪相连,在新城内设置公园、污水处理中心、大学、医院等都市设施,以英国的新城计划为范本,按照邻近住区理论和人车分离理论详细规划,实现了日本第一个以居住为中心的都市。11.55 平方千米,规划人口 15 万,户数 30 700 户,分中央区、南区、北区,共 12 个居住小区。中央地区既是千里新城中心,又是大阪副中心。南区、北区各设一个地区中心,每一个居住小区有自己的小区中心,[61:125]见图 2-17。

多摩新城于 1965 年 12 月开始建设,1971 年迁入住户,十年初具规模,有两条电气铁路与东京都相连,30 分钟可到达,交通便捷。面积为 30 平方千米,规划人口 41 万。共设置了 21 个邻里,平均每个邻里规划面积为 1 平方千米,住宅户数 3 300 户,人口约 1.2 万。每个邻里相对独立,有相应的配套设施、公园绿地等。几个邻里组成地区,每个地区又有一个

地区中心,一般与车站共同设置。规划注意保留自然地形和优美景观。步行专用道进行绿化,把各个住宅片区同邻里中心、幼儿园、学校、公园相联系。至 1996 年,共有 26 080 套住宅。从住宅所有形式看,私有住宅占 52.9%,租赁住宅占 47.1%。从建筑形式看,约 75% 住宅是 4~5 层集合住宅,5% 为 3 层或 3 层以下,剩余 20% 是高层建筑。从户型看,约 48% 住宅是两居(2 卧、一起居、餐厅和厨房)或三居,户型十分集约,[5]见图 2-18。

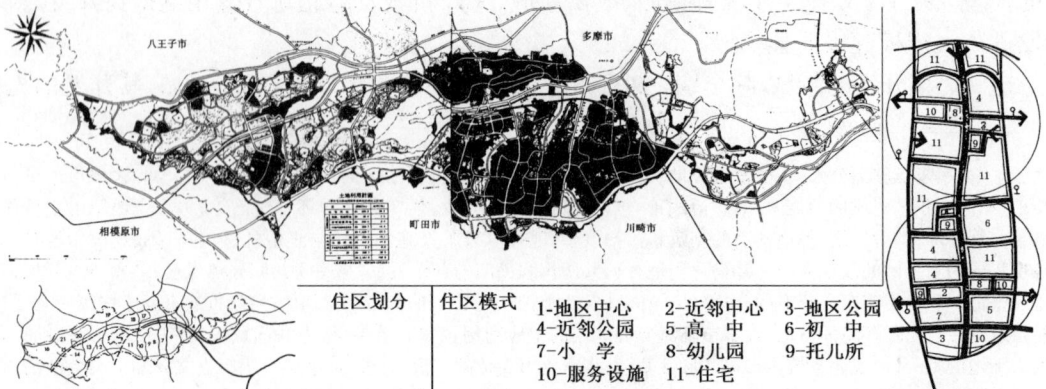

图 2-18　多摩新城及其住区结构模式[76]

**3) 成熟期(1970—1980 年代)**

日本 1970 年代中期以前的新城开发基本上都是"卧城",主要是为了解决巨大的住宅缺口并克服小规模土地开发效率偏低的问题。1970 年代中期以后,随着日本人均 GDP 突破5 000 美元,人们对"卧城"的城市服务功能要求提高。而此时产业结构调整和升级换代加快,企业由单纯的生产型向研发生产一体型转变,生产方式走向多元化、高科技化,由此推动了企业和研发机构向郊区转移,这对新城建设提出了更高的要求。新城建设在 1970 年代中后期,转向多功能综合化发展,成为职住平衡的区域发展新增长极。[75]如"森之里地区"开发,确立了住宅、自然公园和大学研究三大功能区;1980 年代,港北新城通过用地调整,安置一定的研究机构和高科技企业,多功能综合化趋向明显,通过调整用地布局、在原规划的居住用地内安置一定的研究机构、高科技企业,以此形成了混合化的新型城市社区。

横滨的港北新城,跨越横滨市港北区、绿区,距横滨市中心地区西北约 12 千米,距东京都心西南约 25 千米,规划面积约 2 530 公顷,规划人口约 30 万人。见表 2-1。[77]

**表 2-1　港北新城规划面积和规划人口·现状人口(1993 年 3 月)**

| 地区名称 | 事业类型 | 实施主体 | 规划面积 | 规划人口 | 现状人口 |
|---|---|---|---|---|---|
| 公团实施地区 | 土地区划整理事业 | 住宅·都市整备公团 | 1 317 公顷 | 220 000 人 | 50 000 人 |
| 已开发地区 | 公营住宅建设事业 | 市和民间 | 67 公顷 | | |
| 农业专用地区 | 土地改良事业 | 土地改良组合 | 230 公顷 | 80 000 人 | 45 000 人 |
| 其他地区 | | | 916 公顷 | | |
| 合计 | | | 2 530 公顷 | 300 000 人 | 95 000 人 |

港北新城的建设特别重视以下四个方面:

(1) **城市中心的建设**　将 73 公顷的新城中心地区定位为横滨市的副都心,以形成办公、商业、文化等多种设施齐全的多功能综合型城市。另外,进行了以高速铁路车站为中心的站前中心和 6 个邻里中心的规划。

(2) **公共设施的建设**　为使文化和体育活动顺利展开,规划了文化和体育设施。绿化以公园为主,包括运动广场、绿地等开敞空间,文物、保存绿地等,十分重视延续地区历史的宝贵绿地资源。在进行城市建设时,也规划设置各种行政、文化、社会、福利设施,以及教育设施等公共服务设施。见表 2-2。

**表 2-2　港北新城公共服务设施规划(1993 年 4 月)**

| | |
|---|---|
| 教育设施 | 幼儿园 23(3),小学 22(6),中学 12(4),高中 3(2) |
| 福利设施 | 保育所 13(1),老人福利中心 1(1) |
| 市民利用设施 | 历史博物馆 1,市民厅 1,地区中心 4(2) |
| 行政设施 | 区综合厅 1,消防所 4,环卫工厂 1(1),车站 6(4),汽车营业所 2(2),警察署 1,派出所 10(1),邮电局 1,特定邮局 10(2) |
| 医疗设施 | 地区中心综合医院 1 |
| 运动广场·公园 | 运动广场 8(5),综合公园 1 |

注:数字为规划设施的数量,括号内为 1993 年完成数量。

(3) **住宅区的建设**　在这良好的环境及优良的选址条件下,由住宅·都市整备公团、市、县的住宅供给公社负责各种住宅的供给和住宅用地的分期出售,成为首都圈人气最旺的住宅区之一。

（4）产业的培育　随着国际化、信息化的进展,促进研究所、研修所等核心设施的进驻。尤其是研究所、研修所,理光、铃木、日立制作所等日本国内各行业的代表企业,日本杜邦等外资企业的进入也十分引人注目,形成一个高技术园区。1991 年,已有 17 个研究所、5 个研修所及其他 4 个设施决定进入新城,其中 19 个已开业,7 项设施尚在建设中。

为了适应新城的发展需求,日本政府修订了"新住宅市街地开发法",专门设立了"特定业务用地"一项,为新城向多功能综合化方向发展提供了法律依据。但是,由于开发制度上的欠缺、传统观念以及发展惯性的影响,新城的自立化程度依然并不理想,而且要在原有的新城开发范围内实现完全的自立也非常困难。

1970 年以后,住房危机基本得以缓解。国民生活水平逐步提高,人们对居住要求的内容转为多方面,尤其关心住宅四周的居住环境质量,住宅本身的发展重点也转向居住质量的提高。住宅套型、面积标准、附属设施、环境质量、社区服务等都成为在住宅设计中需要关注和解决的问题。1975 年以后,"小规模集合住宅区的分散布置"的设计以其高水准的社区服务、优雅的居住环境质量和用地上灵活的适应性等优点,而成为住宅设计的主流,大住宅区的单调规划逐渐退出。[78][79]

### 4）完善期（1980 年代以来）

不苛求新城自身范围内的独立性。这一时期的特点是:与周边地区的联合,实现圈域层次上的自立化。[75]1980 年代中期以后,日本规划专家提出了以新城联合周边地域邻近城市,通过建立功能互补的地域一体化空间联合体来实现在一定地域范围内功能自立化的规划设想。根据这一思路,在 1986 年制定的"首都圈第四次基本规划"中,提出了建设东京外围"业务核城市"的构想,以"业务核城市"为中心形成自立化的城市圈,以此改变东京一极核中心的地域结构,构筑起"多核多圈域"的城市地域结构,并具体提出了"多摩连环城市圈"构想,以多摩新城联合周边的立川、八王子、町田、青竹等已有城市,建立起紧密的空间经济联系,互相分担一定的职能,最终形成一个功能自立化的新城市圈。

这一阶段,一方面在新城规划设计过程中采用总建筑师制,来对整体加以控制,同时又鼓励各片区的具体设计多样性;另一方面,诸多青年建筑师在对现代主义的建设思路反思的基础上综合日本的传统文化、国内外聚落研究成果以及现代主义手法进行了诸多可喜的创新。如福冈内克萨斯(NEXAS WORLD)是以矶崎新为总建筑师,协调几位世界著名建筑师公共设计的实验性集合住宅区;岐阜县营住宅北方高地城镇(HIGH TOWN 北方)是由岐阜县政府和矶崎新为总协调师,由几位年轻女建筑师和造园师具体设计完成的居住区;熊本艺术城(ART POLIS)最初十年是由矶崎新担任总协调人,从 1999 年开始由伊东丰雄接任。[80]这几个项目都是有影响的,在设计组织模式和开发运行机制上带有实验性。

1990 年代建设的日本多摩新城 15 住区(见图 2-19),其设计组织引入总建筑师制度,住区开发被公认为非常成功的典型。开发主体是住宅、都市整备公团。总建筑师的工作主要有三点:总体规划、制定单体建筑的设计原则和规范、各街区之间的协调。而各街区建筑师在各自范围内的设计有很大独立性和自由度。15 住区在总体构思上十分注重景观环境因素,确定了街路平行、景观层级、符合地貌特征的大原则。而各住区特色尽显,有丘陵住宅、山岳都市、注重微型公共空间的设计、都市广场等等各具特色的住区空间。目前,日本已不再有大规模的新城建设项目,但在一些较小规模的建设中,也比较多的采用了总建筑师制。

图 2-19　日本多摩新城 15 住区[80]

　　日本幕张滨城住区则是引入协调建筑师制度从而获得成功的典型案例。幕张新都心的开发是千叶县为迈向 21 世纪推出的"千叶新产业三角构想"的骨干项目之一,也是日本国土厅为解决东京商务功能过度集中而推行的首都圈商务中心城市开发战略的重要举措之一。幕张新都心拥有以幕张国际会展中心为核心的展示功能、会议功能、中枢商务功能、研究开发功能、文化教育功能、余暇功能以及以滨城住区为主的居住功能,是国际化的城市中心功能与舒适的居住环境、"职"与"住"高度融和的 21 世纪多功能型城市。滨城住区占地 84 公顷,占新都心总开发面积 16%,规划人口 26 000 人,8 100 户。该住区的规划建设有以下三个主要特点:①借鉴多摩新城南大泽住区的总建筑师制度,结合自身情况(面积较大,开发单位较多)采取了协调建筑师制度(共有 7 位协调建筑师),在力促环境多样化、个性化的同时,保证整体特色建构和片区协调;②制定了完善而系统的城市设计导则,并得到了较好的贯彻和实施;③突破郊区大型团地的常规做法,采取了街区式住宅的建设思路,营建都市型的住区环境。[81]

# 2.4　新加坡

## 2.4.1　城市发展与相关政策概况

　　在英国殖民地政府统治下,新加坡在 1927—1959 年的 32 年中,仅为居民新建了23 000 套住宅。但是城市人口却急剧增长,第二次世界大战爆发以前,新加坡只有 50～60 万人,1959 年新加坡自治时,人口已增加到 158 万。长期殖民统治和战乱造成整个城市处于贫穷和混乱之中,城市失业率高、住房严重缺乏,1960 年新加坡 84% 的家庭只住一间房或无房。自治后的 1960 年,新加坡建屋局成立时,面临的形势相当严峻。

　　自治后开始实施现代化发展战略,农业和农村逐渐萎缩以至消亡。新加坡国民就业和生活走向了全面城市化,成为一个典型的单一都市社会。这使得本已捉襟见肘的城市住宅更为窄迫。住房问题成为社会不稳定的重要因素。1963 年,李光耀政府将"居者有其屋"作为国策提了出来,并继续完善原只为工人建造廉价住宅的建屋发展局的职能,推动这一国策的实施。

有效的地产运作机制、公积金制度和细致的申购政策(包括预购组屋制度、抽签选购制度、直接选购活动、转售制度①等)保证中低收入居民都可以拥有适用的住宅。

今天的新加坡,已拥有组屋(新加坡对国家营建住宅的称谓)70 多万套,全国 86％的人口居住在政府组屋内,其中 81％是屋主自住组屋、5％为出租组屋。另外 14％的高收入阶层入住私人发展商的产业如共管式公寓和置地住宅。目前住宅总量已超过了新加坡城市居民总户数;因此购买组屋的条件逐步放宽,月收入在 5 000 新元的低收入家庭也可购买组屋,住宅建设已向追求环境效益方向发展。新加坡目前有 1 万多间新组屋因无人选购而空置。政府打算把这些组屋投入转售市场,并提供给拥有私人房地产者、永久居民和单身人士选购。

"在新加坡这个城市国家里,1960 年引入了目前已颇具规模的住房计划,该计划以建造高层公寓为基础。新加坡成功地为其半数以上的人口提供了新住房,这方面的成就只有香港可与之相媲美。新加坡的住房不仅用于满足社会经济目的,还用于满足政治目的。在计划实施的过程中,一个由不同种族的移民组成的社区被转变成一个具有稳定根基、团结和日益中产阶级化的社会。此外,该计划还为新加坡经济的发展和就业的形成作出了直接的贡献,这一建造住房的正面效应已被该地区其他国家慢慢地认识到了。"[82]

新加坡的人口是 400 万人,国土面积是 600 平方千米,其中包括无人居住的几个外岛和填海而得的西部工业区。对于四面临海的新加坡来说,土地是真正的不可再生的稀缺资源。因此高层、高密度是新加坡住宅建设的重要特色和必须选择。

建屋局的住宅发展计划是在长远发展规划的指导下进行的。建屋局要详尽地分析历年住宅建设的数量和销售情况,申请购买组屋的家庭的数量及其对户型、地点的要求,以及不同地区城市基础设施状况、社会服务设施状况和就业机会,并预测今后 5 年的需求量,选择最佳开发地点。新加坡政府规定,不同规模的居住区需配套建设不同规模的商业、文化、卫生、社会福利设施、体育、宗教建筑和工业,这些设施由建屋局先进行土地开发后,主要由各职能部门营建,很少出现扯皮或欠账的情况。

值得借鉴的是,建屋局还负责售卖和保养这些组屋区。建屋局建立了庞大的维修服务中心,为各居住区提供 24 小时紧急维修服务,每 7 年为组屋区进行粉刷外墙和修理内部工程,同时改善设备,把它们提高到可与新组屋相比的水平。

## 2.4.2　新城居住空间建设的几个阶段[83][84]

新加坡自治后大力推进现代化进程,综合国力大为增强;同时政府极为重视居者有其屋问题。原有城市中心地区已不能加入居住功能,且还承担促商业发展等功能,因此对于新住宅的迫切需求只能在原有城市地区之外满足。彼时,英国等国家的新城建设成效已获公认,成为新加坡居住空间扩展的经验借鉴来源。而受限于紧缺的土地资源条件,高密度发展的

---

① 预购组屋制度主要指在未完全发展组屋区(non-mature estates)建造的新组屋的预购制度;抽签选购制度销售的新组屋是选择性整体重建计划(SERS)剩余的替代组屋,都在完全发展组屋区,所以深受购屋者欢迎;直接选购活动(walk-in-Selection)具有组屋价格较低和可即时入住等好处;转售制度,新的组屋只有新加坡公民才可以购买而且新房五年后才可以公开房产市场去转售,第一次购房的新加坡公民如果从转售市场购买组屋的话,还可以拿到政府 3 万元左右补贴。

需求又催生了独特的新加坡新城,其初始模式明显受到 20 世纪中叶国际现代建筑会议(CIAM)和第十小组(TeamX)的现代主义建筑规划理念的影响。

　　新加坡新城建设还有一个明显不同于西方之处,即规划师几乎可以无限制地实现其所认为理想的模式。新城的建设明显受到阶段性主流模式的影响。根据其发展历程,大致可分为五个阶段。

　　**1) 第一个阶段——零散建设的早期阶段**

　　住宅建设避开了房屋密集的市中心区,而是选择在城市边缘地带最先起步,主要基于两方面的考虑,一是便于吸引居民疏散出去,二是这些地区拆迁量少,地价与基地处理费用比较便宜。从 1965 年开始的头十年,新的组屋区均坐落在市中心的边缘地带。[85]

　　早期阶段并没有整体建构新城的概念,新建住区主要针对贫民窟改造中所涉及的低收入者。如李光耀在 1961 年河水山(Bukit Ho Swee)大火之后,指令在灾害地区迅速重建,九个月之后完成的 5 栋公寓安置了 800 户居民。新建住区离原有的工作和社会网络都较近,并且是在逐个地块建成、贫民窟得到改造以后,逐渐地对用地再进行整合。早期也出现过相对较低密度的现代集合住宅的尝试,如中峇鲁新城(Tiong Bahru)。

　　1952—1970 年间建设的以高层住宅为主的女皇镇(Queens Town)是这一阶段的第一个卫星城,是许多小规模开发的集合,共容纳了 15 万人。城镇中心是随着其逐渐的发展而逐步建设起来的。早期的楼栋排列单调,多为南北朝向,其间的绿地主要功能为通风和采光。其容积率并不太高,平均容积率不到 2,但是人口密度却很高,由于其较小的户型面积和较高的户均人口(5.5 人/户)使得其人口密度达到了 800～1 000 人/公顷。

　　自此,高层高密度的建设一直持续至今。在新加坡这样一个土地紧缺、低海拔、临海通风条件好的国家,高层高密度是完全可行的、也是十分必需的。

　　**2) 第二个阶段——新城建设的试验阶段**

　　这一阶段以 1965 年启动的大巴窑新镇(Toa Payoh)为标志,这是第一个与城市相隔一定距离的新城,计划容纳人口 18 万。这一时期还没出现什么特别的模式,尽管城镇中心和配套设施都在规划之中。另外还规划了工业园,试图达到一定程度的就业平衡。虽然住房条件得以大大改善,但是居民反映不满意的也很多,多集中在社区感、邻里感、识别性的缺乏以及社区公共设施的不足等方面,见图 2-20。

**图 2-20　大巴窑新镇**

**3) 第三个阶段——大规模建设阶段,初期模式的提出**

1970 年,新加坡长期发展概念规划提出应大规模发展新城以满足预期的人口爆炸性增长。另外对居住质量的要求也在逐渐提高,户型要求面积增大。

1975 年以后,开始在远离市区的乡村或农业地区建造新组屋。并在这些组屋区内保留土地兴建工厂,以发展无污染的工业,这样一来,这些工厂便可以雇用大批住在附近的年轻妇女或孩子已经上学的家庭主妇。

这一阶段以 1973 年开始的宏茂桥新城(Ang Mo Kio)建设为标志。从这一阶段起,出现了明确的用于指导实践的模式(prototype model)。第三个阶段的模式受德国早期邻里规划概念的影响,非常注重空间的等级组织——由城镇中心(Town Center)邻里中心(Neighborhood Center)和邻里副中心(Subcenter)构成井然有序的组织结构。见图 2-21,2-22。这种功能主导、强调等距离的空间等级组织被大规模采用,金文泰新城(Clementi),勿洛新城(Bedok),伍德兰兹新城(Woodlands)均应用了这种模式。

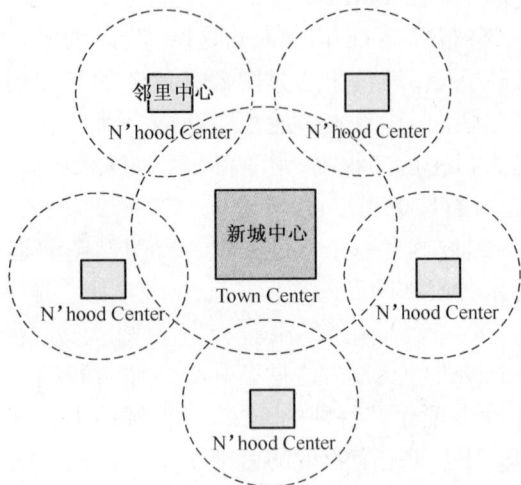

图 2-21　邻里规划的初期模式　　　　图 2-22　宏茂桥新镇

邻里(Neighborhoods)意图建构一个设施齐全的、独立的(Self-contained)"全居住(total living environments)"社区。一般由 6 000 户组成,服务半径 400 米。邻里中心最初十分强调便捷性,而非社区性。一般按 900~1 200 米距离等距分布。在 250 米半径,设置邻里副中心,由 5~7 个商店和一个餐厅构成。

**4) 第四个阶段——注重人性化的新城建设阶段,模式的改进**

1970 年代末,新城结构模式有了新的进展,即设定了基本规划单元(precinct),从而形成"跳棋"模式。见图 2-23。基本规划单元是基本结构元素:2~4 公顷不等,400~800 家庭,4~8 栋公寓建筑。每个规划单位设一个中心,包括运动场地和花园。基本规划单元与第三个阶段的邻里副中心服务范围相比,更为紧凑,强调通过设计营建归属性的场所感。

1980 年代的新城规划关注重点是增强新城的识别性和社区感。而基本规划单元概念的背后就是通过共同使用便于认知和熟悉的空间来鼓励有意义的社区交往,从而提高个人对基本规划单元的归属感。

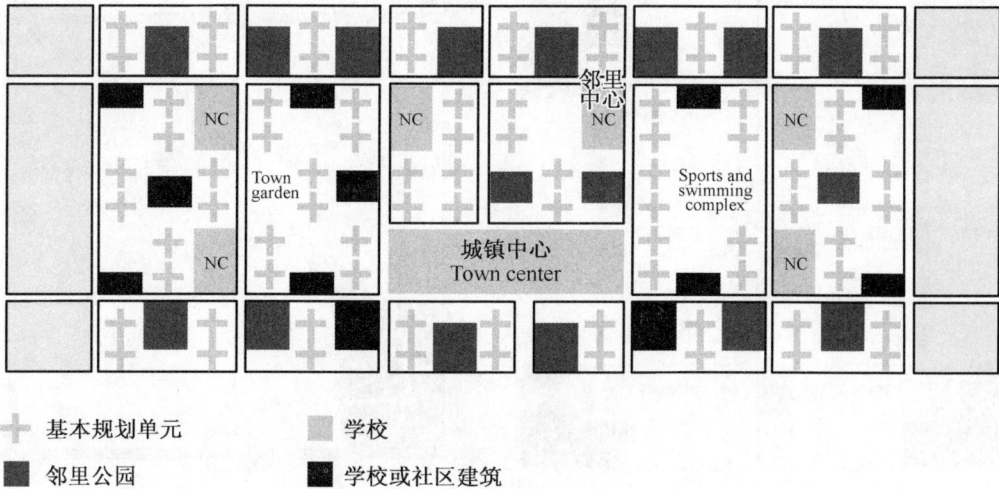

图 2-23　基于基本邻里单元构成的"跳棋"模式[83]

从新城淡宾尼（Tampines）开始，上述模式（precincts，neighborhoods，town center 三层次组织）被普遍应用，新城体现出与前几个阶段截然不同的城市肌理。见图 2-24。模式根据具体情况灵活应用。另外，注意高层建筑和低层建筑（如邻里中心）和开敞空间（邻里公园）的组合，以缓解高层高密度建筑空间的压抑感[86]。开放空间也按等级布局（town park，neighborhood park，precinct park）。道路结构要求既能够遵循模式又能与大的城市环境连接。

图 2-24　基于基本邻里单元构成的
淡宾尼新城肌理

1970 年代末期至 1990 年代中期，模式也在随建屋局的土地利用和规划政策而阶段性调整，主要表现在对这三个方面的推动——交通与土地利用的整合，土地利用最优化，有凝聚性的社区生活，见图 2-25。

以这一阶段早期的"跳棋式结构"为基础，模式逐渐演变，并呈现出以下趋势：

（1）等级的空间呼应有所减弱，早期类似于标准组件的基本规划单元不再如格子一样机械分布，而是融合到更大的邻里的空间结构中；

（2）道路系统也多样化，突破早期单一的方格网，出现了不同类型环路的组织；

（3）邻里的适宜尺度也在进行着实验，有进一步减小的趋势；

（4）开放空间的模式从注重内在联系向更大空间领域相联系转变；

（5）一味机械地按照模式建设容易导致空间的重复性，另外为应对诸如持续增长的小汽车拥有率而造成的人车干扰问题等，城市设计日益受到更多的重视。

**5）第五个阶段——新世纪的新城建设阶段，综合科技进步与人文需要的模式**

在榜鹅（Punggol）新城中采用的模式（the Punggol 21 model）代表了新城建设的第五个阶段。结构中有两处与轻轨交通相接的转换中心。道路系统又向更有效的网格系统回归，

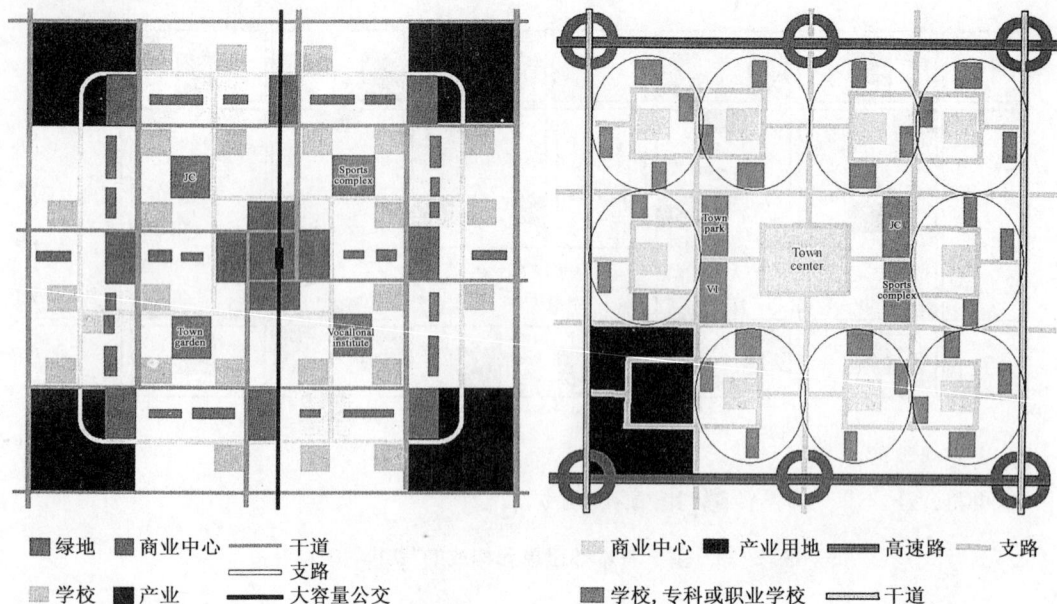

图 2-25　1990 年代以来改进的两种模式[83]

且辅之以 MRT(mass rapid transit)和 LRT(light rail transit)。另外,试图将住宅、教育、购物、娱乐整合为复合的、行人友好的、混合用途的发展模式,以交通节点服务半径 300~350 米来组织。这一模式非常类似于新都市主义所倡导的 TOD。

　　地块划分得更小,且试图增加其识别性。1 200~2 800 户居民分享一处公共绿地 (0.4~0.7 公顷)。每个地块都被设计成行人友好的环境,注重适宜的街道尺度。社区设施相对集中,以使其更好地为社区服务。

　　新城建设也很注重住宅的多样性和可选择性。在住房形式上,公共住宅比重下调到 60%,私人开发住宅 30%,10%为执行共管公寓(由政府津贴的半私有化住宅,5~10 年后完全私有化)。公共住宅的 2/3 将由私营机构或建屋发展局的建筑师根据居住对象的不同进行特别设计,使得住宅群体组合、单体以及单元住宅都各具特色[87],见图 2-26。公共住宅沿交通线的容积率约为 3~3.4,人口密度约为 630 人/公顷。这一人口密度已远远低于早期的新城了。

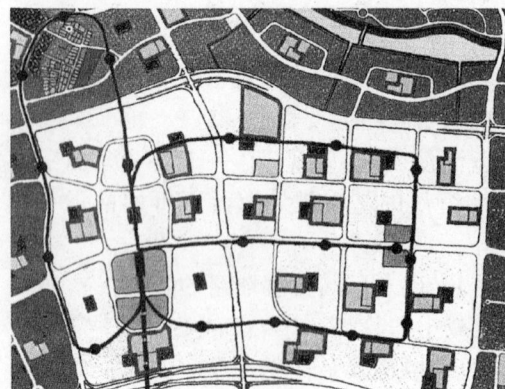

图 2-26　代表 21 世纪发展趋势的榜鹅
　　　　　新城规划[87]

　　纵观新加坡新城的模式发展,可以看出以下几个持续的特征:等级化的配套方法由于具备功能的合理性持续存在,但早期与物质空间相对应的中心和轴向结构越来越不明显,只是作为一种功能组织模式存在;高层、高密度发展,2001 年曾建设最高的 40 层住宅;交通系统越来越成为重要的空间形态影响因素;对社会发展目标的重视,不仅仅是建造住区,更是建设社区(building community)。

## 2.5　美国、英国、日本、新加坡新城建设对比分析与借鉴

### 2.5.1　对比分析

上述研究表明,发达国家居住空间扩展的历史进程体现出共同的发展趋势:从单一居住功能走向复合功能、从较小范围的复合功能走向较大区域范围的功能整合;从低密度发展走向紧凑型发展;从工程技术型规划走向人性化规划。

然而,尽管发展趋势具有明显的共性,这些国家居住空间扩展的推动机制、开发机制、空间形态方面的区别也是十分明显的。就以几个国家都曾经出现的新城(planned new town)来说,其承载功能、人口情况、建设机制和空间模式都有所不同,见表2-3。

表2-3　美国、英国、日本、新加坡新城建设对比

| | 承载功能 | 人口情况 | 建设机制 | 空间模式 |
|---|---|---|---|---|
| 美国郊区新城 | 住宅建设先行,应对的是有效需求。由于通勤是一种普遍的交通方式,很长一段时期新城建设并不以自给自足的综合功能为首要目的,就业追求的是区域层面的平衡。1960年代应对工业郊区化,开始建设功能全面的新城(1960年代160余个新城项目中的20个) | 大部分新城是针对中上阶层的,少量针对中低收入阶层,如雷德明、格林贝尔特城计划、莱维敦(Livittown),但即便如此,也多针对的是由于年龄周期而暂时性低收入家庭(以白人青年家庭为主)。无形中加剧了阶层隔离尤其是种族隔离 | 大多数以市场力量(开发商、投资商)为建设驱动,少数以政府救济、住房建设机构为建设驱动;研究机构(RPAA等)提供规划指导;以政府相关住宅、金融、信贷政策为引导 | 早期郊区的紧凑型建设模式;1920—30年代适应现代生活方式与田园梦想的邻里模式;二战后松散的低密度郊区蔓延模式;1960年代的综合新城;1970年代至今紧凑的精明增长模式 |
| 英国新城 | 前期以疏散大城市人口为主要目的,后期以建构新的区域增长点为首要目的。且力图达到"居住与就业的平衡以及社会平衡",即"在提供日常所需,包括就业和商业以及其他服务方面自我平衡。在混合不同的社会、经济群体方面进行平衡。"只是这种意图难以达到 | 新城的规划人口规模呈增长之势。通勤人口比例始终较大。新城企业对就业岗位结构使得居住人口中白领与高收入体力劳动者比例较多,低收入者较少。另外开发公司的住房分配政策也比较排斥不需要技术以及半技术的工作人口 | 由政府支持的"新城发展公司"进行每个新城的开发建设,这些公司有权征用、保留、管理、转让土地和其他财产,以实施建设或者其他运作,提供水、电、汽、排水设备等设施,以新城为目的进行营运或者建设 | 第一代新城较为简单的邻里模式;第二代新城淡化邻里的表面呼应,注重交通组织;第三代由于规模普遍扩大,采用综合性更强的整体规划模式 |
| 日本新城 | 新城建设最初是为了抑制城市的过度膨胀,同时满足人口迅速增长带来的住宅大量需求。其功能逐渐从卧城向混合功能转变,近来新城建设更是基于紧密的空间经济联系和"功能自立化的新城市圈"发展目标进行功能定位 | 通勤人口比例始终较大。由于政府基于土地紧缺的发展条件,注重对于小户型、集约型住宅的引导,新城建设并没出现欧美国家常见的严重的阶层分异 | 早期,住宅公团(政府主导的事业单位,企业化运作)起到了决定性作用,随着住房危机的缓解和城市发展速度变缓,公团的主导职能逐渐向都市整治过渡。后期的新城建设中市场力逐渐加强 | 相较于欧美国家,体现出的是高密度集约型的空间特征。其空间模式经历了这样的演变过程,从早期的大规模注重单调规划建设向以高水准的服务和环境质量为目标的小规模集合住宅区演变,1990年代以来更是十分注重设计组织,引入总建筑师或协调建筑师制,在周密的设计控制下生成空间模式 |

| | 承载功能 | 人口情况 | 建设机制 | 空间模式 |
|---|---|---|---|---|
| 新加坡新城 | 新城建设与新加坡闻名世界的公共住房建设是一体化的,为了达到经济和政治的双重目的,即要解决住房危机,又要建设一个稳定的、团结的日益中产阶级化的社会。新城的功能经历了从"早期的零散建设的低收入集中住区",到"具有平衡的综合功能社区",再向"从区域整体层面统筹土地利用和交通整合的凝聚型社区"发展的趋势 | 全国 86%的人口居住在政府组屋内。其中 81%是屋主自住组屋,5%为出租组屋。另外 14%的高收入阶层入住私人发展商的产业如共管式公寓和置地住宅。通勤人口比例始终较大 | 政府主导的"建屋发展局"进行每个新城的开发建设,后期随着住宅总量超越人口需求,也开始逐渐加大市场力的引入 | 高层高密度是新加坡新城的必然选择和空间特色。具体空间模式体现出从邻里单位向紧凑式网络系统的转变,并结合科技进步(尤其是交通系统的发展)和人文需求进行模式创新 |

首先,城市化的进程,人口结构的变迁,住房供应市场的发展特征,"政府"、"市场"、"社会"三方力量平衡等方面的不同造成推动机制的差别。如英国的居住空间扩展呈现出伴随老牌资本主义国家城市化、工业化进程的典型的阶段性特征:旧城负担逐渐加重—大城市病逐渐严重—向城市外围发展—郊区田园城市—以自我平衡为目标的新城—以可持续发展为目标的居住空间扩展制度。而美国的居住空间扩展则与其特殊的移民历史、新大陆快速崛起的经济强势、二战后政府对郊区建设的大力扶持密切相关。

其次,经济模式、相关制度和政策造成开发机制的差异。如新加坡经济发展动力主要来自外资和海外市场,相较而言,房地产等拉动内需型产业并不是其经济发展的重点,另一方面新加坡在 1960 年代建国初期迫切需要实现社会安定,政府组屋是稳定民心的十分重要的政策,公积金则是政府协调外资企业劳资关系的重要手段。因此,新加坡的新城建设主要是由政府推动,且以公共组屋为绝对主力的住宅类型。同时,新加坡政治结构单一,有利于及时决策、高效迅速地执行政令,政府力行廉政、奉行透明化的公共服务等都是新城得以顺利开发建设的原因。而其他国家根据自身的经济与社会发展特点,在市场作用与政府作为之间进行平衡选择,如英国新城是通过"一个新的,专门的机构来建设新城"——即由政府支持的新城发展公司,这些公司有权"征用、保留、管理、转让土地和其他财产,以实施建设或者其他运作,提供水、电、汽、排水设备等设施,以新城为目的进行营运或者建设。总之,为了新城的建设目标,承担所有必须的或有利的工作"。[64:197]值得注意的是这些发展公司并不是新城发展中唯一的机构。例如教育和当地医疗服务仍然是正规地方政府机制的责任。水、污水处理、汽、电和医院同样也是正式的地方政府机构的责任。另外,新城的开发并不排斥市场力,只是其必须在新城发展公司的控制下进行统一而协调地开发。

第三,土地资源条件、居住文化、规划作用是造成空间形态区别的重要原因。新加坡与美国居住空间的扩展体现了截然不同的两种空间形态,前者以高强度的集中开发模式为主,后者以低密度的蔓延式发展为主。空间形态差异的背后,是不同的土地资源约束条件和居民对于住宅形式认同的差异。而新加坡强有力的自上而下的规划作用和美国深受市场力约束的规划作用,则分别是推动新加坡新城得以井然有序整体建设和美国郊区蔓延式扩展的重要因素。

因此,虽然面临共同的发展趋势,但不同的国家具有不同的发展基础和条件,采取什么样的发展路径至关重要,对国外城市居住空间扩展的研究揭示了其发展演变轨迹,我们可从中总结出发展的规律(发展方式与经济社会背景之间的关系),并结合我国国情辩证地借鉴其经验和教训。

## 2.5.2　思考借鉴

安德鲁·M.哈默(Andrew M Hammer)等指出了当前发展中国家与发达国家城市化进程的差异——"发展中国家目前的城市化并不只是重复发达国家的经验。从农村向城市的转化是在过高的人口增长率、很低的收入水平、几乎没有机会统辖新的国内或国外的边界这样的背景下进行的。在这个过程中,城市化的绝对规模正在检验规划者和决策制定者的能力。……这种增长是由于发展中国家的城市人口增长率是发达国家的3～4倍。"[51]另外,与西方发达国家早期城市化的推动力主要与围绕以资源为基础的交换活动有关不同,现今发展中国家城市化的推动力还有诸多后工业时代因素以及全球化劳动分工的影响。

除了面临上述发展中国家共有的困难之外,中国还有特殊的发展历史和背景。长期的计划经济体制导致了特有的城乡二元社会结构。农村和城市在经济和社会结构上的二元性不利于今天立足全局进行各种资源的合理流动和最佳配置。随着工业化和城市化进程的加速,打破我国经济、社会、环境二元化结构的条件正在不断成熟,中国正致力于建设中国特色的社会主义市场经济,既要毫不动摇地巩固和发展公有制经济,又要毫不动摇地鼓励、支持、引导非公有制经济发展,既要发挥市场在资源配置中的基础性作用,又要建立完善的宏观调控体系。

在政治体制方面,1998年自中央开始进行机构改革,我国行政部门将向精简、高效、廉洁的方向迈进一大步。我国各级政府行政观念正由统制为主向调控服务为主转轨,行政效率、行政监督、行政透明度均有待加强。但小政府不等同于弱政府,要加强宏观调控的作用,既坚定市场经济,又要协调各方利益,防止出现东南亚、拉美贫富差距扩大甚至对立等情况。

在经济发展方面,GDP多年保持快速增长的趋势,同时实施扩大内需的发展战略,因此住宅开发在经济建设中具有重要的作用。住房市场既拉动了房地产投资型增长,同时还能带动一大批相关产业的发展和生活消费品市场的成长,能有效拉动内需,近十年来成为国民经济新的增长点。但是在关注住房开发的经济效益的同时,决不能忽略其社会效益,如果住房开发的利好不能为人民共享,成为少数人投资或投机的对象,那么将影响社会的和谐发展,也终将遏制经济的深度发展。

国外居住空间扩展的经验普遍表明,居住空间的发展应成为社会经济以及环境发展的一部分。而依据中国的国情,当今政治经济体制的改革以建立一个经济发达、生活小康、和谐稳定的社会主义国家为目标,居住空间的建设应与这一总体目标协同,既要推动经济发展,又要关注社会效益、经济效益之间的平衡。当然注重社会效益,并不是说单纯依赖政府财政投入就能获得好的效果,美国公共住宅的案例就说明应以持续的观点来设定发展路径。同时,在土地资源严峻的形势下,环境效益也必须予以充分重视。在积极进行改革探索、体制转型的大背景下,综合经济、社会和环境目标的居住空间发展具有实现的可能性。

国外居住空间扩展的经验还表明,城市规划不能独立于社会经济体系而存在,它是社会经济体系的组成部分。但是城市规划理念、制度、体系、组织方式的全面优化十分重要,将从规划概念至具体建设的各个层面促进居住空间的良性发展。美国的成长管理政策(UGB)、英国都市村庄的项目运行机制、日本的城市设计组织及其协调机制、新加坡对于高层高密度居住空间形态规划模式的探索,对于我国均具有借鉴意义。这些规划举措涉及宏观、中观和微观各个层面,更深入地介入到居住空间发展的过程中,产生了较好的规划控制效果。由此我们可以得到的借鉴是,应在当前的制度环境下积极提升城市规划的效用,对居住空间的规划建设进行更加有效的指导。

## 本章小结

　　本章选择美国、英国、日本和新加坡四个国家,对其 20 世纪以来应对城市化或者其他原因造成的房屋短缺问题所进行的居住空间扩展(包括新区建设)的实践进行历史回溯和总结。可以总结出共同的发展趋势:从单一居住功能走向复合功能;从较小范围的复合功能走向较大区域范围的功能整合;从低密度发展走向紧凑型发展;从工程技术型规划走向人性化规划。但是在不同的背景下,各国产生了不同的发展模式,其推动机制、开发机制、城市形态等方面均体现出差异。

　　国外居住空间扩展的经验普遍表明,居住空间的良性发展对于推动经济、社会、环境的可持续发展至关重要,居住空间的发展策略应成为国家社会经济以及环境发展策略的一部分。具体到实践层面,由于各国国情不同,经验不能盲目借鉴,而要因地制宜选择恰当的发展路径。本章研究对于我国居住空间发展的启示还在于,城市规划理念、制度、体系、组织方式的全面优化十分重要,美国的成长管理政策、英国都市村庄的项目运行机制、日本的城市设计组织及其协调机制、新加坡对于高层高密度居住空间形态规划模式的探索,对于我国均具有借鉴意义。这些规划举措涉及宏观、中观和微观各个层面,更深入地介入到居住空间发展的过程中,产生了较好的规划控制效果。

# 3 国内城市新区居住空间建设的历史演进
## ——以南京为例

新中国成立后至改革开放的三十年间,我国的城市发展走过一条"建国初从消费型城市向生产型城市的转变——大跃进时期城市空间结构混乱失衡——文革时期基本停滞"的历程,其中工业用地为城市主体,其他职能空间按计划进行配套布局,在重生产轻生活的政策导向下,居住用地尤其不足。整体空间呈现出"年轮"式的同心圆结构——"以旧城区为中心,通过连续多年的土地无偿划拨,由发展的先后差别引发依时序性的城市发展,各项职能分布格局缺乏规律性,土地配置表现出极大的随意性"。[88][89] 这一时期出现的少量新区或新城建设是计划经济指导下和应对冷战战略要求的区域产业布局的产物,多为一些卫星城镇和工业新城,而非市场经济下城市郊区化的结果。

中国城市自 1980 年代始步入从计划经济向市场经济的转型,城市现代化进程逐渐加快,城市的功能得以综合提升,在建设投资上表现为非生产性建设投资比重的增强。本章首先以南京为例详解 1980 年代以来城市新区居住空间建设历程。

1980 年代属于经济刚刚恢复的探索起步期,加之计划经济体制的转变需要较长时间的准备和过渡,城市发展主要体现为立足自身基础的逐步现代化,总体城市发展速度尚比较缓慢。少量的居住空间扩展表现为单一功能的"住宅新区"。进入 1990 年代,改革力度不断加大,且越来越主动地加入世界经济一体化的进程,经济发展速度举世瞩目,城市发展战略的调整随之带来空间结构的深刻变化,居住空间的建设与城市其他功能的互动逐渐增强。

本章随后对城市新区与城市整体发展的关联性、推动新区居住空间发展的综合因素加以分析,最后对新区居住空间建设的阶段特征进行了总结。

## 3.1 以南京为例详解 1980 年代以来城市居住空间建设历程

现代南京城市的格局脱胎于明都城的建设,尤其是明京城奠定的框架。直到解放初,南京城市也没有把明城墙内"填满",城市建设的重心集中在鼓楼以南和中山北路沿线地区,在北部鼓楼岗、东部明故宫及后宰门地区还有大片空地。新中国成立后到改革开放初,南京城市的建设主要集中在老城进行"填平补齐"。1980 年代,除了继续老城内建设外,城市开始蔓延发展。1990 年代,城市发展框架进一步拉开,城市建设逐步走向主城和都市发展区。进入 21 世纪,在一城三区的城市发展战略引导下,组团式多中心特大城市框架初显,见图 3-1。

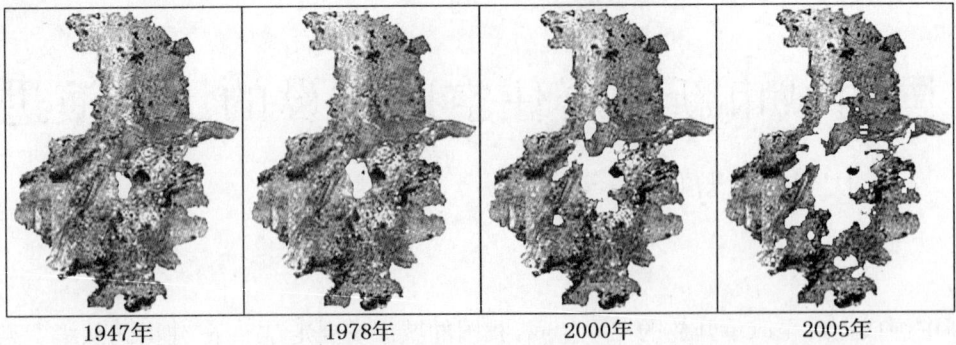

| 1947年 | 1978年 | 2000年 | 2005年 |

图 3-1　南京城市建成区发展演变示意图(根据航拍图处理)

### 3.1.1　1980 年代——以老城建设为主,老城周边始有蔓延式发展;住区规划建设以实用为主

填平补齐

后宰门居住区

旧城改造

中山东路小区

老城周边建设

南湖居住区

图 3-2　1980 年代居住空间建设三种类型[90]

计划经济时期,由于国家长期贯彻"先生产后生活"的方针,住宅建设欠账多,这期间,南京生产性建设投资占总投资的 87% 以上,而非生产性建设投资只占 13% 不到,其中直接用于住宅建设的投资只占总投资的 5%;非生产性投资不足、加上"文革"初期下放的 20 余万知青、干部在"文革"后期大规模返城,使得 1970 年代末 80 年代初南京城老百姓的住房需求和供应严重失调。据统计,1970 年代末南京约有 10 万余缺房户。

1978 年前后,"重生产、轻生活"的城市建设思路得以改变,城市建设的重点开始转向重点解决市民居住问题,加大了住宅建设的投入,至 1989 年南京用于非生产性建设的投资比例已上升到 27%。

这一时期住宅建设主要以政府投资为主,因此居住区的建设规模相对较大,居住空间的建设可归纳为下面三种类型,见图 3-2。

#### 1) 填平补齐

1980 年代上半期首先选择了老城内剩下的少量尚未开发的用地进行建设,如瑞金新村、后宰门等。

### 2）老城改造

之后开始对老城区实施旧城改造,实施"住宅建设按照改造旧城和开发新区相结合,以旧城改造为主"的方针,为了用最少的资金解决更多市民的居住问题,采用"拆一建多"的方式实施旧城改造。建筑形式系多层条式盒状,布局形式多采用行列式,日照间距系数只有0.8~0.9,每户平均建筑面积只有50平方米左右。这种形式的改造较大程度上改变了传统的城市肌理。如中山东路小区、张府园、娄子巷等。

### 3）老城周边蔓延式建设

在老城改造的同时,由于工业企业和大学的建设,1980年代初城市建设开始蔓延到老城周边地区,如铁北地区、城东地区。1983年国务院批准的城市总体规划提出以九大门外新市区为重点,规划一批居住用地,主要是水西门外、汉中门外、中山门外、太平门外等。其中,汉中门外的南湖新村就是针对返城知青和下放户的大规模住宅新区,在当时具有代表性。1987年市政府批准的分区规划又进一步将河西的中保、莫愁地区纳入城市居住发展备用地。城市建设逐渐向老城周边蔓延开来,见图3-3。

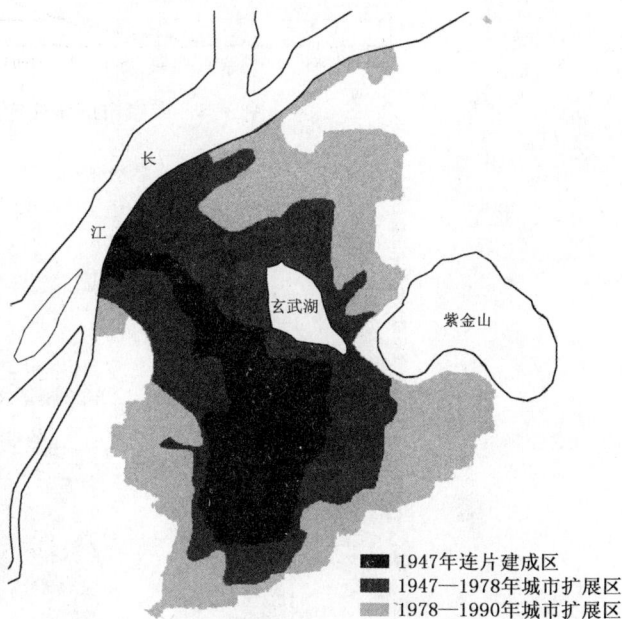

图例:
- ■ 1947年连片建成区
- ■ 1947—1978年城市扩展区
- ▨ 1978—1990年城市扩展区

图 3-3　南京城市空间扩展图 1947—1990 年[90]

## 3.1.2　1990年代——老城建设持续增强,同时城市建设开始跳出老城、走向主城和都市圈;住区规划建设质量开始不断提高

进入1990年代,南京城市建设的重点转向"以道路建设为重点的城市基础设施建设",旨在克服1990年代初城市的基础设施瓶颈制约,经过十年的建设,当时南京存在的用水难、用电难、行路难等问题得到基本解决。当时,政府出台了"以地补路"政策,在为拓宽城市道路建设资金筹措渠道的同时,也带来了开发土地分散(沿路展开)、零星不成规模、建设"见缝插针"的问题。

1990年代后期城市建设思路转为"强调城市环境改善和城市品质提升"。在政府加大城市建设力度的同时,1990年代开始市场力量也逐步介入城市建设,这极大地促进了房地产市场的发展,见图3-4。市场化运作在带来住宅市场繁荣多元的同时,限于当时开发公司的实力,也产生了住宅区开发规模过小的问题,从1990年代后半段政府开始对已开发地块进行规划整合。如1997年市政府对月牙湖苜蓿园地区进行统一规划、整合完善,逐步形成了环境优美,功能合理,山、水、房、人相融的高档住宅区。随着市场经济的不断深化,开发商对住宅消费市场的影响日增,对环境的追求逐渐成为房产销售的关键。为适应多层次,全方位的需求,住房市场也随之分化,高标准的别墅区随之出现,见图3-5。

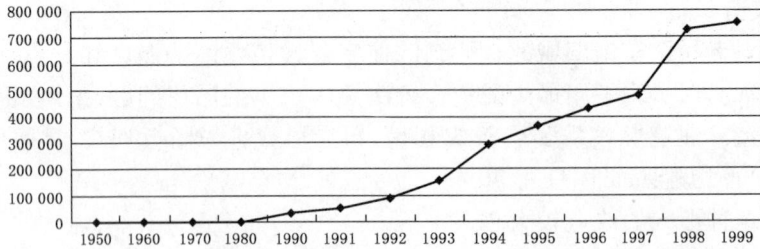

图 3-4　南京市历年住宅投资(万元)

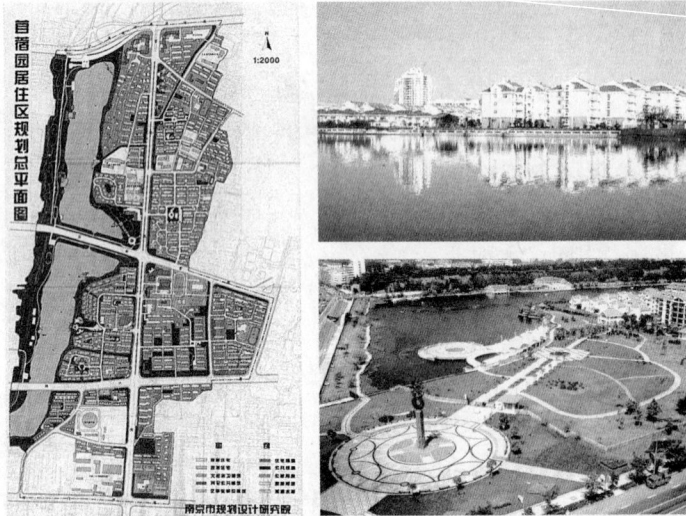

图 3-5　苜蓿园居住区规划(1998 年高层、多层、低层别墅皆有的居住片区)

　　这一时期城市建设的地域空间范围表现为"老城建设仍然持续增强,同时城市建设开始跳出老城、走向主城和都市圈"。

　　老城建设仍然持续增强——投资多元化进一步促进了老城内商业、商务办公等高层建筑的开发与建设,表现为高层建筑在空间上逐步改变老城的空间轮廓形态。1990—2000年,南京主城已建和在建的高层建筑 80%以上集中在老城范围内。老城内高度分布总体上现呈沿城墙周边低,中心区走高的态势,新街口地区高层建筑分布最为集中。

　　城市建设开始跳出老城、走向主城和都市圈——1995 年国务院批准了《南京市城市总体规划 1991—2010》,规划正式提出绕城公路内 243 平方千米的用地作为南京主城。主城概念的确立重新定义了南京城市的发展空间,并引导了城市的建设。从河西新区规划概念的最初提出到最终成为城市发展战略,南京城市发展的重心真正跳出了老城,走向了主城新区。1990 年代,主城范围内、老城范围外的地区得到了较大建设和发展,如南部的宁南地区,北部的锁金村地区,西部的河西新区北部地区等,见图 3-6。

　　这轮总体规划进一步提出把以长江为主轴,以主城为核心的都市圈作为城市主要发展空间,适当控制主城,加快外围城镇发展,将城市建设的重点向外围城镇转移。2001 年前后都市圈内城镇发展大大加快,主城与外围城镇之间建设用地比例由 1990 年代的 2∶1(132∶70 平方千米)变化为接近 1∶1(200∶190 平方千米),都市圈城镇得到了培育。但是功能较为单一,城镇职能不完善。以江宁(今东山新市区)为例,1990年代,伴随江宁经济技术开发区的建设①,1992—1996年以百家湖周边区位优势地为发展起始点,进驻了一批劳动密集型产业,同时兴建了一批居住区,以农民拆迁安置房和企业职工宿舍为主;1997年以后,百家湖地区的基础设施和公共设施不断完善,伴随住房制度改革的东风,档次不一的商品房开始出现在百家湖周边地带,表现为高端别墅区和中低档住区相隔不远、比邻而居的形态,见图3-7。

图3-6  1992年与2000年主城土地利用现状图对比[90]

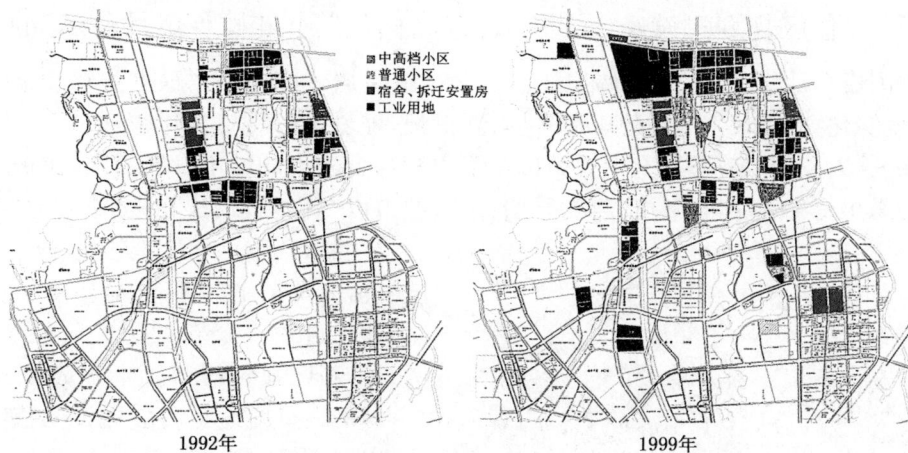

中高档小区
普通小区
宿舍、拆迁安置房
工业用地

1992年 　　　　　1999年

图3-7  江宁经济技术开发区1990年代居住空间发展[91]

这一时期的居住空间建设可以归为两种主要类型:

(1)1998年取消住房福利制前仍然是以政府为主导的大型居住区为主。采取统一规划、分期建设的方式。居住标准比1980年代有所提高,套均面积从50～60平方米提升到

①　1992年5月成立江宁县经济开发总公司;1992年8月成立江宁经济技术开发区管委会;1993年3月,被批为江苏省第一批省级经济技术开发区;1997年,被批准为国家级高新技术产业开发区。

70～100平方米,对公共设施配套和绿化建设都有更高的关注度,见图3-8。

图3-8　南京河西北部龙江地区的住区建设

　　(2) 1990年代后半期,由市场推动的商品住房开发加速发展。但限于当时开发公司的实力,也产生了住宅区开发规模过小的问题,1990年代后半期政府开始对已开发地块进行规划整合。这一时期的商品住房表现为高档住宅与中低档住宅为主的两端化倾向。在市场力的推动下,住宅建设效率和质量都有较大提升。

### 3.1.3　2000年以来——实施"一疏散三集中"战略,重点建设"一城三区";住区规划建设经历了从"普遍高档化"到"兼顾保障性住房"的过程

　　新中国成立后历经"过分强调工业生产"—"解决居住问题"—"解决基础设施问题"—"强调环境绿化"的建设主导思想以后,进入新世纪,随着保护历史文化、塑造文化特色的认识不断深入,以及新形势下提升中心城市竞争力和综合实力的城市发展需求,保护老城、建设新区的思想得到确立,自2002年初开始,南京城市以"老城做减法"的思路大力推进老城环境综合整治,留出空间,改善城市环境,体现文化内涵,凸显历史风貌,城市建设进入一个新的历史阶段。毋庸置疑,新区建设缓解了老城发展压力,老城的人口增速与高层建设的速度趋缓。以河西新城为例,2002年已建35米以上(包括35米)高层建筑32栋,2005年已建高层建筑459栋,2005年已批未建高层67栋。截至2005年,河西新城已建和已批未建高层共计558栋。2002—2005年,平均每年递增约175栋。这既缓解了老城的部分压力,也带动了部分人口的疏解,见图3-9。

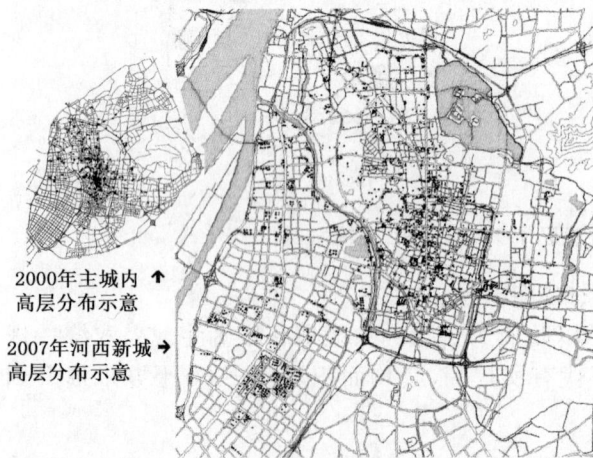

2000年主城内↑
高层分布示意

2007年河西新城→
高层分布示意

图3-9　河西新城高层建筑布点示意

　　2001 年南京城市总体规划按 1 000 万人特大城市规模预留了发展空间,并进一步突出了未来城镇发展的重点,形成以主城—3 个新市区—9 个新城—13 个重点镇—若干个一般镇五个层次的城镇发展体系。为提升中心城市竞争力和综合实力,根据市委市政府的决策,2002 年以来南京城市发展实施了"一疏散三集中"战略,重点建设"一城三区"①,见图3-10、3-11。

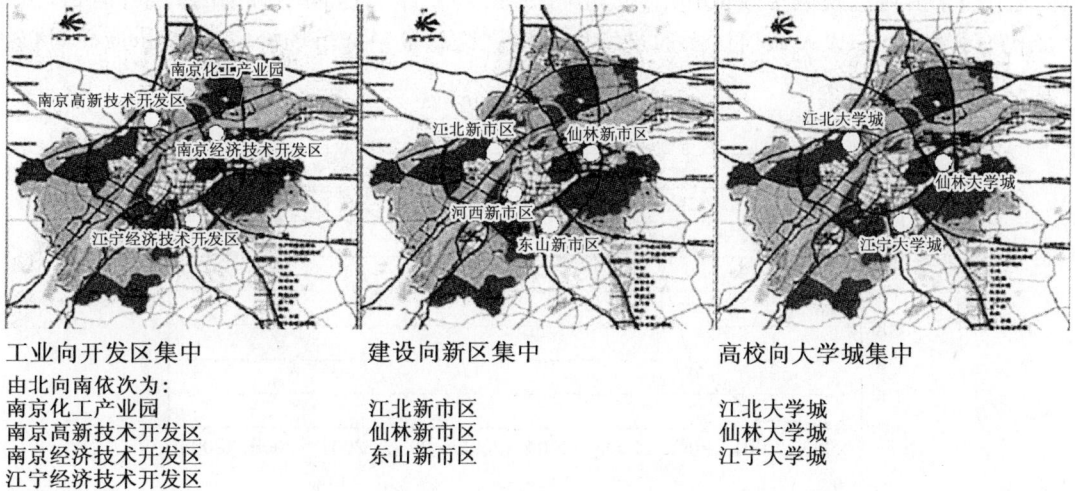

| 工业向开发区集中 | 建设向新区集中 | 高校向大学城集中 |
|---|---|---|
| 由北向南依次为:<br>南京化工产业园<br>南京高新技术开发区<br>南京经济技术开发区<br>江宁经济技术开发区 | 江北新市区<br>仙林新市区<br>东山新市区 | 江北大学城<br>仙林大学城<br>江宁大学城 |

**图 3-10　一疏散三集中示意图**

　　为了有力推动新区的建设,南京市政府及有关部门制定了一系列相应的政策措施:①依据 2001 年城市总体规划提出的未来城市发展构架,南京市委市政府 2002 年调整了市区的行政区划,以利整合空间以及各类资源。②2003 年南京市调整了市区的规划管理范围,南京市规划局直接管理范围从原来的江南八区九百多平方千米调整为大江南北十一区四千多平方千米。③为提高新区建设管理水平,成立了河西新城区建设指挥部和仙林新市区管理委员会,并提出一系列新区发展要求和策略:a. 以高水平规划为引领,促进新区城乡整体发展;b. 以土地投放政策为抓手,控制老城、引导新区;c. 以基

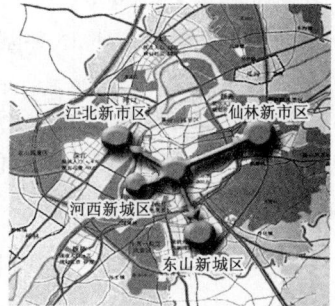

**图 3-11　一城三区示意图**

础设施建设为带动,促进新区的发展;d. 以空间环境品质为吸引点,引导人口向新区转移;e. 以公共设施配套完善为补充,增加新区活力;f. 以历史保护和文化创新为提升,进一步增加新区吸引力。

---

　　①　河西新城区:承担以商务、体育、文化等功能为主的城市副中心(新城区中心)功能,居住与就业相协调的中高档居住功能,以滨江风貌为特色的主城西部休闲游览功能。规划人口规模总量约为 55 万人,城市建设用地总量为 55.78 平方千米。东山新市区:是都市发展区内的区域副中心和综合交通枢纽,重要的教育科研和知识创新基地,重要高新技术产业基地,山水城林融为一体的花园式新市区。远景规划人口按 85 万人预留。仙林新市区:是都市发展区的区域副中心,是南京新经济发展的主要空间,以发展高等教育和高新技术产业为主;是集中体现现代城市文明和绿色生态环境协调发展的新市区。远景人口规模为 50 万人,城市建设用地 62.4 平方千米。浦口新市区:是都市发展区的区域副中心,江北地区具有相对独立的区域综合服务功能的新市区,人和自然和谐发展的生态型滨江新市区,南京市重要的旅游度假中心。远景规划人口约 110 万人。

2000 年以来,南京全面推行经营性用地"招拍挂"制度,以完善城市土地资产性管理,土地市场运作范围逐步拓宽。对近几年的招标拍卖出让土地的比较,可以从土地源头一级市场的角度窥得南京市居住空间扩展的情况。

(1)土地供应总量  2000—2003 年急速增加;2004 年、2006 年、2009 年出现明显波动,概因国家出台宏观调控政策和治理整顿土地市场秩序和房地产市场的背景;但是,由于市场仍有强劲需求,以及政府试图通过增加土地供给总量平抑市场价格,土地供应总量仍维持在较高水平,见图 3-12。

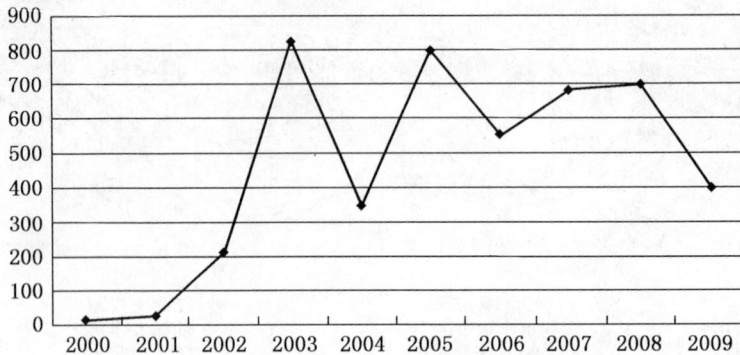

图 3-12  南京市历年经营性用地总面积[92]

(2)居住用地份额  相比较其他性质用地,成交地块中居住用地占市场出让份额呈显著增加趋势,从 2003 年的 27.8% 上升到 2005 年的 69.6%,近年普遍维持在 80% 左右。其原因在于需求潜力巨大(包括自住、投机、投资等多种需求)、加快发展的城市化进程等综合因素的推动。

(3)空间地域分布  增量市场主要位于城郊结合部和城市新区。

在市场与政府的双重推动下,这一时期的新区居住空间快速发展,见图 3-13。建设情况可以归结为两种类型:

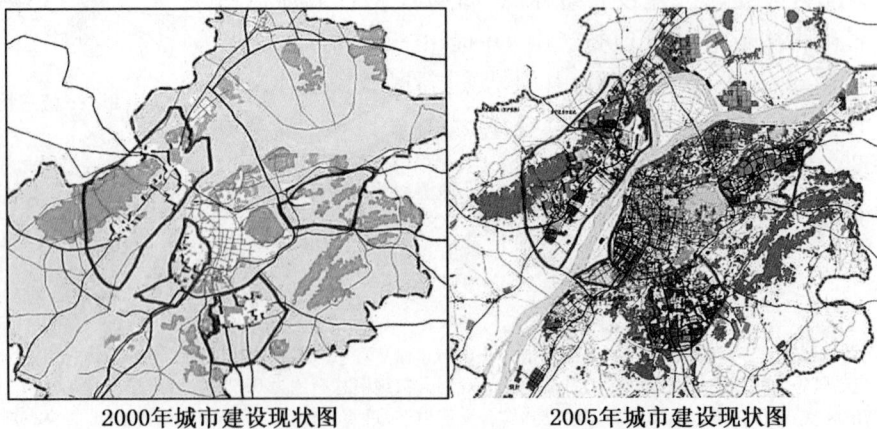

2000年城市建设现状图          2005年城市建设现状图

图 3-13  2000—2005 年城市建设现状对比

## 1) 2000 年以来普遍高档化的商品住区建设

(1)案例———河西新城中部地区  以河西新区为例,作为"一城三区"中唯一一个邻近老城、有可能在近期形成有吸引力的新区所在,作为"十五"重点集中精力建设。2001年底调整了河西的行政区划,成立了河西新城区开发建设指挥部,全面组织新城区的各项建设,统领涉及原四个区、整合后三个区的建设发展,并将新城区的土地收益全部用于新城区建设。2002年初,抓住南京成功申办全国第十次运动会的机遇,以十运会主场馆建设为核心带动启动河西新区建设。在一整套新区促进的策略下,河西新城区在不到五年的时间内迅速成长起来,它崛起的速度和规模超过了许多人的预测和想象,见图3-14。

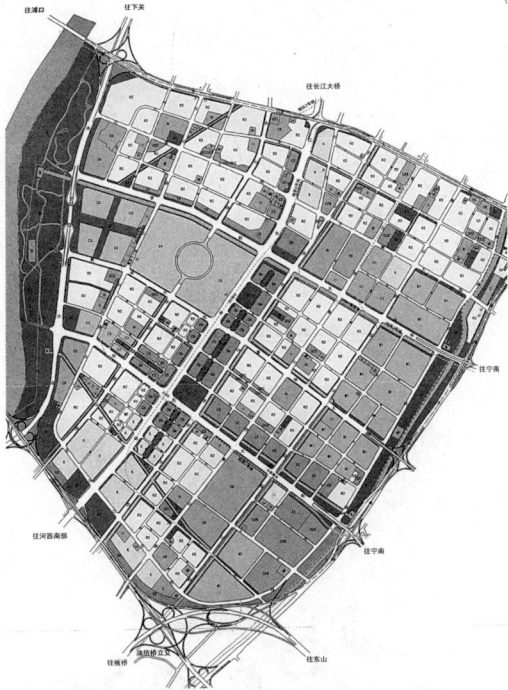

图3-14 河西中部地区规划图

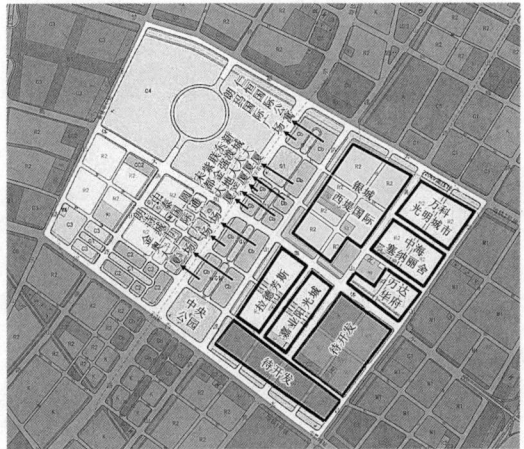

图3-15 河西中部典型住区案例

2000年以来,河西新城居住空间建设以中部地区为主,而1990年代就已建设的北部地区以进一步完善和调整为主。在高水平的规划导引下,河西中部地区的住区建设表现出适应中部地区城市副中心定位的小型地块开发形态。容积率较高,住宅建筑以小高层、中高层住宅为主。虽然是高密度的集合住宅开发,但是住区定位普遍高档化,见图3-15、表3-1)。

表3-1 河西中部典型住区案例建设情况

| 住区名称 | 物业类别 | 建筑层数 | 容积率 | 绿化率 | 内部配套 |
|---|---|---|---|---|---|
| 中海塞纳丽舍 | 高档居住区 | 小高层 | 1.51 | 48% | 900平方米露天泳池、占地4 500平方米幼儿园、1 500平方米综合会所、沿街商业 |
| 万科光明城市 | 高档居住区 | 高层 | 1.6 | 50% | 综合会所 |
| 拉德芳斯 | 中高档居住区 | 高层、小高层、花园洋房 | 1.3 | 50% | 法式商业街、星级业主会所 |
| 嘉业阳光城 | 中高档居住区 | 高层、小高层 | 1.6 | 46% | 会所 |
| 万达华府 | 中高档居住区 | 小高层 | 1.6 | 40% | 配套商业 |
| 西堤国际 | 综合性中高档居住区 | 高层、小高层 | 1.7 | 47% | 基层社区商业服务综合性配套、幼儿园 |

（2）案例二——江宁将军山板块　1990 年代就已启动建设的百家湖板块已经逐步饱和，在土地制度和住房制度改革的双重推力下，新兴的市场力开始聚焦另一处优势区位——将军山板块，该板块集比邻山景绿化与机场高速的交通优势于一体，2000 年以来迎来了建设高峰期。这一板块明显以高档别墅为主体，见图 3-16，表 3-2。

表 3-2　将军山板块典型住区案例建设情况

| 住区名称 | 物业类别 | 建筑层数 | 容积率 | 绿化率 | 内部配套 |
|---|---|---|---|---|---|
| 玛斯兰德 | 高端居住区 | 低层别墅 | 0.39 | 60% | 美式风情商业街 |
| 翠屏国际 | 高档综合性居住区 | 别墅、多层、小高层 | 0.54 | 70% | 综合会所、商业街 |
| 托乐嘉街区 | 综合性中高档居住区 | 小高层 | 1.65 | 45% | 博物馆、四星级标准的电影院、运动公园、开放式图书馆、托乐嘉购物中心、咖啡街、红茶坊、酒吧街 |
| 美之国花园 | 高端居住区 | 低层别墅 | 0.56 | 53.6% | 配套商业服务 |
| 瑞景文华 | 高端居住区 | 低层别墅、叠加别墅 | 0.56 | 51% | 巴黎风情商业街 |

图 3-16　江宁将军山板块的建设情况

图 3-17　江宁经济技术开发区 2006 年居住空间分布[91]

在将军山板块的带动下，对 2006 年如图范围内的居住用地统计，高档别墅区占居住用地的 31.37%，中高档小区占居住用地的 45.30%，普通小区仅占 8.35%，安置区以及厂区宿舍占 14.99%，见图 3-17。

**2）2003 年以来政府日益重视的保障类住房建设**

2000 年以来，伴随着商品住房的普遍高档化，出现了住房价格虚高、普通居民购房压力大以及社会贫富差距拉大等社会反响强烈的问题。因此，在住宅市场多元化的同时，政府转向重视中低收入家庭的住房问题，目前南京市政府加大政策扶持力度，大规模有序推进经济适用房和中低价商品房建设。保障类住房一则可以为没有能力从市场获得住房的弱势群体提供住房保障，二则可以间接平抑房价。

2002 年起,市委市政府为了保证城市建设的顺利进行,保障社会安定团结,启动了"三百三房"工程,具体目标是:用三年时间新建 100 万平方米经济适用房和 100 万平方米中低价商品房,改造完 100 万平方米危旧房。截至 2004 年底,规划局共完成 19 片经济适用房的规划用地许可工作,共计 719.1 公顷土地。

南京从 2003 年开始实施集中建设中低价商品房,2003 年中低价商品房招标拍卖成交土地规划总面积 37.2 万平方米,占成交土地总量的 4.6%;2004 年中低价商品房招标拍卖成交土地规划总面积 7.5 平方米,占成交土地总量的 2.1%。[92] 到 2005 年底,完成南湾营小区、百水家园、双和园、幕府佳园等项目的建设,总占地面积约 170 公顷,规划建设面积约 200 万平方米。从陆续出台或即将出台的《南京市住房建设规划》与《南京市住房保障规划》来看,保障性住房规模还将继续增大。

2008 年南京市城镇住房调查数据显示,低收入住房困难家庭方面,全市人均住房建筑面积在 15 平方米以下且人均月收入在 750 元以下(住房保障双控线)的户数约有 7.23 万户,其中市区符合住房保障双控线的有 7.13 万户;江南八区符合住房保障双控线的有 6.5 万户;江宁、浦口、六合符合住房保障双控线的有 0.63 万户;两县住房情况比较好,需要保障的人群相对较少。

由于大多数住房困难的低收入者位于主城,而经济适用房的行政操作主体落实到区,故经济适用房和中低价房用地多分布在主城各行政辖区边缘地价较低处,交通多有不便、配套难以完善,见图 3-18。相较而言,主城外围的江宁新市区、浦口新市区保障类住房多以拆迁农民安置房为主,其选址虽有上述共性问题,但由于地价总体水平较低,用地余量较大,其用地选址情况相对较好。

图 3-18 白下经济适用房(位于绕城公路绿化带边缘,公交不便,过于独立封闭)

### 3.1.4 总体趋势

南京城市新区居住空间的建设是与城市整体发展密不可分的。从老城填平补齐到向外蔓延,从老城(约 41 平方千米)到主城(约 243 平方千米),从主城到都市发展区(约 2 947 平方千米),南京城市发展空间不断拓展。由主城—新市区—新城共同组成的都市发展区承担了南京作为长江中下游中心城市的职能,展望未来,南京将形成一个以主城为核心、以江为轴、跨江发展,城镇与生态相间隔分布的组团式特大城市。

1980 年代至今,南京市居住空间的发展表现出三个清晰的阶段,分别是"以老城建设为主,老城周边始有蔓延式发展;住区规划建设以实用为主"的 1980 年代,"老城建设持续增强,同时城市建设开始跳出老城、走向主城和都市圈;住区规划建设质量开始不断提高"的 1990 年代;"实施'一疏散三集中'战略,重点建设'一城三区',住区规划建设经历了从'普遍高档化'到'兼顾保障性住房'的过程"的 21 世纪。可以说真正意义的新区自 1990

年代才开始真正孕育和发展,居住空间的建设与城市其他功能的互动逐渐增强。

## 3.2　1990 年代以来城市新区与城市整体发展的关联性

进入 1990 年代,改革力度不断加大,且越来越主动地加入世界经济一体化的进程,经济发展速度举世瞩目,城市发展战略的调整随之带来空间结构的深刻变化。下面将分别从城市产业、城市人口和空间结构三个方面分析城市新区与城市整体发展的关联性,有利于从更深层次理解新区居住空间建设的城市发展背景。

### 3.2.1　经济全球化下的城市产业

在信息化的推动下,近几十年来经济全球化已成为不可阻挡的趋势。"全球化持续地影响着全世界各地区的空间发展和跨地区的城市关系,每个城市在城市层级中都占有一定的位置,城市在其中的地位可能有起有落。每一个位于全球网络中的城市在面对各种资金流和信息流等的频繁活动所带来的机遇的同时,也面临着前所未有的竞争压力"[93:35]。

首先是第二产业的发展对城市结构的改变。改革开放后,中国城市产业的发展也经历了一个从低级到高级的过程。改革开放之初,随着发达国家和地区的产业结构的调整,中国逐步成为传统制造业的重要基地,既包括对国外制造业的接收,也包括立足自身基础的自我发展。从而使得中国有可能在较短时间内完成工业化的过程,进而改变长期二元结构体制下的城乡结构。这一变革对城市空间结构的带动主要体现为城市外围第二产业的快速发展,大量产业园区相继兴起。

其次是第三产业的发展对城市结构的改变。随着改革开放的推进,伴随经济全球化而来的发展危机日益凸显——"资本流向哪个城市,这个城市就会繁荣;资本流出哪个城市,这个城市就将萧条"。因此,为了提供更好的综合发展环境,各个城市纷纷强化了第三产业的发展力度。在发展基础较好的中心城区普遍开展了大规模的"退二进三",希冀提供更好的服务业和信息环境以吸引和留住资本。这一举措对城市空间结构的带动,主要表现为旧城的大规模改造,产生大量拆迁人口进入城市边缘,同时中心城的集聚作用持续上升,城市人口不断膨胀,城市扩张呈现圈层扩展之势,相应的城市"病症"开始出现。

进入 21 世纪,产业发展开始强调提升"自主创新"能力,意识到城市产业只有基于内生竞争力才能在全球化竞争中立足。在城市空间结构的调整和应对方面,通过城市副中心和新城区的建设,分散中心城区过于集中的公共设施和就业岗位,以丰富的城市生活、充足的就业岗位和价廉物美的居住环境疏散中心城区人口、吸引城市化人口,缓解圈层发展所带来的城市病症,继续为产业发展提供良好的城市环境,包括硬性的物质空间环境和软性的劳动力环境等。

【案例】

1990 年代,上海提出的城市产业布局是一种圈层模式。内环线以内(即城市核心)以第三产业为主;内外环线之间(即城市内圈)以第二和第三产业并重,以发展高科技、高增值、无污染的工业为重点,调整、整治、完善现有工业区;外环线以外(即城市外圈)以第一和第二产业并重,提高经济规模和集约化水平,集中建设市级工业区,积极发展现代化农业和郊区旅游业。随着产业圈层结构的调整,带来了中心城区的大规模城市再开发,在核心地区,住宅占中心城区总量的比重明显下降,而其时发展余地较大的城市内圈,住宅比重有了大幅上升。核心地区住宅比重的持续减少与内外环之间住宅的持续填充构成了上海中心城区蔓延式的规模扩展。中心城的这一发展模式一直持续到21世纪,见图3-19,为产业发展提供了成本适宜的发展空间,而其持续的蔓延扩展也使得一些问题逐渐凸现,诸如交通阻塞、生态危机、成本上升,不能适应产业结构的进一步调整,为其后的多中心、开敞组团式城市结构的形成提供了推动力,在中心城持续蔓延的同时城市发展形态呈现出轴向拓展趋势,见图3-20。

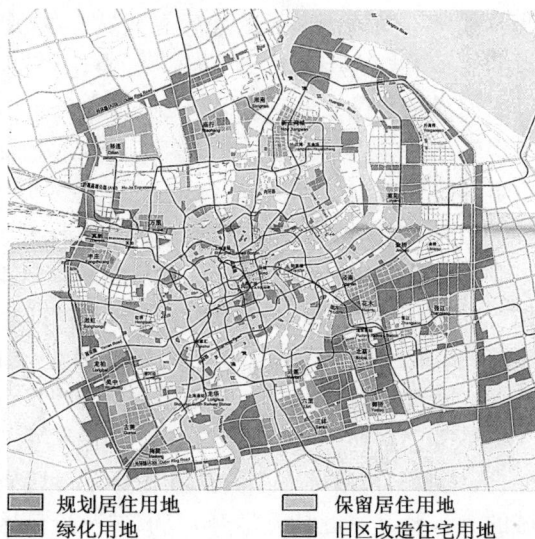

图例:
■ 规划居住用地　　□ 保留居住用地
■ 绿化用地　　　　■ 旧区改造住宅用地

图 3-19　上海 1999—2010 年总规住宅布局规划

目前,上海市基本形成"中心城—新城—中心镇—集镇"组成的多层次城镇体系。其中,新城是以区县政府所在城镇、或依托重大产业及城市重要基础设施发展而成的中等规模城市,如嘉定、青浦、松江等。

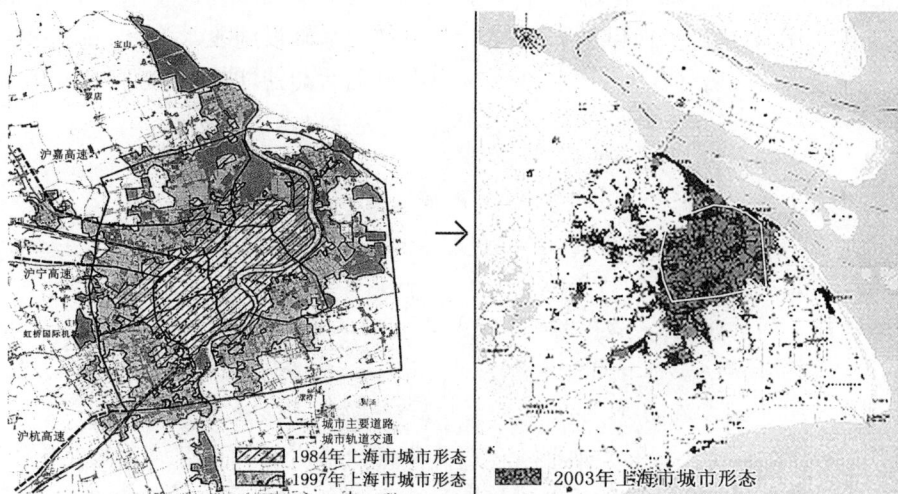

图例:
—— 城市主要道路
---- 城市轨道交通
▨ 1984年上海市城市形态
▨ 1997年上海市城市形态
▩ 2003年上海市城市形态

图 3-20　上海城市建成区发展演变[93]

### 3.2.2　城市化进程下的城市人口

1990 年代,中国大城市已明显地出现郊区化现象。大多数学者认为,中国其时的郊区化主要表现为工业化和城市化的带动,大力建设产业园区和旧城"退二近三"的用地调整策略推动了工业的郊区化,加速城市化的发展战略带动了城市规模的快速扩张,在土地有偿制度以及住房取消福利制的相关政策共同作用下进一步推动了人口和部分商业的郊区化,而服务业、办公业和金融保险等第三产业仍处于绝对集中阶段。其中,人口的郊区化表现出与西方截然不同的情形。二战后西方城市的郊区化主要表现为小汽车的普及、大规模高速公路的修建等综合因素推动下的逆城市化,呈现出居住先行的带动作用。在中国,虽然相对于以旧城为核心的中心区而言,人口呈向外扩散之势,但其扩散仍是一种"集聚型"的扩散。限于经济水平,区域交通条件只能有限改善,而旧城及其外缘丰富的公共设施、充足的就业岗位更滞缓了人口快速大量郊区化的进程。

当然,不同城市具体的情况亦有所不同,受不同的自然条件、行政区划、空间发展政策、工业郊区化的带动作用、城市化特点的影响,人口扩散的态势、时间和强度也呈现出不同。如有的城市(如北京、上海)在 1980 年代即出现人口自中心区的绝对分散;有的城市(如广州)1990 年代才出现人口自中心区的绝对分散[94];而有的城市则更晚,如南京 1990 年代主城人口持续攀升,郊区人口则出现了负增长,且存在郊区向城区的向心迁移[95]。

不管存在何种不同,几点共性结论仍然明显,①无论有无出现中心城区人口的绝对分散,人口在旧城基础之上的扩散趋势是毋庸置疑的,②1990 年代,旧城以及外缘(如南京,主城的人口及其密度持续攀升)或旧城及近郊区(如广州,近郊区人口增长速度最快,人口密度最高,与原中心区已构成实质意义上的市区)的城市发展对人口的吸引力十分巨大。

随着中心城区可发展用地越来越少,以及圈层发展弊病(社会生态环境恶化、交通拥堵、产业运行成本过高)的日渐凸现,城市建设开始主动进行空间结构的调整,通过功能调整和新区建设形成多中心、组团式的用地布局,为社会经济的发展提供综合环境更优的空间载体。但是空间结构的调整并不都是成功的,有的城市尚未发展到这一阶段,过于超前,有的城市则没有相应的配套措施。成功实现这种空间结构调整的城市一要达到一定的发展阶段;二要有相应的配套措施,如伴随行政区划调整、加大基础设施投入力度、重视公共设施建设等。在多种力量的综合作用下,这些新区表现出投资活动的增加、房地产的升值与就业人口的增加。

**【案例】 江宁新市区人口的变化**[96]

以南京江宁为例,2001 年撤县设区加快新市区建设步伐以后,由于人流、物流、信息流的交往更为频繁,人口变化速度明显加快(包括数量、结构、行为方式等)。21 世纪初,江宁人口变化有以下几个特点:

①人口净迁入增长迅速,一改 1990 年代长期迁入人口少于迁出人口的状况,导致人口总量增长;②人口流动数量大,一部分作候鸟式 U 形流动,一部分作不定期式 U 形流动,还有一部分是一日间钟摆式流动①;③人口文化素质尚偏低,人才也较为短缺。

由此可见,江宁已开始发挥出新市区在产业集聚和城市化进程中应有的作用。但是,新市区的发展是需要时间的,尚存在许多问题需要逐步解决。如与老城的关系尚需进一步理顺,人口素质尚需提升,人口结构有待改善。

### 3.2.3 城市整体空间结构的调整

城市空间是城市社会经济活动的载体。一方面,城市空间结构受到生产力发展和经济

---

① 候鸟式 U 形流动——外地打工者的流动方式,春去秋来,周期固定,数量较多;不定期式 U 形流动——来自老市区的在江宁拥有第二套住房的购房者,这一段时期江宁购房客户 80% 来自老市区,其中不乏第二套购房者,他们来去即兴,不定期流动;一日间钟摆式流动——主要指江宁与老市区之间"上下班人流"和"教学活动人流",在江宁撤县设区后日益增多,此外还包括从江宁到老市区购物就医人流等。

水平的限制,另一方面,城市空间结构在适当时机也应适应社会经济发展的未来需求进行调整来主动应对。城市向外的扩展与内部的功能重组是相辅相成,互为关联的。向外扩展为内部重组提供了可能,内部重组为向外扩展产生了推力。对新区的理解要基于城市整体的把握。

实际上,1980年代后期就有多个大城市制定的城市总体规划提出在快速交通带动下重点发展卫星城的设想,但限于当时生产力水平和经济实力的限制,城市空间结构的调整和发展与规划目标还有很大的差距。1990年代,改革步伐加快,经济总量逐年稳步迅速地提升,1990年代中后期更意识到城市化滞后于工业化的不利影响,提出打破城乡二元结构、快速推进城市化的战略决策,城市中人流、物流、信息流更为密集、交往更为频繁,相应地,城市开始大规模扩展。这一时期,城市扩展表现为"聚集型的扩展"和"分离型的扩展"。"聚集型的扩展"是以旧城为基础的中心城区的扩展,通过扩展增强中心城区的辐射力;"分离型的扩展"是指与旧城有一定的距离,但能把握发展机遇,通过高效率高质量的发展带动城市的增长。

"聚集型的扩展"初期是符合城市发展规律的,是经济运行成本较低的一种扩展方式,其空间扩展形态表现为圈层式(其中有些城市的某些发展阶段甚至在局部出现了类似西方发达国家的低密度蔓延式)。随着圈层的扩大,相应的生态问题、交通问题、运行不经济等问题出现,推动了城市结构的进一步调整——即多中心、多核组团式的空间结构,"分离型的扩展"将成为主要扩展方式。在不断提高的经济水平的支撑和空间发展政策的推动下,多中心、多核组团式空间结构正在逐步成为现实。当然,这种空间结构的形成不会是一蹴而就的,在发展过程中会出现这样那样的问题,需要逐步加以认识并采取措施加以解决,这尚需一定的时间周期。

城市新区就是在这样的背景下产生的,具体包括这样两种情形,一是围绕某副中心发展的,是主城区的构成部分,如南京市河西新城区;二是与主城区有一定的距离,规划功能定位更为独立,如南京市东山新市区、仙林新市区和浦口新市区。其共同点都是拥有较多的可发展用地。

## 3.3 推动新区居住空间发展的综合因素

### 3.3.1 制度因素

**1)土地制度**

1988年,国家修改《中华人民共和国宪法》,规定土地产权属于国家所有,但"土地使用权可以依照法律的规定出让",同时对土地管理法进行了修改,颁布了土地有偿使用的规定。1990年,《中华人民共和国城镇国有土地使用权出让和转让暂行条例》出台,更加严格规范了城市土地的转让和使用。具体方式有协议出让、招标出让和拍卖出让等形式。土地制度的改革为政府提供了巨大的可直接操纵的资源,土地使用权的获得也为房地产运作注射了强力催化剂。同时,土地的有偿使用使得级差地租开始发挥作用,引发了低效益地块的功能置换。在房地产运作下,城市中心逐渐被高效益的商业、金融、办公以及高档居住功能所占领,普通住宅区转向选择城市边缘地区。

但是多年来,我国居住用地的有偿使用制度一直不够完善,大多采用协议出让国有土使用权的方式,其比例高达 90% 以上。无形中弱化了土地资源的价值。但随着中国城市化进程的加快,城市土地资源越来越稀缺,协议出让土地资源的方式逐渐显露出诸多弊端,甚至出现暗箱操作钱权交易等违纪违规现象,造成大量国有资产流失,成为土地经营城市发展的阻碍。随着新的土地管理办法的实施,商业、旅游、娱乐和商品住宅等四类经营性用地将不得以协议方式出让(某些地区已经实施),必须通过招标拍卖挂牌的方式获得,体现了土地资源的真正价值,保证了土地使用权交易的公平、公正、公开。土地成本的高位态势得以强化,而具有良好发展前景、地价较低的城市新区逐渐成为房地产的主要运作地区。

**2) 住房制度**

1990 年代,我国城市居民的住房分配体制逐渐由国家、单位低租金统一分配实物住房的福利制,向居民由房地产市场自主购买住房的市场化政策转变。1998 年《国务院关于进一步深化住房制度改革,加快住房建设的通知》下达,各地陆续停止了住房的实物分配,住房分配货币化政策开始实施。由此,中国城市居民被压抑多年的住房需求被极大释放。同时随着《个人住房担保贷款管理试行办法》等一系列金融配套政策的跟进,进一步促进了居民住宅需求的增长。因此,1990 年代后期以来,大规模住房建设如火如荼,住宅建设在许多城市都已成为房地产市场的主体。随着城市空间结构的调整,具有充足发展用地的城市新区开始承接自旧城、主城溢出的居住功能;而随着城市化进程的推进,城市新区还要承担城市化人口的居住功能;随着新区产业的孕育,还要承担吸引来的人才的居住功能。

2000 年以来,住房制度的改革逐渐走向另一个极端,即几乎完全彻底的市场化,政府不仅几乎完全退出了住房供应体系,而且也未尽到调控的责任。住房市场几乎完全被资本所垄断,房地产渐趋暴利,城市居民只有被动选择,房地产供应结构不合理,低收入者住房问题被忽视。2003—2006 年,《关于促进房地产市场持续健康发展的通知》(国发〔2003〕18 号文)等文件相继出台,重点在于调控房地产市场,促进有效需求的满足,抑制投机型消费需求。这一时期,城市新区居住空间的发展开始从一味注重总量的突飞猛进和盲目的高档化,转向兼顾结构的递进和深层次品质的提高。

**3) 房地产调控制度**

房地产业影响到城市的经济发展和城市空间的建设。在特定条件下,政府通过行政职能和经济职能的转变影响房地产业的发展,进而作用于住宅的发展规模、速度和空间布局,这些职能的转变以一系列政策的出台为标志。在住宅市场化的初期,制定了一系列扶持房地产业的政策。当前,由于房地产业存在过度投资、大量投机性购房、住房供应结构不合理、哄抬房价等现象,又陆续制定了一系列调控政策。这些政策一般包括:财政政策——通过税收制度调整税种、税率引导各种经济行为,金融政策——通过对企业以及个人贷款条件以及还贷要求的调整影响各种经济行为。当前针对出现的特定问题,还特别重视房地产市场的规范化,缓解信息不对称。另外,特别需要指出的是,住房建设规划已成为指导土地供应总量、公共住房建设规模和住房供应结构的重要调控措施,一改住房市场完全由房地产商说了算的情况。

### 3.3.2 经济因素

**1) 宏观经济因素**

一是地价的作用。土地有偿使用制度实施后,市场机制在土地资源配置中逐渐起到主导作用。城市土地利用结构,按照市场原则进行了巨大的调整,这一调整在旧城首当其冲,由此在级差地租的作用下,城市中心地区地价日渐高涨,而城市郊区较充裕的土地资源和较低的土地价格,成为房地产开发商的重点投资区域。而城市新区由于具备政府着力推动的背景,相对郊区其他城镇具备更好的发展前景。

二是城市整体实力的提升。国际经验数据表明,当一个城市的人均国内生产总值达到 2 000 美元时便出现人口居住郊区化现象;达到 3 000 美元时,人口居住的郊区化现象会比较明显。2000 年我国主要城市的人均 GDP 大都超过了 3 000 美元。城市经济实力上升,可以保证区域交通和市政设施建设持续完善,在此支撑下,跨越式的新区建设方成为可能。

**2) 微观经济因素**

(1) 房地产开发商　土地制度改革,激发了开发商的投资建设热情,在对利益追求的目标下,开发商通过投入建设资金、获取相应利润的市场运行方式,介入到城市空间形态的变迁过程中。住宅投资相对于其他物业(商业、办公)开发,具有建设周期短、回收利润快、运作风险低的优点,因而成为房地产开发中的主导类型。由于政府一度对房地产开发持一味扶持态度,使得房地产开发商依赖资本所获得的权力一度空前膨胀,在哪里造房、造什么房,甚至可以不顾公共利益影响规划决策、通过不法方式改变原有规划意图。

(2) 地方政府　土地制度的改革使得土地成为巨大的可利用资源,在全球化经济体系的压力下、在中央与地方政府分权的推动下,地方政府逐渐成为"企业家政府",而土地经营成为一种发展经济的重要方式。由于居住用地开发受到房地产商的青睐,故城市新区建设中不断出现以住宅房地产来启动开发的案例。

可以说随着土地制度、住房制度的改革,房地产商以及地方政府都被卷入到住宅市场化的大潮中。然而土地制度的不完善、住房供应体系几乎完全彻底的市场化,使得居住用地的建设出现了一系列的问题。如土地的过量供应、选址不合理、郊区居住用地一度出现过于低密度的倾向、住房供应结构完全由房地产商操控等,造成了土地资源的浪费、国家财产的损失、住房有效供应不足等问题。

随着土地制度、住房制度、房地产调控制度等的完善,必然会影响到房地产商、地方政府的经济决策,使得居住用地建设能够兼顾社会、环境、经济效益,从而更为理性。

### 3.3.3　技术因素

技术的发展也是催生城市空间发生变迁的重要因素,尤其是交通和通讯技术的发展。如随着城市土地使用制度的改革和国民经济的快速发展,对城市交通与通讯设施的投资也大幅度提高,城市交通与通讯条件得到改善,增强了区域之间的联系,扩大了居住空间的选择范围。

1990 年代以来,等级公路、高速公路、轨道交通的建设如火如荼,小汽车也逐渐进入城市家庭。这些都为居民的出行带来了极大的方便,相同时间段居民的出行距离大为增加。通讯技术对于人口与机构的分布也产生着重大的影响。由于通讯技术的发展,信息交流的加快,企业获取信息在一定程度上已不受时间和空间区位的限制,企业之间、企业的经营部门与生产部门之间可以在空间上相分离。这样就造成了两种趋势,即企业的经营部门日益向中心商业区聚集,以便及时获取各种信息和服务,而研发、生产和后勤部门则可以分散在郊区进行生产,以节约地租,由此带动人口的迁移[97]。而种种现代化的大众传播媒介,使人们可以从更快捷的途径和更广泛的领域里获取更多的信息。居民的生活方式也日趋多元化,城市新区因为具有更广阔的发展空间而成为新型居住方式的主要选择地。

### 3.3.4 居民择居因素

对于城市居民来说,家庭收入决定着其住房消费能力,社会地位、生命周期和文化状况影响着其购房偏好。居民在住房供应体系中的择居范围和能力,使得居住空间具有社会空间的性质。不同的居住空间在可达性、生活环境质量、就业和受教育机会方面存在着差异,而且具有社会经济地位差异的社会标签作用。

市场化初期,房地产业和住房消费群体均处于成长期。房地产业必须认真研究居民切实的消费需求,提供其时的适用产品。随着住房分配制度改革的深化,消费需求被大大激发,房地产业随着迅猛发展,成为很多城市重要的经济支柱。在追求经济总量快速增长的发展策略前提下,经营城市以资本优先为首要原则,权力与资本结合,有关政策与房地产经济行为积极互动,在持续性旺盛需求的支持下,房地产业的决策开始主导居民的住房消费。由于"为富人建房"具有更大的利润空间,导致高档住房成为住房供应结构中的主流。这其中当然有真正考虑中高收入以上居民消费需求的因素,而这部分居民发现住宅产品的不足,也可以反馈到住宅开发市场,从而产生对市场的影响。然而,对于中低以下收入居民,由于被主流市场所忽略,其择居空间范围极小,综合环境条件较差,而其意见反馈却极为困难。只有当问题十分严重乃至影响到宏观经济发展、影响社会和谐时,才经由政府的相关举措反馈到住房供应体系中。

城市新区居住空间的建设,其居民因素的作用也表现出这样一种趋势。1990年代中后期,新区建设伊始,各方面条件还不成熟,综合吸引力不够。房地产开发的住房市场定位以不能支付中心城区高房价的中等以下收入者和出行能力较强、追求田园自然风格的中高以上收入者的两端定位为主。前者主要提供中低档的经济适用型住房,后者主要提供低密度低层住房。20世纪以来,随着新区建设日趋升温,综合环境逐渐成熟,虽然低密度住宅受到限制,但是住宅建设却呈现全面高档化倾向,且消费者中投资或投机型购房所占比例极大。以至于中低收入者不仅为中心城区所排斥,也逐渐为这些成长中的新区所排斥,中低档住房只能在综合条件较差的边缘地区发展。住房市场对于低收入者的排斥所引起的负面作用已为政府所认识,并成为进一步完善住房制度的应对重点。由于新区是未来居住空间的主要发展区域,故而成为当今房地产调控的重点区域。

## 3.4 新区居住空间发展的阶段特征

### 3.4.1 1980—1990年起步阶段——老城周边蔓延式发展

新中国成立后30年间,城市总体发展缓慢,在"重生产轻生活"的城市建设思想下,城市居民住房建设积欠太多,总体居住水平低下。1980年代,伴随改革开放的春风,一系列政治经济制度开始转型,城市建设开始注重功能的全面提升。城市住宅建设开始加速,住宅建设按照改造旧城和开发新区相结合的思路进行,并以旧城改造为主。而所谓的新区就是单纯功能的新居住区。大部分为政府兴建,由各单位购买,仍属于福利住房性质,1980年代后期开始出现极少量的商品住宅。

限于有限的城市建设资金,新区不可能采取远郊跨越式发展模式,而是多选择在老城周边地带,借用老城公共设施、延续老城的交通系统,呈现蔓延式周边发展的形态特征,见图3-21。

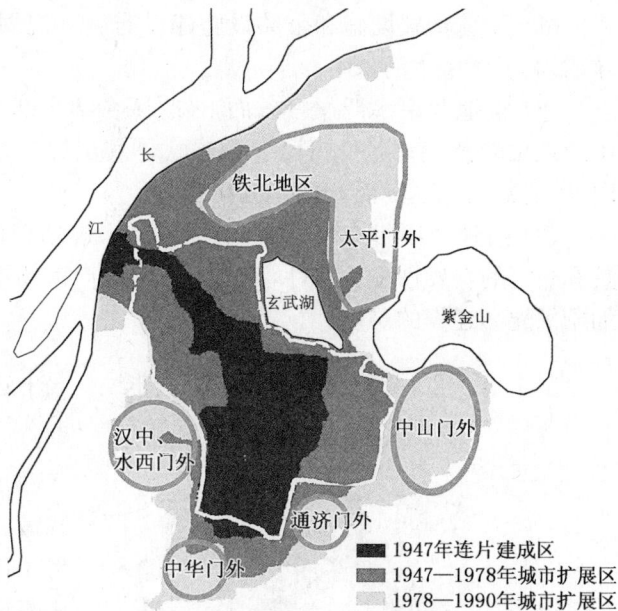

图例:
- 1947年连片建成区
- 1947—1978年城市扩展区
- 1978—1990年城市扩展区

**图3-21　1980—1990年新区居住空间发展形态**

### 3.4.2　1990—2000年初期发展——沿线＋优势地段发展形态的呈现

计划经济体制向市场经济体制转化的加速时期,其标志为土地有偿使用制度的建立,房地产业开始加速发展。城市空间结构的调整主要集中在老城及其边缘区,新区建设处于孕育期。

限于经济实力,这一时期新区居住空间发展形态以"沿交通线的线状发展"和"以综合发展条件相对较好地段为中心的优势地段发展"为主,见图3-22。

标注:
- 浦口新市区
- 原珠江镇优势地
- 原浦口镇优势地
- 浦珠路沿线
- 宁六公路沿线
- 河西新城区
- 濒临主城优势地
- 江宁新市区
- 百家湖优势地
- 原东山镇优势地
- 机场高速沿线
- 宁溧公路沿线
- 仙林新市区
- 风景优势地

**图3-22　1990—2000年南京新区居住空间发展形态**

这一时期的新区居住空间建设的问题主要是功能性的问题,具体表现在:

（1）配套基础设施和公共设施建设滞后　规划编制滞后,片区的整体协同发展缺乏引导,影响了居民生活水平。

（2）土地利用率低　一方面,当时城乡结合部土地管理尚十分混乱,越权批地、乱占农用地现象较普遍;另一方面,开发项目体现出以多层中低档住宅和低层高档住宅的两端倾向,土地集约化程度低,土地浪费严重。

（3）房地产项目布局分散,盲目发展　规划管理缺位,仅由市场进行调节,而市场调节具有一定的自发性和盲目性,何况当时房地产市场本身尚很不成熟,造成开发分散、混乱,更加剧了配套建设的难度。

### 3.4.3　2000—2005年迅速成长——外延轴向拓展趋势的凸显＋集中的大型板块迅速成长

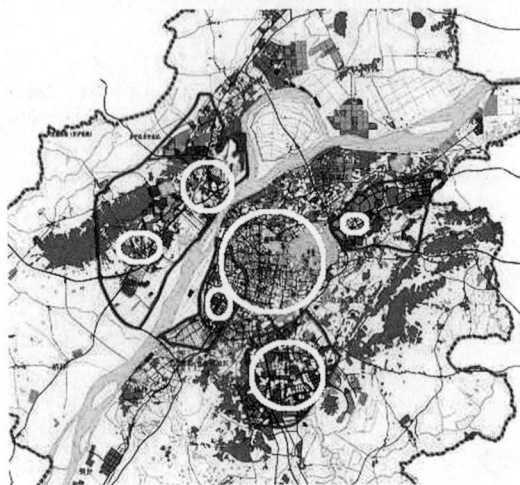

图3-23　2000—2005年南京新区居住空间发展形态

福利住房制度逐步取消,住房需求大规模释放,以市场主导的商品房成为住房供应的绝对主体,其标志为进一步深化住房制度改革的一系列政策出台,房地产业迅猛发展。其时,城市空间结构的调整开始更多关注区域整体联动发展,新区建设进入快速扩张期（见图3-12）。而居住用地成为2000年以来城市土地一级市场的主体,其作用经历了从昔日"被动配套建设"到"主动引领发展"的演变,表现出明显的轴向外延拓展趋势。见图3-23。

为了应对上个发展阶段的问题,城市规划被提到了十分重要的位置。新区总体规划、控制性详细规划,成为指导建设的依据。规划编制十分注重整体环境质量,强调通过物质空间环境的创新来提升新区的吸引力。由于有规划的整体控制,土地利用率也有了很大提高,很多城市新区中,小高层及高层住宅成为主体。同时,政府也开始注重对开发的引导和控制,在不断提升的综合经济实力的支撑下,通过大规模的公共建设投资（包括基础设施建设、公共设施建设、绿化环境建设等）,为新区发展提供良好的基础环境成为共识。

在上述综合因素的作用下,其发展形态总体上表现出"集中的大型板块迅速成长和明显的外延轴向拓展趋势",见图3-24。

然而,这一时期也逐渐有新的问题开始凸现出来,这些新的问题主要表现为社会问题:

（1）社会空间分异日渐明显,社会空间结构逐渐失衡。政府逐渐退出公共住房建设,中低收入者被住房市场排斥现象日益严重。

（2）高居不下的住房成交率对应着较低的住房有效需求的满足。受宏观经济的影响,投资型增长逐渐成为经济增长的主体,表现在房地产市场中是投资与投机型购房的迅速增加,在其他多种因素的综合作用下,房价随之被抬升,如此循环,进一步遏制了有效需求的满足。

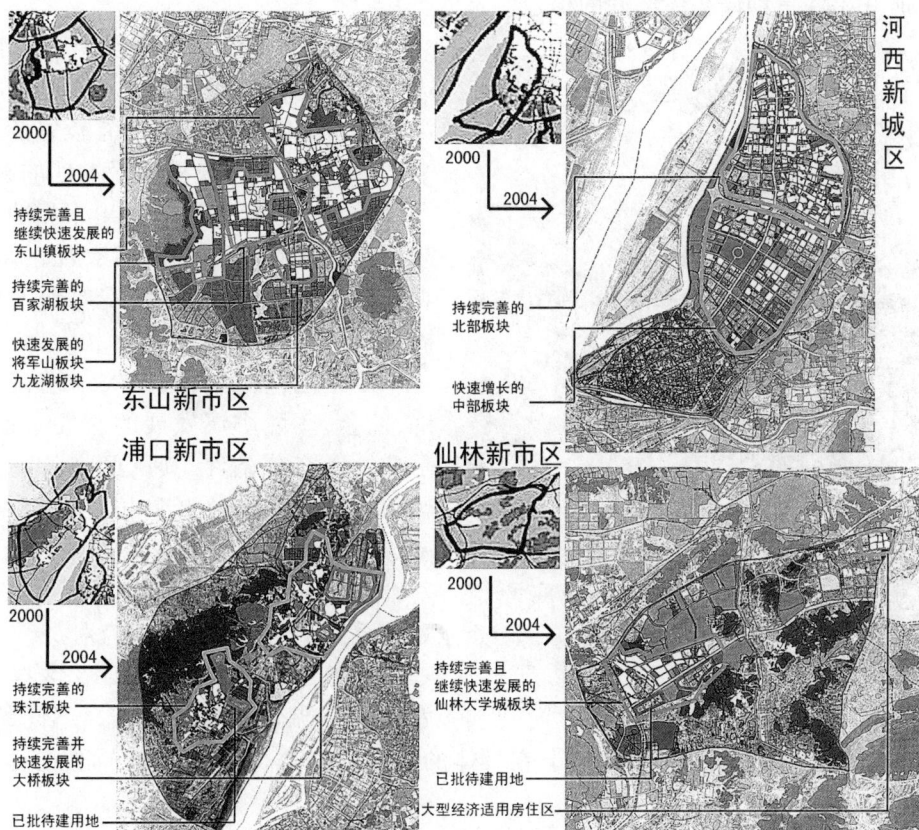

图 3-24 2000—2004 年河西新城区，东山、浦口、仙林新市区居住空间发展

### 3.4.4 2005 年—未来内涵型发展——多核组团式结构的强化＋和谐居住空间的构建

政府逐渐加强对房地产市场的调控，政府主导、市场运作的公共住房重新成为住房供应体系中的重要组成，其标志为房地产调控系列政策和经济适用房、廉租房政策的不断出台，房地产业进入转型和调整期。这一时期，随着土地政策日趋严格，以及银行对政府和房地产商的贷款紧缩，新区建设开始从快速扩张走向内涵型发展。

城市规划编制更加注重居住空间的相关研究和规划。2006 年施行的《城市规划编制办法》明确指出城市总体规划要研究住房需求，确定住房政策、建设标准和居住用地布局；重点确定经济适用房、普通商品住房等满足中低收入人群住房需求的居住用地布局及标准。由各地政府组织编制的《住房建设规划》开始对居住空间的布局和发展起到引导性作用，包括年度供应计划、住房供应结构、近期建设规划等都对住房市场产生实质性的影响。

在新区整体建设方面，政府在持续进行公共建设投资（其时，通过大量贷款进行建设的可能性越来越小，主要依赖于自身财政的支持）的同时，更加注重对各级各类新区中心的培育，既包括对新区承担的城市级中心功能的提升，也包括对住区级别的中心功能的关注，前者意在推动城市区域整体联动发展，后者则旨在建设真正适居的新家园。

2005 年至今，新区居住空间发展在空间形态上表现出"多核组团式结构的强化"，见图

3-25。同时开始注重和谐居住空间的构建。

应当说,此前两个阶段出现的问题在这一阶段都得到足够的重视,有的问题在规划建设的实践探索中已有较好的应对之策,但有的问题仍未得到根本性的解决,而一些新的问题又逐渐浮现出来。功能问题与社会问题在居住空间的宏观、中观和微观三个层面都有所体现,需要深入挖掘和揭示。

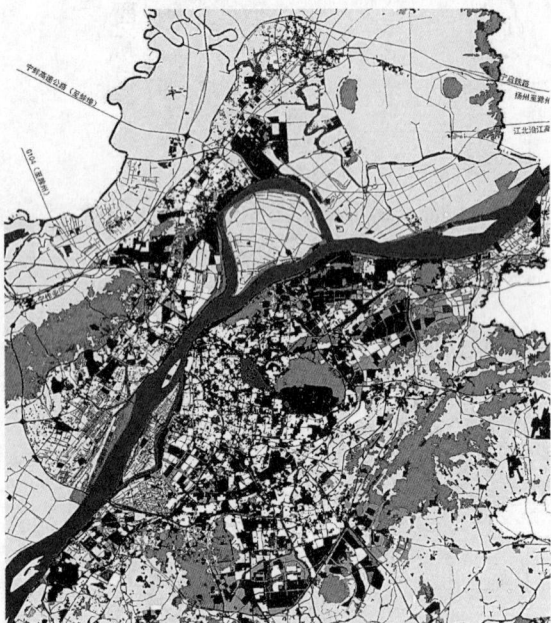

图 3-25　2007 年南京中心城区居住用地分布

因此,虽然多核组团式结构是达成经济、社会、环境协调发展的必要条件,却不是唯一性充分条件,其所面临的功能性问题和社会性问题复杂且相互交织,必须要基于对当前社会经济发展背景的清醒认识基础上,通过规划行动能力的持续提升、规划体系的不断完善来加以应对。

本节是以南京为例,对新区居住空间发展阶段特征进行了总结。不同的城市,由于发展基础的差异、发展速度的不同,在具体的时间周期上存在快慢之分,但总体趋势基本是一致的。

## 本章小结

本章首先以南京为例详解南京 20 世纪 80 年代以来居住空间发展历程,对不同时期居住空间扩展趋势、居住空间建设类型进行了概括总结。城市新区居住空间的建设与城市整体发展密不可分,1990 年代以来居住空间的建设与城市其他功能的互动逐渐增强。本章随后对城市新区与城市整体发展的关联性、推动新区居住空间发展的综合因素加以分析。最后,对新区居住空间建设的历史阶段进行了总结,分别为:"1980—1990 年起步阶段——老城周边蔓延式发展";"1990—2000 年初期发展阶段——沿线＋优势地段发展形态的呈现",其时主要问题主要体现为功能性问题;"2000—2005 年迅速成长阶段——外延轴向拓展趋势的凸显＋集中的大型板块迅速成长",其时社会问题开始凸显;"2005 年—未来内涵型发展阶段——多核组团式结构的强化＋和谐居住空间的构建",此前两个阶段出现的问题在这一阶段都得到足够的重视,有的问题在规划建设的实践探索中已有较好的应对之策,但有的问题仍未得到根本性的解决,而一些新的问题又逐渐浮现出来。

# 4 成绩与问题:城市新区居住空间建设实态评析
## ——对功能和社会性的检讨

本章主要以南京为例,评析城市新区居住空间建设的实态,包括居住空间的功能和社会性评析。居住空间功能的评析将从居住空间格局、公共设施配套、居住空间形态和微观环境品质三方面展开。居住空间社会性的评析将从居住空间社会结构以及几类低收入居住空间隔离、排斥的状态等方面展开。

十余年的新区居住空间建设,成绩与问题并存、经验与教训同在。而不同城市、不同新区甚至新区不同地区的居住空间建设也由于历史基础的不同、发展理念的不同、规划水平的高低呈现出差异。本章在实态评析中,重点分析城市规划的效用,尽可能较全面把握取得的进步,认识仍然存在的问题,为转型期城市规划的应对打下较为扎实的经验基础。

## 4.1 城市新区居住空间功能评析

### 4.1.1 居住空间格局

城市总体规划对新区居住空间发展的引导控制一般都是根据城市新区的功能定位、现状情况、地形地貌等基本条件,在预测人口发展规模基础之上进行相应的概略性规划布局。新区总体规划则会对居住空间布局予以进一步落实。1990 年代后半期以来,政府部门越来越重视通过各种咨询、竞赛活动择优选择新区的规划蓝图,其中运用 GIS 生态技术分析和土地利用分析限制或鼓励开发地区进行研究,已基本上成为常态。但是,总体规划层面的居住空间发展引导并未深入涉及居住与就业、居住与交通以及居住空间规模控制等方面。

**1) 新区居住空间与就业空间的关系**

住房制度改革之前,职住结合的情况非常普遍,单位大院、单位统一福利住宅小区是居住空间的主导类型。随着住房制度改革和商品住宅建设的提速,居住空间在不断扩展的同时其所对应的社会属性也在不断变迁,而产业空间也伴随产业结构的调整而进行重新整合,这一切导致了城市中居住功能空间与就业空间的关系重组。

在城市快速扩展时期,居住空间与就业空间出现分离几乎是不可避免的,但是这种分离如果过度演化并被固定,超出了城市机动调节的范围,则会带来相当多的城市问题和社会问题。美国至今较为严重的郊区缺乏活力、种族隔离等问题都与城市发展过程中的用地功能和空间分配存在密切关系。一方面,就业是体现一个人的社会价值的重要渠道,也是一个人全面介入城市社会生活的重要途径;另一方面,从生活的角度,能否便捷地解决工作出行问题也是体现生活质量的重要标准。因此从城市运行的角度,居住空间与就业空间的良性互动兼具社会的、经济的、环保的多重意义。因此仅仅"居者有其屋"是不够的,"居者"的居住空间与就业空间还应形成良性的互动,共同推动健康全面的城市发展。

居住空间与就业空间互动的理想状态是居住人口与就业职位总量基本平衡,人口结构与职业结构基本匹配,对低收入者参与就业的支持性高。然而,这种理想状态是难以达到的。在新区建设发展过程中,居住空间与就业空间的错位是常见现象,关键是要把握发展动态,并及时提出改进措施。

居住空间与就业空间的关系,根据新区建设启动的时代不同,大致可归为这样两类。一类为1990年代在旧城边缘地区进行的开发建设,主要功能为承接主城人口的疏散与主城功能的外溢;另一类为1990年代中后期、进入21世纪之后的具有明确主导产业功能的新市区或各类新城建设所引发的房地产开发。从空间上,这两类建设有时有重合部分,比如有的新市区或新城的空间范围涵盖前一类,其规划建设需考虑不同时期建设的空间功能的整合。

第一类新区,由于没有明确的功能定位,这一类新城区的居住面积比例一般都比较高,居住人口与就业职位首先在总量上就出现较大差距,空间表现为明显的职住分离现象和潮汐式交通问题。从人口结构与职业的匹配情况来看,由于这一时期新区建设以居住功能为主,不大重视产业功能的培育,故提供的就业类型层次不高。而在1990年代迁往这些新区居住的多为福利条件较好的企事业职工以及意图选择更舒适居住条件的中高收入者。因此,中高收入者与职业结构的不匹配问题较为明显。

对于此类新区出现的问题,可以通过在新区的进一步发展过程中逐步调整整体功能,以平衡居住和就业的错位问题,也可以通过新区与主城区的交通整合来缓解潮汐式交通问题。如日本的多摩新城早期也是以卧城为主,居住功能基本成熟后才逐渐培育产业功能尤其是发展第三产业,目前功能发展已较为综合。但值得注意的是,日本新城建设始终比较重视与区域大容量公交系统的同步推进,故早期卧城阶段的职住分离造成的潮汐式交通并未带来严重问题。

**【案例分析】** 以河西新城北部地区为例。

居住空间与就业空间关系分析:

2005年《南京河西新城区北部地区控制性详细规划——专题研究》组织的抽样调查表明,61.8%的人工作地点不在河西,而是基本分布在河东的老城区。调研还发现,这部分不在河西工作的人收入层次较高,要吸引他们到河西工作存在较大难度。

对用地功能结构的详细分析,表明其时河西北部地区提供就业的用地主要集中在工业用地、商业金融、教育科研和行政办公用地。从这些用地的实际使用状况看,提供的就业机会大部分集中在中低档次。中高收入者与河西北部地区用地可以提供的职业结构的不匹配问题较为明显。

由于在20世纪90年代就已开始发展,故住宅供应类型纷繁多样,其人口层次也比较丰富,形成了不同层次的就业结构。"行政管理人员占23.7%,各类专业技术人员占20.6%,商业服务人员占11.1%,工业运输业人员占6.5%,自由职业者占7.7%,无业人员占22.8%。"[98]虽然进入2000年以来住宅建设也逐渐呈现高档化趋势,但是丰富的人口结构已经形成,不同阶层居民生活的混合度较高,对低收入者提供了一定的居住空间,而其生活便利程度和公共设施共享性也较高，有利于后代的向上流动，长远的就业支持性较好。

问题应对策略：

河西新城拟通过中部地区城市副中心功能的培育来调整河西新城的整体功能，另外考虑到河西新城紧邻老城区，居住与就业空间还应从主城整体范围来平衡，故拟通过交通系统的改善与整合来缓解职住分离造成的潮汐式交通问题。

第二类新区，一般是从区域整体发展的角度、从增强城市竞争力的战略出发，对其功能定位、发展规模加以研究和确定。这类新城区，有的是在郊区农业用地上完全新建，有的则是依赖于原有的城镇基础加以扩建。在住房制度改革和迅速发展的房地产业的推动下，居住空间的建设进入一个快速推进时期，大量成片建设的住宅拔地而起，基于趋利目标能够获取高额利润的高档住区成为主流类型。

这类新城区，有的产业功能发展比较迅速，能够在短期内提供较多的职业岗位，而且越是单位面积产出效益高的产业园区，其所提供的职业岗位越稳定，能够促发大量的住房有效需求，可以促成较好的居住空间与就业空间的互动。

**【案例分析】** 以苏州工业园区为例[99]。

2006年，园区高新技术产值比重升至58％，科技进步贡献率达70％。园区拥有100多家省级以上高新技术企业、50余家跨国公司和国家级研发设计机构；软件外包产值翻番，累计高新技术产品超过200个，高新技术产业产值占工业总产值比重提高到58％。初步形成以企业为主体、以市场为导向、官产学研金相结合的技术创新体系，科技进步对经济发展的贡献率达70％以上。

园区已吸引包括企业CEO、高级白领、公务员、蓝领工人、农民工在内的49万人就业居住，其中外来人口占50％。在通过房地产市场解决居住问题以外，还积极改善外来务工人员的生活和居住环境，在统一规划、集中居住、规范管理的原则下，苏州工业园区目前已经集中建立了包括员工公寓在内的多层次的外来工聚集区，解决了近10万外来务工人员的居住困难。

而有的新城区产业功能孕育并不顺利，基于"以地生财"的考虑，土地大量甚至过量供应，已成为支柱型产业的房地产业对新城区的城市建构所起的作用越来越强，大量新建住房超越了有效需求，从而成为投机或投资住房的主要对象。提前对于居住空间的占据，必然影响到其后随产业功能的发展逐渐引发的有效需求的满足，居住空间的调整成本必将转嫁至城市居民来承担。

**【案例分析】** 以东山新市区江宁经济技术开发区为例。

江宁经济技术开发区早期以劳动密集型产业为主，中低档住房（包括失地农民安置房、宿舍）即可基本满足本地居住需求，高档低层住宅主要满足市域乃至更大范围内追求郊区山水环境的中高收入以上人群。而2000年以后该区在住宅建设高档化的建设热潮中，还有大量中高档多、高层住宅，调研发现一些住区虽然基本售罄，但空置率较高（见表4-1），反映出大约一半的购房者意图不在于应对住宅有效需求；而即使是入住者，也有部分是工作在主城的通勤者。这种现象的产生就源自于居住与就业功能的不协调。2000年后，江宁经济技术开发区意图向高新技术转型，这一过程并不顺利，另外城市公共设施的发展也显得滞后，无论是产业结构还是城市整体环境都不能吸引充足的中高端人才来此就业并居住。其时大量的住宅用地供应自然不能与本地的居住需求相对应，住房空置现象较严重。

表 4-1　东山新市区住区 2006 年房屋空置情况[91]

| 楼盘名称 | 空置率 | 楼盘名称 | 空置率 |
|---|---|---|---|
| 明月港湾 | 34.9% | 天地新城 | 30.9% |
| 欧陆经典花园 | 55.1% | 21 世纪现代城 | 42.1% |
| 百家湖花园 | 49.1% | 市政天元城 | 45.2% |
| 武夷绿洲 | 65.2% | 翠屏国际城 | 62.1% |

注：数据来源于对各楼盘物业管理处的调研。

从上述分析可以看出，南京存在的问题主要集中在：居住空间与就业空间不匹配，以及居住空间相对于就业空间过于超前。这通常会带来三类结果，一是住宅被非住宅有效需求所消化，助长了住宅投机炒作；二是大量土地闲置或住宅空置，造成土地资源浪费和房地产业的损失；三是虽然被有效需求消化，却带来巨大的交通压力，而其时的交通体系调整和相应建设又不能跟进。这些都不利于新区的持续发展。

**2) 居住空间与城市交通体系**

1980 年代末、1990 年代是比邻旧城、着重于旧城功能疏散的城市新区的成长发育期（如南京河西，苏州一城两区），这一时期的城市交通体系主要是基于旧城道路完善基础之上的向外延伸，表现为主次干路、快速路、高速路的建设以及局部地区的道路网络的构建。

2000 年以来，是城市新区快速发展时期，其功能不再局限于旧城疏散，更强调基于区域城镇体系之下的职能分工。这一时期土地制度改革、住房制度改革进入到一个成熟期，居民的住房需求得到释放，房地产业也进入如火如荼时期，新区开发的综合力度加大。这一时期的城市交通体系更注重基于城镇区域整体发展的要求来建设，对交通的运量和运能提出更高的要求，道路体系呈现网络化发展。同时，机动车的快速增加以及在日常通勤中的普遍使用已使城市交通的压力剧增，带来严重的能源消耗和环境污染。因此，居住空间扩展越来越重视公交建设，公交线路和小区建设同步规划、同步建设，并借鉴先进的交通组织理念和模式，使居住空间布局与城市交通功能相整合，大容量的公交系统（轻轨、地铁、BRT 等）逐步纳入规划和实施，见图 4-2。

但是相关规划中欠缺系统的基于与交通体系相衔接的居住空间发展密度的研究。

**3) 居住水平**

1990 年代末以来，在住房制度和土地政策的推动下，新区的住宅建筑规模一段时期内呈现快速扩张之势。这一规模扩张不仅表现为建设量的扩张，还表现为人均居住建筑面积的扩张。

**【案例分析】　河西新城中部地区住宅建设规模[100]**

自 2002 年中部地区启动建设以来至 2004 年，已建和在建的项目中，居住建筑面积达 251 万平方米。待建项目中居住建筑面积达 207.8 万平方米。已建、在建和待建项目居住建筑面积已占规划居住建筑总面积 60%。三年的建设速度是惊人的。并且，城市新区的人均居住建筑面积远远超过南京市人均居住建筑面积，见表 4-2。以河西中部地区为例。根据对已建、待建的主要楼盘的分析，除唯一的中低价商品房外的 12 个楼盘的平均建筑面积为 121 平方米/户。以户均人口 3 人计算，人均居住建筑面积为 40 平方米。

表 4-2 南京人均居住建筑面积变化情况

| 南京人均居住 | 1978 | 1991 | 2001 | 2005 | 2007 |
|---|---|---|---|---|---|
| 建筑面积 | 9.38 | 13.46 | 19.78 | 26 | 32.21 |

注:1978 年数据来自 1983 年南京市城市总体规划 1980—2000 年;1991 年数据来自 1995 年南京市城市总体规划 1991—2010 年;2001 年数据来自 2001 年南京市城市总体规划调整 1991—2010 年;2005 年数据来自于南京市房产管理局 2006 年发布数据;2007 年数据来自南京市城镇住房调查,市政府全面部署,南京市房产局、统计局负责,南京市城调队负责的问卷调查、数据处理和分析等组织实施工作。

但是,每年逐步递增的人均居住水平的背后隐藏着严重不均衡。当前住房有效供应不足已为社会所公认。2005 年城镇住户调查资料显示,江苏省城镇居民购、建房主要集中在高收入户以上的群体,见表 4-3。

表 4-3 2005 年城镇住户家庭总支出与购建房支出[101]

| 分 类 | 家庭总支出 | 其中购、建房支出 | 购、建房支出占家庭总支出比例 |
|---|---|---|---|
| 城镇居民平均水平 | 11 897.97 元 | 1 095.89 元 | 9.2% |
| 最低收入户家庭 | 3 550.22 元 | 6.30 元 | 0.2% |
| 低收入户家庭 | 5 292.63 元 | 39.60 元 | 0.7% |
| 中等偏下户家庭 | 7 131.64 元 | 27.81 元 | 0.4% |
| 中等收入户家庭 | 10 121.15 元 | 553.74 元 | 5.47% |
| 中等偏上户家庭 | 13 993.03 元 | 1 488.29 元 | 10.6% |
| 高收入户家庭 | 19 225.43 元 | 2 608.86 元 | 13.6% |
| 最高收入户家庭 | 31 155.95 元 | 4 656.31 元 | 14.9% |

而河西中部地区 2000 年以来住宅建设的普遍高档化,更强化了居住水平的不均衡。这种情况在 2000 年以来新区居住空间的建设中是较为普遍的。

住宅建筑规模的扩张以及居住水平的提升应能切实提高住宅有效供应,并体现可持续发展原则,使广大人民共享经济发展成果。近年国家逐渐加强宏观调控,对于居住用地的住宅建筑面积结构开始从规划管理层面上进行控制。

## 4.1.2 公共设施配套

按照相关技术规范,居住区公共服务设施(也称配套公建)应包括"教育、医疗卫生、文化体育、商业服务、金融邮电、社区服务、市政公用和行政管理及其他"八类设施。这些公共设施的足量配置以及良好运营是生活便捷的重要保证。从这些公共设施的功能可以看出,公共设施所占据的空间其作用是多方面的,不仅为居民提供相应服务,还承载了居民文化休闲等公共活动、而且还提供了少年儿童成长的重要空间。

公共设施配套规划首先要依据居住区规划理论进行分级控制,保证不同层级的公共设施足量配套。另外,公共设施涉及特定的建设主体、运营主体以及服务对象,因此公共设施不仅要在规划的量上予以保证,还要根据其特性在建设、经营运作方面加以不同组织:对于公益性设施,要保证建设标准和质量;对于以市场行为为主体的设施,其布局和形态要适应地方的市场规律;而作为公共空间,不仅要注重视觉形象塑造,更要注意促进公共交往的氛围营造。

### 1) 设施配套分级

设施配套的分级首要应考虑居民使用的便利性,即服务半径;其次对于以市场行为为主的设施要考虑具有一定的服务人口的支撑,方能有较好的盈利,从而更好地服务于当地居民。因此一定要结合特定的住宅档次定位、片区的整体定位,来决定设施配套的分级。

国家《城市居住区规划设计规范》中设定的是三个分级层次,即居住区,居住小区,组团。而从当今的规划建设管理来看,对组团级的配套已经不需考虑,这是因为不仅该规模已不适应社区管理的需要,也不适应市场经济对配套设施的集聚需要。南京市规划局于 2006 年施行的《南京新建地区公共设施配套标准规划指引》当中,都基本按照社区(3 万人,400~500 米服务半径)和基层社区(0.5 万~1 万人,200~250 米服务半径)来进行两级配置,而配置的标准也都根据市场经济条件下的设施运营要求以及各主管部门意见进行了相应的调整(见图 4-1)。在配套布局方面,强调同一级别公共设施应通过规划预留中心用地的方式进行布局,形成各级集中的中心,并与道路交通体系相整合。鼓励同一级别、功能和服务方式类似的公共设施(如商业金融服务设施、文化娱乐设施、体育设施、行政管理、社区服务、社会福利设施等)集中组合设置。功能相对独立或有特殊布局要求的公共设施(如教育设施、医疗卫生设施、派出所等)可相邻设置或独立设置,见图 4-2。

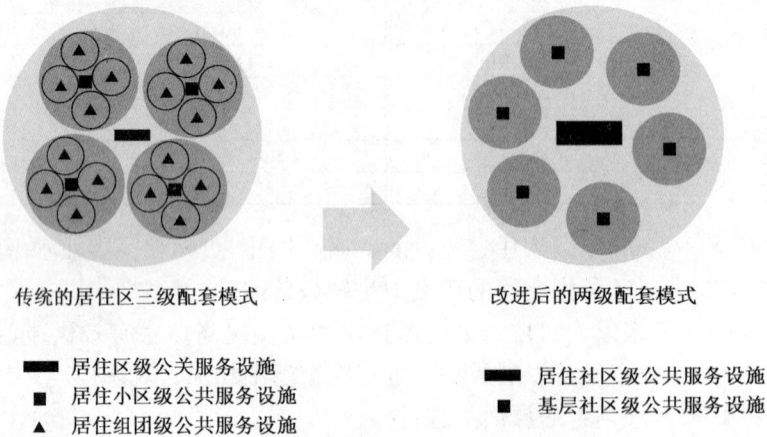

传统的居住区三级配套模式　　　　改进后的两级配套模式

图 4-1　南京市公共设施配套改革思路[102]

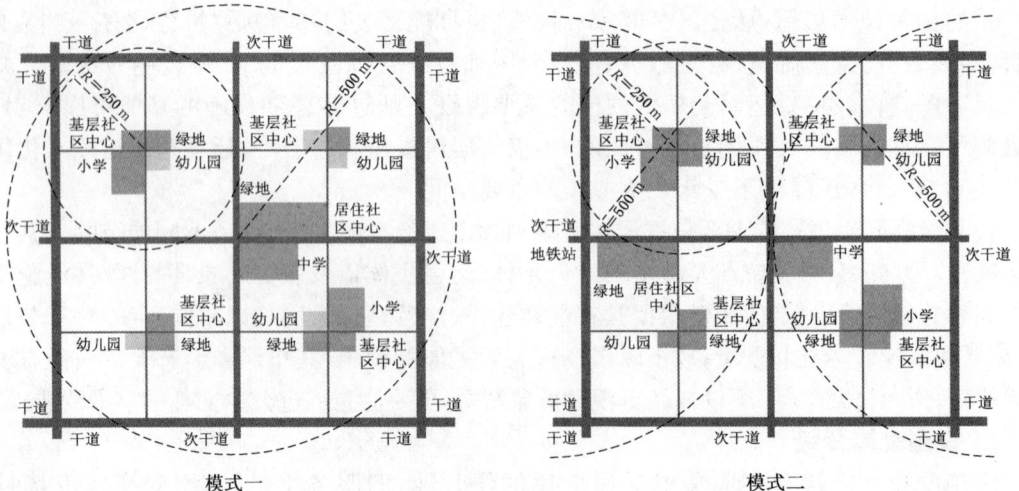

模式一　　　　模式二

图 4-2　南京市新建区公共设施配套布局模式示意[102]

另外,南京市的新区公共设施配套规划,还非常注意根据具体的规划片区的条件,进行有针对性的规划设计,诸如各等级服务人口、甚至服务半径并不是照搬规范千篇一律,而是因地制宜进行相应的调整,见表4-4。

表4-4  南京河西新城区分级配套模式

| 分区 | 定位 | | 配 套 分 级 |
|---|---|---|---|
| 北部分区 | 中档住区 | 地区中心 | 服务人口15万～20万人左右,用地规模15～20公顷。提供满足本地区居民基本生活要求的综合配套服务中心。文化类有图书馆、文化活动中心;体育类有各类体育场馆;医疗类有地区医疗服务中心等;商业类有大型超市、综合百货、影剧院等。目前已初步建成的是中保地区中心,该中心目前各类设施交付使用后运营良好 |
| | | 社区级 | 服务人口3万～5万人甚至更多。主要配置行政管理、小型便民设施、社区公园。该地块由于规划建设启动时间较早,公益性设施如教育设施的配套不够完善,存在规模小、标准低、布局散等问题,这主要是由于前文所述的计划经济时期操作模式造成的 |
| | | 小区级 | 商业服务设施没有集中的布点规划,分布较散,规划管理只是要求开发商在量上保证,故而布局形式多样,以沿路建设为主,住宅商业混合类建筑较多,从运营效果上看,有好有坏。效果好的虽然建筑形式陈旧,但是生活氛围浓郁,比起中部地区的一些精心设计的集中式基本社区中心在对社区生活的促进上有过之而无不及;效果差的则不仅景观差、生意也很冷清。这其中经验教训值得总结 |
| 中部分区 | 中高档住区 | 市级 | 位于该区的协助新街口地区承担区域服务功能的新城中心 |
| | | 街道社区中心 | 行政管理设施;根据规模办学的教育体制改革精神,设置相应的教育配套设施;配置完善的体育休闲设施;注重老人设施建设,设立老人公寓和托老所;设置社区医疗中心;服务人口3万～5万人 |
| | | 基本社区中心 | 设置适应日常生活需要的商业设施。服务人口0.7万～1.5万人。街道社区中心主要安排行政管理设施和公益性设施的配套,其他以市场行为为主的设施基本上分散至基本社区设置 |
| 南部分区 | 高档住区 | 社区中心 | 公益性设施、行政管理设施、便民服务性设施;用地规模比起中部地区较大,加上集中绿地约3.5公顷左右(教育设施用地不计入);服务人口2万～2.5万 |
| | | 基本社区 | 主要满足本社区基本服务需要,用地规模比起中部地区较小,加上集中绿地不过1公顷左右,服务人口7000人 |

一般来说,档次越高,户均面积越大,建设容积率越小,基层社区这一等级的设施就会缩减,并相应提高上一等级的设施集聚程度和规模;户均面积越小,人口密度越高,建设容积率越高,基层社区设施就会增加,社区等级的设施则以保证行政管理及其他公益性设施为主、商业服务类可减少。另外还要考虑与市级各类中心尤其是商业中心的关系,决定是否设置介于市级中心和居住区中心之间的地区中心这一等级。

因此,分级配套决不可套用死规矩,而应在把握一定原则基础上灵活变通,方能营造出生活便利、商业繁荣、社会文明的优良环境。南京市的河西新城区规划在这方面的工作无疑是出色的。纵观其北部地区、中部地区和南部地区的规划,在设施配套方面可以说各有特色,紧密结合了各个片区的住宅建设定位以及片区总体的公共设施资源条件。比如北部地区由于距离市级中心较远,设置了地区中心,大大丰富了当地的居民生活;中部地区由于是新城中心所在地,故而弱化了街道社区中心,强化了基层社区中心;南部地区由于定位是高档住宅,故而弱化了基层社区中心。从各层次中心的服务人口来看,也都是因地制宜地根据建设强度和人口密度加以确定的。

值得倡导的是,南京市近年特别注重河西新城区的规划研究,规划调整的速度也很快,得以对上一阶段的建设及时加以经验和教训的总结,对快速城市化进程中的一些变化情况反应迅速。例如中部地区规划针对北部地区建设中设施配套不足且标准得不到保障的情况,提出了政府主导公益性设施建设模式并在规划中予以配合,而南部地区则在承继中部地区的经验基础上,进行了适应本地区发展的改进。北部地区则在新一轮规划中对已出现的问题提出了补救措施。

**2)公益性设施的配套标准如何保证**

长期以来,诸如中小学、幼儿园等公益性设施的建设,都是由规划主管部门提出要求,由开发方负责实施,再交由主管部门验收后进行管理的模式。这种沿袭计划经济模式的操作方法已不适应现阶段的情况,一方面土地开发实施市场化运作,开发规模难以与相关规范匹配,开发商不愿意承担这一类型的建设;另一方面,开发商以利润为主要追求目标,对有关公益性设施的用地规模、建设标准打折扣是常见的现象。

目前无锡、南京为避免出现这类问题,采用政府主导公益性设施建设模式,取得了较好效果。即将公益性设施(中小学、幼儿园等)根据相关部门发展规划加以土地的明确规划,并将地块单独列出,由政府主导实施。对于适应开发商建设规模的设施,如服务人口较少的幼儿园也可交由开发商实施。

**3)以市场行为为主体的配套设施运营效果**

相对于旧城,新区建设中一切公共设施的建设都是从无到有,更需要通过规划力促这类配套设施的良性运行,从而尽可能在短时期内能够给城市新区的居民带来较好的生活环境。

从调研中发现,只要选址得当,有足够的片区入住人口支撑,地区级的中心在运营方面一般不会存在太大问题(当然在形象塑造、交通组织等方面可能存在一些问题),反而是基层社区中心在布局方面问题比较大。在调研中发现,过于整齐划一的社区和过于混乱的小区都比较多,但他们都有一个共同点,就是缺乏活力,这与其公共设施的布局存在密切关联。此类设施的建设目的是为了给居民提供优质的、便利的服务,而仅考虑其量的配置和服务半径的满足还不够,还需要通过对其形态和布局形式的规划来控制外部环境和空间氛围。在这方面某些城市已作了一些探索,其经验教训值得总结;还有相当一部分的此类设施是在没有这方面的控制之下形成的,成功与失败并存。因此,对此类设施的规划布局与实际效果的关系加以分析总结,对于加强这方面的控制大有裨益。

从调研中发现基层设施布局有如下几种类型,见图4-3:

(1)集中的布局——综合建筑单体 苏州工业园区借鉴新加坡经验,将公共设施按园区中心、分区中心和邻里中心加以分级配套。与居民关系最密切的邻里中心采用的是集中建设模式,即将所有商业服务、社会服务设施,包括农贸市场、邮政所、门诊所、电影院、书店、阅览室、理发店、浴室、洗衣房、修理铺等,都集中在某一建筑内。如新城大厦。这种布局形式,使得传统的沿路商业形式不见踪影,住区内部干净整洁,开业以来的经营效果不错。然而,它也有明显的缺点和隐忧。随着园区建设日成规模,如果有大型超市进驻,将对其商业经营造成冲击。而其过于集中的建筑形式,使得某一商铺衰落就有可能造成连带性的整体衰落。另外,住区内部环境过于干净整洁,以致缺乏活力,居民生活单调,而对于位于服务半径末梢的居民来说,任何邻近便捷的小店都不存在了。

综合建筑单体
（a）公建的集中布局

步行商业内街

四面开花的门面房
（b）公建的分散布局

（c）集中与分散结合的布局

左：集中的综合楼
右上：沿生活性支路的商业饮食街

**图 4-3　基层设施的几种布局模式**

（2）集中的布局——步行商业内街　目前一些开发商为了增加楼盘的卖点，在商业设施的形式方面也力求新颖。因此一些在地区中心乃至市级中心中的一些布局形式也出现了，如"独立片区的商业步行街"和"引入式住宅底层商业街"，在精心的设计雕琢之下，形成了一些精致优美的商业环境。但是在人气方面，却常常不尽如人意。一方面，这种步行商业内街和邻里中心一样，也是集中的布局，其提供的店铺在区位均好性方面一定是有差距的，而此类设施的市场支撑人口并不足，与位于市中心的同类商业街相比在规模上又缺少优势；另一方面，这类商铺由于在管理方面要求更高，故而成本也较之门面房大，而如果降低管理成本，又会使得内部环境无法得到良好的保持，导致商业吸引力不足。

（3）分散的布局——四面开花的门面房　在调研中发现一些地方对于商业服务设施的规划控制太弱，加上开发商本身的策划能力也有限，故而出现了众多的四面开花的门面房。这些门面房的布局没有规律，形不成中心感。由于铺的面太开太散，反而削弱了对商家的吸引力，即使进驻，在短期内也难形成集聚效应，如此恶性循环，就会导致长时期有房无市，无法形成气候，影响居民的生活质量。

（4）集中与分散结合的布局　以南京河西北部地区为例，公共设施分布较散，规划管理只是要求开发商在量上保证，故而布局形式多样，以沿路建设为主，体量大小都有，住宅商业混合类建筑较多,从运营效果上看,虽然建筑形式陈旧,但是生活氛围浓郁,比起中部地区的一些精心设计的集中式基本社区中心在对社区生活的促进上有过之而无不及。典型的形式是:综合的商业建筑(菜场、餐馆、茶馆、金融服务等)+小型广场,由小型店面构成的林荫商业街(由中心向四周发散,接近中小学,有的已形成小型准专业街)。虽然有时并不太整洁,但是为居民提供了丰富多样的服务内容以及自然而有趣的活动场所,为住区增添了活力,也提供了就业机会。值得注意的是,即使有的店面因为经营不善而关闭,但并不会影响整体的经营状况,一些网点的更新交替也为住区增添了新鲜血液和活力。

需要特别强调的是,在轻松、愉快、自然、绿意盎然的环境中,我们可以看到人们的活动最丰富、自然而然的交往行为最多。这种环境,是一种有别于工作竞争环境的"后场",可以让人们摆脱"功能化的人"的面具,得到身心的放松和休憩,而且也特别有利于儿童成长和老人生活。而地区中心乃至市级中心,其所创造的环境也是一种轻松的环境,但有别于前述的本色轻松,其所起到的作用应介于"前场"与"后场"之间,通过提供可产生各种体验的消费环境让人产生一种"其他角色扮演"的乐趣,为再次进入前场进行体验储备。这也从另一个角度解释了为什么有些精心而刻意的邻里中心的设计难以获得成功的原因。

因此,对于基层社区的公共设施规划布局的控制,可以得出以下结论:应提倡集中和分散相结合的布局,既有较为明确的中心,又有分散的小型商业街道,既繁荣又亲切,且其局部的自我更新不影响整体。在规划控制上,强调整体的规划控制和引导,又让各地段开发各有特点,形成既十分有序又非常丰富的社区氛围。

### 4.1.3 居住空间形态

**1)道路布局**

1990年代,城市新区的居住空间的道路布局基本上延续了基于邻里单位理论的道路分级体系。道路密度相对较低,干路路网间距较大。道路线型比较丰富。

2000年以后,这方面的研究比较重视路网结构所确定的开发地块规模与房地产开发的市场需求吻合度。尤其是1990年代实行土地有偿使用以及住宅商品化以后,一方面,获取土地对于开发商来说占用了不菲的资金,开发商必须对市场需求加以预测进行稳妥的开发,因而开发规模逐渐呈现小型化趋势;另一方面,政府对于新区的基础设施投资资金,主要来源于土地出让金,要求相应的地块划分适应开发商的要求,使得土地可以顺利出让,尽快回收土地出让金。另外,对于交通运能和运量要求的提高,也促使道路密度相对提高,路网间距普遍缩小。因此我们看到了诸多的方格网新城。然而这种趋同性设计也带来一系列问题,失去了空间的多元化,另外对于步行体系等考虑不足。

除了格网式布局形态外,延续道路分级模式的组团式布局仍经常可见。

新区居住用地道路布局的问题,主要表现在对其布局形态缺乏更具针对性的研究。在规划过程中,多是将城市中心、重要的产业空间布局完成后再进行背景填充式的规划。很多新区总体规划对居住空间的布局模式尚不够重视,虽然新区总体布局形态十分丰富,但居住空间形态则有趋同倾向,见图4-4。

**2)开发强度**

城市新区建设的早期阶段,开发容量总体上从旧城到新区呈现递减之势。景观资源较好地段甚至出现较多低密度开发，土地资源浪费严重。

随着城市新区建设越来越多地从城市区域层次进行职能定位，而土地稀缺问题日益成为不得不谨慎对待的重大问题，城市新区居住空间地块开发密度并不总是随之与主城的距离呈现递减，而是从新区的功能、土地资源条件、承载人口等角度确定住区开发的区位、范围、规模和密度，根据新区

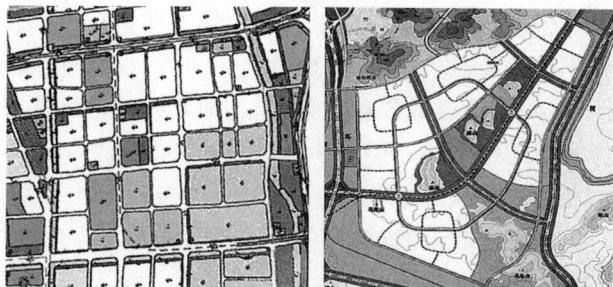

| 格网式布局 | 组团式布局 |

**图 4-4　两种常见的居住用地布局形态**

内不同的区位基础条件进行密度分区，并与土地价格挂钩，从严控制占地资源较多的别墅区开发。

**【案例分析】　南京市出让土地利用强度分析**

根据"2004 年度、2005 年度土地招标拍卖规划汇总分析"（南京市规划局 南京市城市规划编制研究中心）中关于土地利用强度的分析，按空间地域的土地平均容积率的分布仍然以主城范围为最高，其中主城内的河西新城居高不下，土地平均容积率在 2.2 以上，而 2005 年江宁与浦口的地块平均容积率也都超过了 1.3。只有城东（仙林新市区在其范围）的容积率一直在 1~1.2 之间徘徊，这是由于城东地区规划上处于景观敏感地带，建设高度有较大限制所造成的。

**3）空间特色**

对新区空间特色的塑造已成为新区规划十分重视的方面，但空间特色的针对性规划基本都集中在重要的城市公共空间，如中心区、绿化廊道、江河两岸、风景区等。对于居住空间的特色塑造并没有引起充分重视。

实际上，居住空间作为面广量大的一种空间类型，是人们日常生活最频繁接触的生活空间。居住空间特色的营造，将十分有助于新区家园场所性的塑造；从而，从深层次提升新区的综合品质和吸引力。

对于营造空间特色十分有效的城市设计环节，在居住空间的规划建设中基本是缺失的，如果有的话，一般也是在以其他空间为主导的城市设计中附带设计，设计深度有限，对实际的地块开发缺乏指导意义。如某中心区城市设计中，对中心区范围内居住用地只进行填充式的简单设计。

深入的空间特色体系塑造首先应从进行总体系统的建构和整合入手，因地制宜确定规划研究目标，把握住能够产生特色的适宜的规划模式，将道路交通系统、绿化系统、公共空间系统在统一目标的基础上有机契合；其次，对建筑布局和形体、行为活动等进行引导，在整体控制的基础上促发特色生成。而目前对于居住空间的特色建构尚无体系层面的统筹规划，整体空间特色趋同。

虽然开发企业也基于增强市场吸引力的考虑，越来越重视各自开发地块的特色塑造；但是他们的作为一般只限于地块内部，地块与地块间缺乏协调。目前，居住空间表现出整体的粗放发展与地块内部争奇斗艳的两极化怪异现象。

图 4-5 为东山新市区将军路板块的北部居住片区规划，由归属于若干开发商的几个分

片区构成。虽然每个开发地块都尽力塑造自己的特色,片区整体却存在如下问题:①公共设施不成体系,难以形成集聚效应;②难以形成连续的有活力的街道系统;③街区界面轮廓不协调;④建筑形式各自为政;⑤各地块的特色塑造意图只是在于标新立异、吸引市场眼球,整体特色把握不足。但是如果对该片区能有一个总体层次的城市设计把握,则完全可以避免上述情况的发生,各地块本身的特色将会与片区整体系统(绿化、公共设施、交通系统等)均有机契合,而片区也能够在有序控制的基础上形成片区的整体特色。

图 4-5　东山新市区将军山板块北部片区

因此,中观层次的居住空间特色营造亟需加强控制性详细规划的城市设计内容,从而对土地出让环节的地块分割、出让条件进行指导,并对地块修建性详规起到切实的引导作用。日本的新城建设、美国的新城市主义指导下的新居住区建设、英国的都市村庄实践、瑞典的新住区建设中都有成功的可资借鉴的案例。

### 4.1.4　微观环境品质

微观环境是城市居民体验居住空间的"终端",它的物质层面的宜居性决定了人们最直接的居住感受,同时微观环境比宏观环境具有更直接的文化传递性,另外微观环境与宏观的规划建设目标具有衔接性。本节对微观环境品质加以考察,分析其宜居性和对有关宏观规划建设目标的支撑性。

**1)物理环境**

拥有"卫生、健康"的物理环境,可以说是住区是否宜居的基本标准。随着近十余年来住房制度改革,住宅建设逐渐走向社会化、商品化道路,卫生和健康的环境作为最外显的质量要素,毫无疑问成为房产开发首先要达到的质量目标。规范性文件诸如《城市规划管理技术规定》对住宅布局的控制越来越严格,尤其是日照间距,近年来一再加大。以江苏为例,为了保障居民的阳光权、避免阳光纠纷的发生,各地在规划管理方面都作了更为严格的调整,尤其在 2004 年版《江苏省城市规划管理技术规定》出台之后。如 2004 年南京市调整的《南京市城市规划条例实施细则》中就有 7 条和市民"阳光权"有关的条款,较之旧版有多处修改,对在建工程的选址布局、规划管理以及用地规划等多方面作出调整,给予"阳光权"充分保护。新出台的 2007 年《南京市城市规划条例实施细则》对涉及阳光权的条款进行了进一步的调整。

**2)内部交通**

随着私家机动车拥有量的快速上涨,住区内如何处理机动车交通及其停车问题,成为近年来住区内部交通体系应对的重要方面。另外,在以人为本的理念指导下,越来越强调重视步行交通,因此如何解决步行交通与机动车交通的矛盾,既满足机动交通的便捷性要求,又保证步行的安全性和景观性,成为新区住区的重要创新点。

**3)交通体系的多样化**

交通体系已突破早期单一的道路分级的传统树形模式,呈现出多样化的交通系统,见表4-5。

表4-5　交通体系的三种模式

| | 案例 |
|---|---|
| 传统树形道路分级模式 | 延续传统的住区主路—次路—入户路的道路分级,人车混行,妥善处理机动车停车场库的出入口。道路利用效率较高,方向性好,但人行与车行互相有干扰 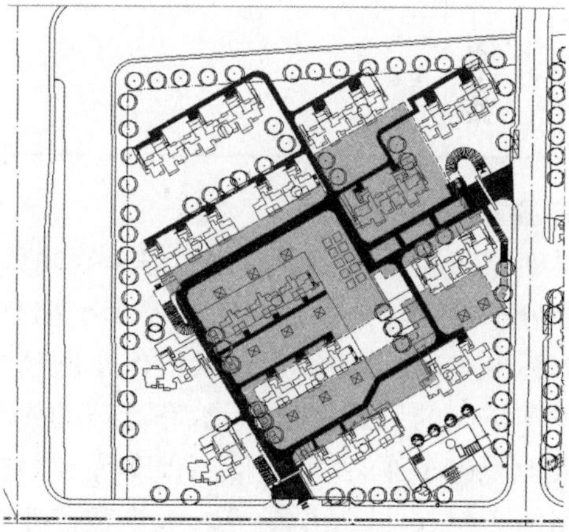 |
| 步行与车行分流模式 | 多用于后退红线距离较大的住区,如小高层及高层住区或因其他原因后退距离较大的住区,利用后退距离设置内部机动车外环路,沿外环设置停车场库出入口,达到人车分流,步行环境完全不受车行干扰 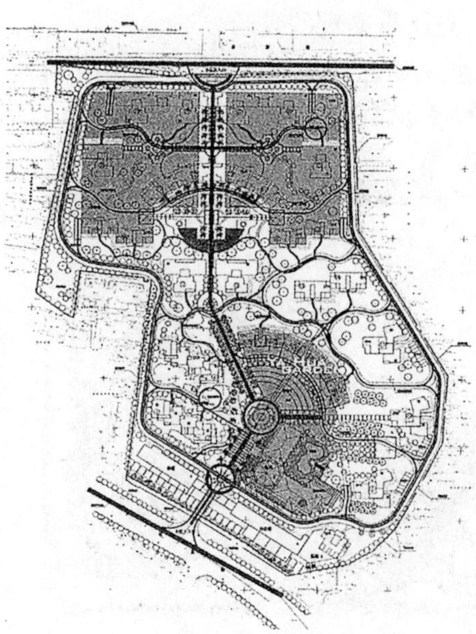 |

| | | 案例 |
|---|---|---|
| 混合模式 | 根据住区用地条件、建筑布局、住宅层数、环境因素等具体条件，因地制宜，采取混行与分流相结合的模式。步行环境虽部分与车行道有交叉，但整体上受干扰较少 |  |

### 4）重视静态交通

早期城市新区相当多的住区停车空间预留不足，造成停车占用道路、损害景观的现象已引起充分重视。目前新建住区的停车率都有较为严格的规定，如《南京市建筑物配建停车设施设置标准与准则》中新建住区的停车配建指标远高于老城区。

停车空间的形式十分多元，有遮蔽的停车空间、公共设施地下集中停车库、住宅楼群半地下或地下停车库、住宅楼低层停车库、绿化用地下集中停车库等，无遮蔽的地面停车空间有沿路停车位、岛式停车场等。大多数停车空间的布局符合居民使用上的便捷性要求。并妥善设置停车场库的机动车出入口和人行出入口，尽可能减少对内部步行环境的影响并方便居民进出使用。

### 5）交通与景观的整合

根据交通的功能，可以将交通类型划分为通勤性交通（上班、上学）、生活性交通（购物、娱乐、休闲、交往）、服务性交通（垃圾清运、居民搬家、货物运送、邮件投递）、应急性交通（消防、急救）。这几类交通需求都在住区交通规划设计中给予了充分重视和满足。

除此，交通在组织景观方面的功能在近年越来越引起充分的重视。在许多住区的规划设计图上，如果离开交通分析图的解释，越来越难以直观地辨明道路系统。特别是步行系统强调追求步移景异，在入户路这一级别与环境设计越来越融为一体，见图 4-6。

图 4-6　某新区住区的局部详细设计

通过交通与景观的整合，便于在使用交通路径的过程中展示住区的优美景观，这一点无疑可以提升住区的景观品质。但是，有的住区在这方面做得过于繁复，甚至影响到服务性交

通和应急性交通的组织,就得不偿失了。

**6) 绿地系统**

由于绿地具有明显的景观作用和生态效应,住区绿地系统越来越为开发商所重视。绿地系统呈现多元化趋势,并对住宅建筑布局产生影响。

绿地系统从早期基于服务半径的"中心绿地+组团绿地"的"四菜一汤"模式向"既满足服务半径,又强调均好性、景观性、连续性"的多元化模式转变,因地制宜产生了诸如"带状系统"、"放射状系统"、"楔形系统"、"混合系统"等多种丰富的形式。

此外也出现了一些绿地系统与住宅建筑布局的整合设计。如:基于绿地享有均好性的原则出发,产生了一些独特的住宅建筑布局;基于提升住宅的景观价值从而进一步提升市场价值的角度出发,以创造"看得见风景的房间"为目的,精心组织住宅与外部可以借用的景观、内部创造的景观之间的视线关系,也出现了一些特别的住宅建筑布局,如图4-7。

基于绿地均好性的住宅建筑布局　　　　基于绿地景观价值最大化的住宅建筑布局

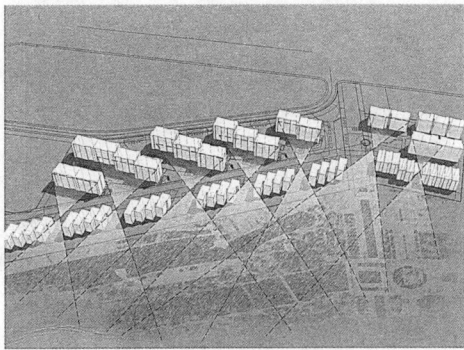

**图4-7　与绿地景观设计相结合的住宅建筑布局**

毋庸置疑,在市场作用的推动下,住区的绿地设计有了长足进步。但是过多地从市场考虑出发也带来了一些问题,主要体现在绿地设计方面,表现为:过多关注绿地的景观效应(因为景观效应直接与市场价值挂钩),忽视生态效应和使用功能,甚至错误地通过牺牲生态效应来提升景观价值。

不恰当的绿化设计,主要有这样两种。一种是布景式、华而不实的绿化设计。比如过于注重图案化的环境效果,不考虑居民在室外空间中的实际需要,草皮灌木太多,可遮阴的乔木太少;又或者老人找不到锻炼的场地,儿童没有合适的嬉戏场所等等,见图4-8。

另一种是过于注重视觉效应、忽视生态功能。绿化最基本的功能作用就是调节微气候、改善空气质量,为人们的生活提供与自然的亲密接触。有的房地产商为了吸引眼球,将绿化环境设计得过于繁复,却没有充分利用宜地、宜生的本地物种,没有做到乔、灌、花、草相结合的植物配置。有的住区建成环境看上去十分自然,却在建设初期将基地内所有的植物尽毁再依靠移栽等方式重造自然环境,这是对自然资源的浪费。还有一些住区并无水资源可用却开辟过多的水景,需要昂贵的维护,不仅增加了造价,也减少了居民活动的场地。一些住区甚至建造了大规模的人工湖面并采用防渗处理,这样会使土地丧失吸水、渗透、保水的能力,剥夺土壤内微生物的活动空间,减弱大地滋养植物的能力,见图4-9。

不注重功能的图案式设计

过于繁复的布景式设计

**图 4-8　绿地设计问题**

小面积的水景,可活跃住区气氛

大面积住区水景应结合地质条件设置,如果完全人工挖掘形成,一般都会为了保持水量采取防渗处理,不仅增加大量维护费用,且破坏水土生态。

**图 4-9　绿地水景问题**

### 7)空间环境

住区的户外空间是居民重要的与群体和社会接触的生活空间。早在 1960 年代,环境行为学理论就提出住区应提供自公共空间—半公共空间—半私密空间—私密空间层层递进的空间领域,来满足居民的室外活动要求。这是住区空间环境设计的基本要求。从目前城市新区住区的规划设计来看,这一基本要求均能够达到,并在此基础上尚有新的发展。

典型院落透视

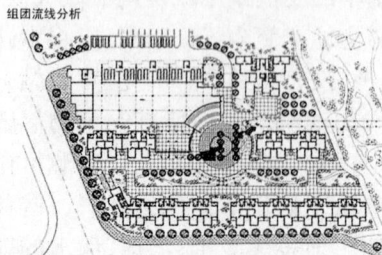

组团流线分析

典型组团首层平面

**图 4-10　更具场所性的半公共空间**

(1)丰富的空间形式　建筑群体组合形式日益多样化,围合式、点群式、自由式、几何构图式等空间布局形式层出不穷,并且通过建筑体量的变化、单元组合方式的变化、建筑立体空间的处理(如底层架空等)、建筑造型的多元化设计,促使空间环境带给人日益丰富多彩的感受。

(2)多维的空间层次　公共活动空间在以服务半径为基础的中心式布局基础上有所推进,不仅强调居民活动的"计划性和规律性",还综合考虑活动的"随机性"[103],力图促发居民的自发性交往活动。因此在对住区公共活动空间不遗余力的打造同时,对组团公共活动空间、半公共活动空间的设计更为重视,"通过建筑与环境的组合,形成更具生活气息和更易接近的适度空间",极大程度地提高了住区的场所性,有助于促发居民对于住区的家园感,见图 4-10。

### 8)住区形象

居住用地在城市各类用地中占有约 1/3 的比重。城市住宅的景观意象对形成城市整体面貌的作用十分巨大。而住宅作为人们心灵停泊的家园所在,其应被赋予什么样的外部形象是值得深思的。

随着我国住宅供应制度由福利制向商品化的转型,住宅建设呈现如火如荼之势,在20年中走过了一条由粗放型迈向精细型的建设道路,住宅造型也逐渐摆脱了早期灰色的方盒子单一基调,呈现出多姿多彩丰富多样的面貌。各种风格层出不穷,从诸多广告词中可见一斑,如夏威夷式、巴黎风情、西班牙式、现代简约式等等,总体上比初期的粗制滥造式的欧陆风要进步许多,各种风格处理得越来越地道,其中也涌现出颇多非简单模仿而极具新意的作品。另外也出现了一些基于生态理念的住宅造型,如面向城市的界面防噪处理、外墙的节能处理、遮阳设施等,这些从技术出发的能量交换界面的处理经建筑师精心设计,呈现出独特的造型美。

但是审美愉悦的产生,按格式塔心理学的解释是外在世界与内在世界发生了同构的结果。人们对造型的感知也正是在对居住环境的使用中去感知的,是在城市各种层次各种功能空间中的活动来体验的,单一的立足于视觉效果的造型不能产生全面的审美愉悦。这就是为什么有的住区造型豪华精致却依然不能给人以祥和的家园般的感受,而有的住区简朴却意味无穷舒适宜人的原因。

1990年代以来,住宅造型顺应商品化的住房制度改革趋势,逐渐作为住宅这一产品的外包装共同参与到房地产业崛起的宏大叙事中。基于某种产品定位,视觉形象的塑造与其他属性一起参与到其所对应的身份象征的建构。经过十余年的发展,以此为主流的住宅造型虽然提供了丰富多彩的住宅单体形式,但是其所蕴涵的孤岛意识和广告效应对城市整体生活的推动却乏善可陈。典型的表现是将对于某种风格的追求作为造型的唯一重心,容易导致印图章似的造型复制。这种简单化的住宅造型,不考虑不同环境的影响,也不考虑居民的生活体验。比如,有的住宅紧邻城市干道,其造型仍然采用与其内部住宅完全一致的大飘窗的通透造型,既无景可看,又饱受尘土和噪音的干扰;城市景观趋同,区内景观则比较重复单调,在社区内一味采用依赖昂贵维护费用的人工造景来丰富景观层次。

一度泛滥的欧式大门,生硬且与街景不协调

此外,有很多开发商喜欢为住区设置欧陆式的大门,试图彰显某种气派、尊贵、豪华的气势,这种大门一度泛滥成灾,只有极少数的案例与其内部住宅和沿街立面进行了统一处理,大多数的此类大门非常生硬,与城市街道整体景观极不协调。近年来,在住区入口的处理上涌现了一些较好的案例,对入口、街道做了整体的景观和形象的设计,比如设置入口小广场、与商业配套设施统一设计,而不盲目追求所谓的气派,务实又兼具识别性的入口设计越来越多,见图4-11。

与小型绿化广场结合的入口,富有生机和活力

**图4-11　住区入口形象**

因此住区形象的塑造不能只满足狭隘的自我欣赏的需求,还应与城市进行对话、与人们生活体验相呼应,不要制造潜在的心灵压抑,使人们在赏心悦目中获得真正的愉悦和放松。住区形象要更多地考虑住宅与城市的关系,考虑人们活生生的生活体验,积极参与到各层次空间的建构中,推进多样化的、充满活力的城市生活,倡导务实、开放、多旨趣的生活风格。

**9) 住宅户型**

计划经济时期,获取一套能满足基本生活要求的住房已十分困难,人们对住宅的舒适性要求被严重的住宅短缺所压抑。住房制度改革,使得被压抑的住房需求得到了释放,人们在对住宅舒适性的追求方面得到了前所未有的满足。"大客厅、小居室"、"三明"、"日益完善的厨浴功能"、"厨餐一体化"、"公私分区"等新颖而适用的套型迭出,人们的居住舒适度得到大幅度提升。

然而这几年,住宅设计中却出现了严重的浮躁之风。套型设计大型化,室内装修宾馆化,请外国名家设计成为媒体和房地产商炒作的"卖点"。对住宅舒适性的追求演变为对面积的追求、对视觉效应的追求。于是,前些年 100 平方米可设计成三室两厅,近些年 140～150 平方米甚至 170 平方米也只设计成三室两厅,客厅超大,增加了 50% 的面积而功能却并未有质的提升,见图 4-12。

早期三室型户型　　1990年代后期逐渐成熟的三室　　2003年后出现的面积超大、功能却未
(80平方米)　　　两厅两卫户型(125平方米)　　　显著提升的三室户型(170平方米)

**图 4-12　从同比例的三室户型的变化看户型设计的变迁**

2005 年国家及江苏省房市宏观调控的政策出台后,超大户型受到抑制,144 平方米以下的户型成为主流,然而从上市的住宅产品来看,设计的思路并未有相应的变革,96～115 平方米仍只做到两室一厅的例子比比皆是,在兼顾适宜的价格、优秀的质量方面的考虑仍然较少。随着国家在税收、房贷等方面进一步政策的出台,投资型、投机型购房需求的进一步抑制,现在大多数房产单一的高端产品定位必将有所调整。2006 年 5 月,国务院办公厅转发了建设部等九部委《关于调整住房供应结构,稳定住房价格的意见》,明确了新建住房结构比例:自 2006 年 6 月 1 日起,凡新审批、新开工的商品住房建设,套型建筑面积 90 平方米以下住房(含经济适用住房)面积所占比重,必须达到开发建设总面积的 70% 以上。相对于 2005 年的调控政策,2006 年国家尤其强调调整住房供应结构,代表着国家对节约城市建设用地,提高土地的配置效率在政策上的清晰导向。面积适宜、舒适实用的住宅将成为主流户型,80～90 平方米应做到满足三口之家的生活需要,设计精致,充分利用空间;80 平方米以下则根据市场需求提供具有过渡意义的紧凑住房,满足刚工作的青年人、丁克族、单身贵族等的住房需要;100～120 平方米应做到三室两厅并在以往实践基础上进一步完善节能措施,而

120 平方米以上的户型则应力求功能的进一步突破,真正提升居住舒适性。

# 4.2 城市新区居住空间社会性评析

### 4.2.1 新区社会空间结构总体发展走势

中国城市新区居住空间建设是具有中国特色的郊区化进程的体现之一。在这一进程中,住房分配取消福利制、走向商品化提供了政策机制,由政府推动的房地产市场为各阶层提供了择居的市场机制,加速推进城市化、城市结构演变为分异提供了多样性空间,新区的居住空间分异是新区社会空间结构的重要特征。

新区社会空间类型的丰富性和混合度代表了社会空间结构的布局特点。丰富性是指新区居住空间类型的多少,混合度则指一定范围内不同类型的密度。

就丰富性而言:1990 年代即启动建设的新区,其社会空间类型的丰富性大于 2000 年以后较晚启动建设的新区。如河西北部地区,就有多种类型的居住空间,包括:早期安居房(回城知青等)、单位福利住房、中低档商品房、中高档商品房(包括多层、高层和一类居住用地的别墅)、拆迁安置房(包括失地农民和城市拆迁居民)、城中村;而河西中部地区,则以中高档商品房为主,只有一处早期建设的经济适用房和一处中低价商品房,原有农民被征地后基本上被安置到其他地区的经济适用房中去,见图 4-13。同样,江宁开发区早期开发的百家湖板块的住区类型也要多于较晚开发的将军山板块,见图 4-14。

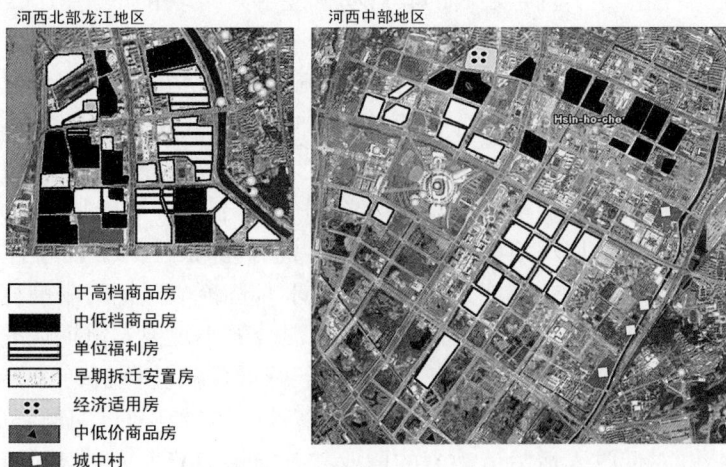

图 4-13 河西中部与北部地区居住社会空间对比

就混合度而言:1990 年代即行启动建设的新区,其不同社会空间类型的混合度也要大于 2000 年以后较晚启动建设的新区。虽然 2003 年以后,尤其是 2006 年以来,经济适用房逐渐引起政府高度重视,其建设量逐年增加,但是其布局或呈现出规模积聚态势,或呈现出边缘分布特征,而其时商品房住区日渐高档化,中低档住区渐少,这样的建设背景必然导致住区类型混合度的大幅度降低,进一步强化了空间分异。仙林新市区的居住社会空间结构

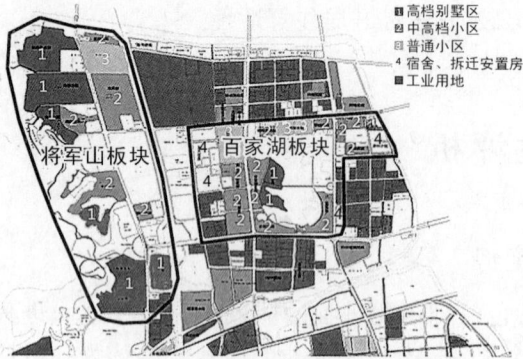

图 4-14　江宁将军山板块与百家湖
板块居住社会空间对比

较为典型地反映了这一现象,见图 4-15。

也就是说,对应于当前的社会分层,居住空间分异已成为必然现象,而随着市场因素主导作用的增强以及政府企业化运作城市土地资源方式的普及,社会空间结构的丰富性和混合度呈现降低之势。

在西方国家,对于容易主动逃避责任的富人阶层以及容易遭受排斥的穷人阶层的隔离与排斥研究最为广泛。而在我国目前的改革转型期,在社会分层日益明显、贫富差距日益扩大的今天,低收入者占有相当的比例,因此对于易受排斥的低收入居住空间的研究最为迫切。

城市新区目前的低收入者概可分为几类:低收入城市居民(包括低收入城市动迁居民)、失地农民、外来低收入流动人口。他们主要的居住空间类型有:经济适用房、失地农民拆迁安置房、城中村、旧住区。对于这些居住空间布局所提供的城市资源与居民生存状态之间的关系,值得认真研究,以便从已进行的城市新区建设中提取经验与教训。

### 4.2.2　对低收入者生存与就业支持的差异性

前文已提及,根据新区建设启动的时代不同,大致可归为这样两类:一类为 1990 年代在旧城边缘地区进行的开发建设,主要功能为承接主城人口的疏散与主城功能的外溢;另一类为 1990 年代中后期、进入 21 世纪之后的具有明确主导产业功能的新市区或各类新城建设所引发的房地产开发。

早期建设的第一类新区直接应对的是住宅的刚性需求,住宅空置率低,虽然具有卧城的特征、伴随有居住空间与就业空间的分离问题,但却能够为低收入者提供公共设施共享性较高的居住空间,就业支持性也较好。这是由于其建设时间段跨越了住房制度改革的前后两种不同供应体系,房地产业处于逐步成长阶段,其中的住宅建设类型非常丰富,一般包括:单位福利住房,企事业单位以集团消费形式购买的商品房,探索性的早期集合式商品房(档次定位不是太高,承接的是早期被释放的有效住房需求),逐渐成熟期的中高档商品房(包括多层、高层和一类居住用地的别墅),中低档商品房中混合的小规模农民拆迁安置房,早期的经济适用房。对于低收入者来说,社区服务、商业服务等低层次就业机会也较多,就业交通出行成本较低;另外,不同社会阶层的居住混合度较高,拆迁安置房、早期经济适用房散布在整体社区当中,虽然针对低收入适龄劳动力的职业和技能培训较少,但其后代可以与其他阶层享用同样的中小学教育资源,因此长远的就业支持较好。

第二类新区对于低收入者的居住空间的提供以及就业空间的支持,则与政府的决策和发展理念有很大关系。某些新区,在片面的"城市经营"理念的指导下,大都会把"经济适用房"或"农民安置区"布局在土地效益不高的地段,这些地区通常交通不便,而周边社区服务、商业服务业可吸纳的就业人口也极其有限,虽然提供了居住空间,但是就业支持性较差。另外,这些地区即使教育等设施配套完善也难以吸引到好的师资力量,对于下一代的就业支持很成问题。而某些新区的经济适用房和农民安置房的分布则体现出较为有机的形态,虽然这些住区的规模较大,但从建成情况来看,20公顷以下尤其是10公顷左右的此类住区还是可以与周边社区较好地融合,而且交通方便,周边的工业企业、社区服务业、商业服务业可以吸纳的就业人员也较多。从调研情况来看,拥有较多劳动密集型产业的新城区由于可以提供较多的低技术岗位,对于低收入者尤其是失地农民有较好的就业支持。值得注意的是,随着新区逐渐发展成熟,土地价格的上升会对政府发展决策起到影响,即市场力量的强大会强化对低收入者的排斥。

图4-15显示了仙林新市区低收入居住空间与江宁新市区低收入居住空间的差异。笔者对仙林和江宁新市区里两处失地农民安置区所在居委会的访谈显示,两者辖区内就业困难群体的比例前者远大于后者。仙林新市区隶属于玄武区政府和栖霞区政府,发展目标定位为"南京新经济发展的主要空间,以发展高等教育和高新技术产业为主;是集中体现现代城市文明和绿色生态环境协调发展的新市区",相应的居住档次定位较高,对低收入者排斥较明显,主要分布在环境条件不甚理想的边缘地区。而东山新市区隶属于江宁区,是由早期的江宁县"撤县建区"逐渐发展而来的,其发展目标定位有一个渐进的过程,相应地,居住整体档次也表现出由低到高的一个发展过程,对低收入者排斥尤其是拆迁农民的排斥较弱,分布较为均衡。但是随着东山新市区逐渐成熟,这种排斥开始加强,低收入住区有边缘化趋势。

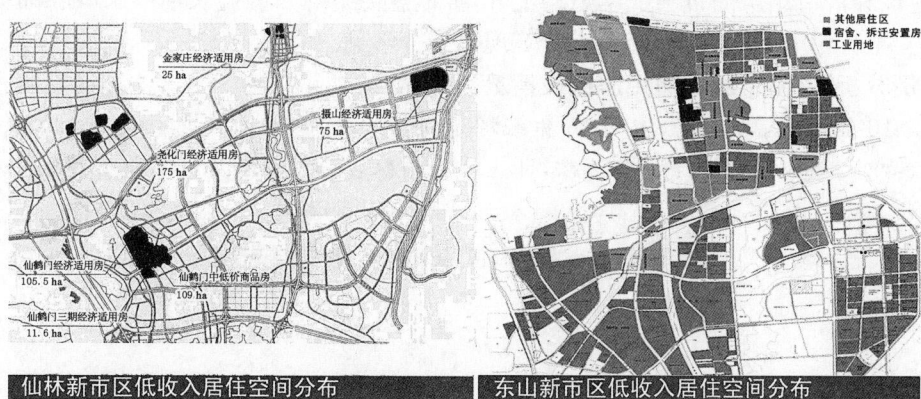

图4-15　仙林低收入居住空间与江宁低收入居住空间的对比

### 4.2.3　四类值得关注的居住社会空间

**1) 对应最低收入住房困难家庭的廉租房和低收入住房困难家庭(包括低收入城市动迁居民)的经济适用房**

目前租赁型公共住房的主体是针对最困难家庭的廉租房。建设量很少,占保障类住房的比例很低。各地廉租住房供应对象一般都是民政部门认定的、生活在最低生活保障线以下、住房条件极为困难的城镇双困家庭。据统计,到2006年底江苏省符合廉租房保障条件的家庭仅有3万多户。

廉租房的住房来源分两种,一为老旧住房改造而成的,多位于老城区,通过该种方式可获得的房源数量极为有限。故而,目前许多城市将廉租房的建设纳入到经济适用房的建设中去。而与经济适用房共建的廉租房亦面临与经济适用房相同的规划问题。

经济适用房是住房供应体系中不可缺少的组成部分,是政府为解决城镇低收入家庭的住房问题所作出的战略性决策。其特点是以行政划拨土地,享受政府优惠政策,以保本微利为原则,面向低收入家庭出售的商品住房。先后出现过政府补贴型安居房、政府规定利润率的商品微利房、政府减免税费的经济适用住房等多种形式。国家和地方政府在经济适用住房的建设中,无论是在开发决策还是筹措资金方面都起到了至关重要的作用。虽然低收入者可以通过领取补贴,自己在市场中寻找廉租房或价格低廉的二手房,但从实践来看,还是具有配套设施和物业管理的经济适用住房能够更好地解决中低收入居民家庭住房问题,为众多中低收入家庭所欢迎,成为我国住房保障制度的重要组成部分。而徐州等城市的现实证明,稳定而持续的经济适用房建设对房地产市场的健康发展行之有效。近几年,相关政策不断完善,面积标准得到有力控制,申购监管力度不断加大,曾经出现的"经济适用住房名不副实"①的情况逐渐消失。

但是,对于经济适用住房开发中存在的社会负效应和外部负效应等问题却始终未能有制度化的良解。这些问题主要是由于选址、规模、配套、设计与建设质量造成的。经济适用房的建设计划,一般是根据城市建设情况与财政条件确定年度建设与供应总量,由相关部门协商在较大区域范围内确定经济适用房选址,南京的情况是各区县有较大的决定权。但是,目前地方政府的主要收入来源之一就是转让土地,尤其是地价持续攀升,使一些地方政府免费批地建设经济适用房的机会成本急剧上升,批地意愿下降。因此长期以来,经济适用房选址偏远、甚至占用生态绿地、配套不完善等现象十分常见。

**【案例分析】 南京经济适用房建设情况**

图4-16显示南京江南七区2005年经济适用房的分布情况(不包括江宁)。11处经济适用房,其中大部分位于绕城公路边缘,即主城区边缘,有的甚至占用了原有规划中的生态绿地。

图4-16 南京江南七区2005年经济适用房的分布情况(不包括江宁)[104]

---

① 由于监督控制不力造成的经济适用住房的名不副实曾引起广泛的争议。如建筑面积较大、富有的人购买到经济适用房甚至多套经济适用房、开发商获取低价土地后变相进行商品住宅开发、政府相关人员以此谋私等等。

11 处经济适用房中 6 处规模超过 70 公顷,意味着这几处人口将超过 3 万人。更有甚者,若干经济适用房或与绕城高速、或与铁路、或与城市河道、或与大型城市绿地比邻,人为地将其与其他居民社区割裂,造成自我封闭孤立的状况。由于规模过大、封闭孤立,只能在自身范围内进行配套设施建设,对于教育设施来说其可能吸引到的师资力量可想而知。

而有些规模较小的经济适用房,选址过于独立,与周边成熟的居住社区距离过远,同样不能融入大社区环境中,且连基层配套设施都无法配置齐全,仅有的配套设施也由于没有足量的人口使用支撑而导致运营质量较差。如宋家洼经济适用房住区,人口规模还不到小区组团,就面临这样一种尴尬状况。居民将长期生活在一种十分不便捷的孤岛状态中。

从现有的经济适用房分布,可以看出其在新区中的分布很少。如河西中部地区仅有一处中低价房址,这是因为中部地区发展定位较高,地价攀升迅速,政府无偿划拨土地意愿较低。仙林新市区有两处选址,分别隶属于玄武区和栖霞区,都位于两区最边缘地带。隶属江宁区的东山新市区和浦口区的江北新市区,由于二区是撤县形成的,经济适用房建设更为自主,又由于郊区住房平均水平较高,低于住房保障双控线的住户较少(人均住房建筑面积在15 平方米以下,人均月收入在 750 元以下),且由城市更新引发的拆迁户也远不如主城区多,故东山新市区和江北新市区的经济适用房建设量不多,目前的选址等情况也相对其他江南七区较好。

但是随着城市发展,国家有关政策已表明经济适用房力度将不断加大,新区的经济适用房可能增多,同时新区建设逐步成熟,地价持续攀升,如何未雨绸缪、尽可能减少排斥现象,需要引起充分重视。

(1) 社会负效应问题  经济适用房选址偏僻,不利于低收入者就业,不稳定因素较强,不利于小区治安和经济的发展;经济适用房成片大规模开发,配套设施自给自足,配套设施即使建设能够得到保证,但是运营效果堪忧,尤其是教育设施难以吸引到优秀师资力量;而规模较小的经济适用房也存在与其他社区缺乏交流、过于封闭、配套无法完善的情况。

另外,从调研情况来看:①中小城市的情况要好于大城市;②有些随着城市的发展逐渐又被城市建成区包围其中,这一类的情况会所着城市的发展逐渐好转;③最差的就是偏僻城郊且远期发展也难以改善的大规模经济适用住房住区,出行不便、缺乏就业支持、孤立封闭。如南京景明佳园(远景 5 万人)的调查表明,[105]大规模经济适用房住区(大于 2 万人)中的社会问题较为严重,缺乏社会支持的负面效应被大量性群体集聚所扩大,非主流甚至反主流的帮派已经出现,治安状况堪忧,社区管理难度巨大。

为了避免产生这类难以解决的问题,必须依靠行政性规划对完善社区的主动建构,对人口的发展规划、就业机会的提供、生活辅助设施的提供等进行认真研究、科学规划。应根据地方情况,确定经济适用房的发展计划和用地供应的整体策略。片区的控制性规划应考虑经济适用房的具体选址。为能使经济适用房融入大社区中,并促进中低收入者的就业,经济适用房选址应多样化、其规模应适当小型化,位于公交系统发达地段和有较好就业支持的地段。

(2) 外部负效应问题  有的开发商粗制滥造、设计师不用心创作以致住房质量低劣,给人以穷人区的印象;加上上述种种社会问题的产生,对当地发展带来负效应。

实际上,一些有良知的开发单位和设计单位,在用价格低廉的材料组织建筑形体、建构住区环境方面取得了不少成绩,也积累了不少经验,这些经验有必要加以推广。然而,单纯靠经验推广还远远不够,还应建立制度化的选择开发单位和设计单位的程序,如美国的可支付住宅在这一方面就做得很好。

2006年国家有关政策明显增加了住房保障方面的力度,提倡经济适用房租售并举,扩大住房保障面,加大可以周转的租赁型公共住房建设量已成为共识。在此之前,某些地区已有先期的实践。如江苏省 2005 年规定保障能力较强的市,可将供应对象逐渐扩大到总工会确认的特困职工和最低工资线以下的城镇住房困难家庭。但是,住房保障量的增加并不意味着一定会取得良好的社会效果,保障性住房的选址、规模与设计质量等方面必须引起同样的关注。

**2) 对应被征地拆迁农民的失地农民安置区**

在城市化快速发展的进程中,城市功能外溢、新的经济增长点的需求、城市及区域交通体系不断完善的发展压力,使城市建设用地不断扩张。为满足城市发展对土地的需求,大量农用土地被征用。1996—2004 年以来,我国非农建设用地净增加 249.9×10$^4$ 公顷,增加了 8.6%,其中占用耕地累计 189.14×10$^4$ 公顷,占全国耕地减少总量的 15.55%,由此出现了一个迅速扩大的社会新群体——失地农民。[106] 当前中央政府已明确提出要进一步严格保护耕地、节约集约用地,但是发展不可能不用地,在 18 亿亩耕地保护面积底限之外[107],城市建设用地占用耕地现象还将长期存在。与此相应的是将有更多的农民失去土地进入城市。在吸取了"城中村"的深刻教训之后,当前对于失地农民普遍采取在征地的同时统一进行拆迁补偿,拆迁补偿水平不断提高,而其居住空间的转换以政府主导下的拆迁安置区为主。早期的拆迁安置区有较多是提供宅基地,供其自建或集体兴建低层住宅,当前在集约用地的指导方针下拆迁安置区以政府主导下的多层集合住宅为主。对于这些规划建设酷似城市社区的安置区,其提供了什么样的生活条件与环境?失地农民是否能够适应城市生活?这些问题关系到城市化的核心问题之一——农民能否顺利转变为市民,因而值得关注和重视。

失地农民安置区相关政策随着历史发展和地方差异有所不同。1990 年代,大多数城郊拆迁农民是由相应的被拆迁地开发单位加以安置的,安置地点较为分散,多将商品住宅区内的一部分划为安置住宅,值得注意的是这一时期的拆迁补偿标准较低。进入 21 世纪,城市发展速度加快,城郊拆迁农民的数量剧增,为更好的招商引资,政府主导安置逐渐成为主流,而为稳定民心争取农民支持,相应的拆迁补偿标准也逐渐提高。具体形式有专门针对农民的定销房,为大多数县级市、区县和中小城市采用;还有以货币补偿为主,纳入到经济适用住房、中低价商品房政策中去。

由于城市新区发展初期大部分拟发展用地都为农业用地,故在新区,失地农民安置区是非常重要的一种居住空间类型。

**【研究案例】 南京市新区失地农民安置区调查**[108]

(1) 调研对象的选择及其概况

进入 21 世纪,南京拉开了"一城三区"的发展框架,积极推进城市化进程。其中,"一城"指河西新城,"三区"指仙林、东山、江北新市区。"一城三区"发展过程中牵涉到大量土地的征用与开发,2005 年南京共完成 53 个项目的征地批后实施工作,涉及用地 1.16 万亩,征地补偿费 6.95 亿元[109]。涉及农业从业人员约 3 800 人、农业人口约 1 万余人。

调研初期,我们对失地农民安置区进行了普遍摸底和初步调研,并发现:城市化进程的历史过程以及不同区域的操作模式,使得南京市失地农民安置区表现出三种不同的空间类型:

类型一:已融入主城区中的早期安置区;

类型二:主城边缘地带的安置区;

类型三:新城区中较均质分布的安置区。

基于以上类型分析,我们从中选取银城花园、仙居雅苑、太平花苑进行深入调研。它们分别代表了以上 3 种类型,能较全面地反映南京现有失地农民安置区的基本情况,见图4-17。

① 银城花园:早期建设已融入主城的安置区
② 太平花苑:在工业园区均质分布的安置区
③ 仙居雅苑:主城边缘的安置区

**图4-17  三个典型安置区的城市区位示意**

银城花园

■ 公共设施
□ 居住用地
安置区

**图4-18  银城花园及其周边城市环境**

① 主城区中的早期安置区——银城花园

如图 4-18,银城花园位于河西新城(现河西新城已与老城区共同构成南京主城区),紧邻商业中心及中档住宅区,交通便利,周边配套设施齐全,与周围社区共享程度高。

安置户分别于 1996 年、1997 年由经四路、江东乡就地拆迁入住。拆迁安置房的土地获取采取的是 1990 年代常用的就地复建房安置方式。即在被征地附近划出部分用地作为安置用地,由政府指定开发单位进行微利开发或要求商品房开发单位将商品住宅区内的一部分划为安置住宅的建设模式。

原农业用地被征后用于城市道路的拓宽和商品房的建设。安置采取失地农民安置户和城市居民拆迁户混合居住的模式,小区总户数 1 295 户,其中农民安置户 800 多户,占总数的 70%。

该安置区补偿标准偏低,套型面积也很小,住区规划设计欠佳,没有集中绿地和车库。相较于后两者,居民对于拆迁补偿和住区内部环境的不满意率最高。

② 工业园区中较均质分布的安置区——太平花苑

如图 4-19,太平花苑位于东山新市区,也属于江宁经济技术开发区,周边工厂企业较密集,公共交通较为便利,周围配套设施齐全,与周围社区(多为中档住区)共享程度高。

土地获取采取的是另一种就地复建房安置方式。21 世纪以来伴随工业郊区化的进程,在众多产业园区较常采取这种模式,即将整个地区划分为若干个社区,每个社区划定自己的安置区,土地采取行政划拨,由政府指定或采取招标形式确定开发单位进行微利开发。

农民安置户由原村庄于 2000 年、2001 年、2002 年、2003 年分四期拆迁入住。被征地主要用于江宁开发区、河海大学校区、房地产开发等项目的建设。小区现有居民 2 万人,其中农民安置户 3 500 多户,流动人口 6 000 多人。

图 4-19  太平花苑及其周边城市环境

图 4-20  仙居雅苑及其周边城市环境

③ 主城边缘地带的安置区——仙居雅苑

如图 4-20,仙居雅苑位于主城东部边缘,同时也是仙林新市区边缘地带。它毗邻大学城,位于绕城公路绿化带附近,公共交通极为不便,配套设施不齐全,公共设施与周围社区(多为别墅类高档住区)共享程度低。

拆迁安置房的土地获取采取的是纳入经济适用房范畴在较大区域内统一安置的方式。这种方式是将失地农民安置房与城市低收入居民、符合条件的城市拆迁居民的安置住房一起纳入政府经济适用房计划建设范畴,根据城市建设情况与财政条件确定年度建设与供应总量,由相关部门协商在较大区域范围内确定经济适用房选址。但是长期以来,经济适用房选址偏远、甚至占用生态绿地等现象十分常见。

居民由原村庄于 2003 年相继拆迁入住,总户数 1 800 户。被征地用于中山国际高尔夫球场、聚宝山庄和徐庄软件园等项目的开发。

该安置区补偿标准较高,套型面积较大,住区规划设计较好,有集中绿地和车库。相较于前两者,居民对于拆迁补偿和住区内部环境的满意率最高。

(2) 失地农民安置区居民的生活与工作情况

① 生活情况

居民家庭结构呈现小型化趋势,这是因为安置房的面积与农村中普遍居住的独门独院相比偏小,不适宜联合家庭居住。但调查发现,分开的老年住户独立性较弱,与子女关系密切。适龄劳动力的受教育水平普遍较低,以初、高中学历为主,极少数居民有大专以上学历。

2006年南京市家庭平均月收入为3 987元,而安置区的家庭平均月收入却只有1 387元。其中家庭月收入为500～1 000元和1 000～2 000元的比例最高,各占1/3左右。

大部分居民属于中低收入群体,人际关系网络狭隘,消费观念和部分生活习惯还停留在农村阶段,见图4-21,但生活便利度有不同程度改善,尤其是银城花园和太平花苑。

为节省开支,不少居民仍使用煤炉　　　　有些居民在安置区附近辟地耕种补充生活来源

充分利用底层空间是安置区一大特色　　　串门聊天是主要休闲方式

**图4-21　外观与城市住区无异的安置区内居民生活方式与城市居民仍有很大不同**

② 就业情况

三个安置区的适龄劳动力就业率相近,皆为62%左右,而且80%在职人员的工作是自己找的,政府介绍安排的工作和自主创业各占10%。工作性质以临时工为主,其次是普通职工,收入水平不高。但75%的人珍惜现有的工作机会,希望长期干并谋求进一步的发展。

工业和商业服务业是占据比例最高的两种职业类型。另外职业类型与安置区区位有一定的关系,如太平花苑中工业人员的比例超过了2/3,这与其毗邻江宁经济技术开发区密切相关。

受文化素质所限,三个安置区中从业人员中领导阶层的比例极小,临时工所占的比例都较大,说明工作稳定性较差。

周边产业空间发展和就业岗位的提供对失地农民的就业有较大影响。三个安置区中,太平花苑由于附近江宁经济技术开发区提供较多的适宜工作机会,其工作稳定性和上班便捷性最好。相反,仙居雅苑的工作稳定性和上班便捷性最差,这是因为仙居雅苑周边的高教产业、高科技产业、商业服务业不能为失地农民提供适宜的充足就业机会。出乎意料的是,虽然银城花园对城市便利的共享度最高,但就业情况并不乐观,区位对其就业支撑较弱。

失地农民对城市生活又爱又恨,一方面城市为他们提供的便利生活和高质教育机会使他们对城市生活充满期望;另一方面他们还依赖着原有的生活方式,而某些因素更会强化失地农民被动城市化的抵触情绪。失地农民虽然实现了居住空间的转移,但由于缺乏有力的就业支持和社会保障,其思想观念、生活方式、人际交往、社会关系等方面,还存在着许多有待解决的问题。从调查结果来看,经济较为发达的农村和在城市周边的农村,其农村剩余劳动力的转移要比经济较为落后的农村和位置偏僻的农村要相对容易一些。但总体来看,只有少量的农村居民可以"顺利转移",即这些居民愿意接受城市生活的挑战、具备参与城市竞争的能力。在当前农村平均受教育水平为初中的条件下,只有少量善于把握信息资源、人力资源的农村精英以及少量的高学历者可以顺利转换为城市市民。

通过对失地农民安置区的调研分析,我们把城市提供的生活条件和就业环境细分为以下几类:住宅质量与住区内部环境、城市便利生活共享程度、子女教育、就业支持、补偿与保障政策,并联系居民自身的心理状态,分析这些影响因素与居民总体适应情况的关系(见表4-6)。

表4-6 居民适应程度影响因子分析

| 重要程度 | 影响因素 | 类型一<br>(银城花园) | 类型二<br>(仙居雅苑) | 类型三<br>(太平花园) |
| --- | --- | --- | --- | --- |
| ☆ | 住宅质量与住区内部环境 | ○ | △ | ● |
| ☆☆☆ | 城市便利生活共享程度 | ● | ○ | ● |
| ☆☆☆ | 子女教育 | ● | ● | ● |
| ☆☆☆☆ | 就业支持 | ○ | ○ | ● |
| ☆☆ | 补偿与保障政策 | ○ | △ | △ |
| 居民心理状态 | | 被动适应,抵触情绪较强 | 被动适应,抵触情绪较强 | 被动适应,抵触情绪较弱 |
| 总体适应情况 | | 逐渐缓慢的适应 | 适应情况最差 | 基本适应 |

注:●好,△一般,○差。

从调研情况看:江宁区的太平社区的综合情况较好;河西的银城花园居民由于补偿较低导致抵触情绪较强烈,但是因已享受到城市生活的种种便利还是能够逐渐缓慢地适应城市生活;而仙鹤门的仙居雅苑的综合情况相对较差。相较于住宅与住区的物质条件而言,与其长远持续发展密切相关的就业支持、教育配套、城市便利生活的共享程度更为重要。

调研的情况还揭示了一个令人遗憾的事实,就是城市规划对于失地农民安置区的空间配置基本处于失语状态。失地农民安置区的空间决策大多数情况下受制于行政命令,建成后的社会效果存在极大的偶然性。

**3)对应中低收入以及外来流动人口的旧住区、城中村**

一些位于旧城边缘的城市新区、一些基于小城镇基础之上发展起来的新区以及一些基于早期郊区建设基础之上发展起来的新区,也存在一些旧住区,可分为三类。

第一类经常出现于旧城边缘的城市新区中——为1980年代建造的住区,限于当时经济条件,配套设施不全、缺乏完善的污水管网和排水系统的现象较为普遍。时至今日,由于年久失修,再加上计划经济时期的管理模式已不适应现有多样化产权的现状,维修资金枯竭、环境恶化现象较为严重。第二类经常出现于基于小城镇基础之上发展起来的新区中——介于乡村住宅与城市住宅之间的结构简单、非标准化的住宅区,低层住宅十分常见,基础设施不完善。第三类则经常出现于一些基于早期郊区建设基础之上发展起来的新区,由于当时为了规避村庄拆迁补偿、村民安置等矛盾和降低开发投入成本，有意识地回避农村集中居民点，这种"吃肉留骨"的做法造成了未改造的集中居民点逐渐被周边城市建设用地包围，成为城中村。后两类由于租金低廉，成为流动人口聚居的主要选择地，房东为了获取更大利润也纷纷搭建更多的出租房屋，人口密度极大、生活环境恶劣。一方面，出现了一批坐享房屋出租利益的不劳动的"食利阶层"，另一方面，大量流动人口居住环境恶劣，也无法获得充足的公建配套，其可持续发展极为堪忧。

第一类旧住区问题已有一些成功改造的案例。居住在这些老住区的居民中老年人多、下岗职工多、特困家庭较多，属社会弱势群体较为集中的区域。但是这些住宅的建筑寿命还远未到期，只是功能和管理出了问题，如果大拆大建不仅浪费严重而且会因补偿安置等给政府造成巨大负担，也容易造成新的社会问题。对这类住区应进行综合整治工程。如南京南湖地区改造。2000年以来，南京南湖地区陆续实施了一系列改造行动。对小区道路进行拓宽、整修；对小区地下管网进行疏浚整修，实施雨污分流改造；增设邮政信报箱，补建管理配套设施用房；进行绿化与环境建设，增加休闲健身场所。通过综合整治，小区环境面貌得到了较大改观，设施功能得到了完善和提高，居民生活条件明显改善，也为今后的长效管理创造了基础和条件。

第二、三类住区人口构成复杂，实际上涉及了居住空间的社会性问题，不是仅仅通过危旧房改造等物质环境层面的改善就可以解决的。尤其是对于第三类住区——城中村，城乡二元体制是城中村产生和延续的根本症结，其改造尚需解决征地、人员身份转变、就业安置、社会保障、集体资产处置等一系列问题；同时大规模的城中村改造必然使外来流动人口栖息地有所减少，而在目前国家面向流动人口的廉租房制度还不够完善的条件下则会对城市化起到阻碍作用。因此，既要在新区建设的过程中，统筹安排规划区内的农民安置问题；又应跟踪研究外来流动人口数量，统筹解决低收入流动人口的住房问题，如建设租赁型公共住房。只有未雨绸缪，方能避免日后问题积累到难以解决的程度，也可以减少政府日后改造的成本。

调研发现，伴随城中村改造和城市更新，外来流动人口的租房选择范围渐小，而租房价格趋高。笔者曾对一位原居住河西新区一个城中村的钟点工进行过访谈，城中村改造后，租到适宜的住房十分困难，原来200元/月可租住12平方米，如今只能栖居在某老小区的9平方米的底层车库中，租金却上升到300元/月，有些人如果还想维持原有租金，就只能选择条件更为恶劣的立交桥下空间等。

**【案例】 南京新区城中村状况**[110]

相较于1990年代初就已大发展的珠江三角洲，南京的城市化步伐至1990年代中后期才逐渐加快，其时，广州、深圳等城市的城中村问题已冰山初现。南京的新区建设，还是比较注重地区整体开发，力求能拆就拆、统筹安置，城市扩展过程中已同步改造了一批城郊农村居民点。如河西中部地区21.5平方千米内，就由市政府统一规划、统一征用、统一安置，在城市快速扩张和人口快速流入的复杂条件下有效保证了城市化的合力推进。虽然，失地农民安置区的建设也有其自身的问题（上文已有所阐述），但总体来说城中村现象并不突出，由城中村带来的问题尚未到不可收拾的地步。

从现存的城中村来看，主要分布在主城周边的边缘地带。2006年，主城共存71个城中村，集体土地面积17.7平方千米，常住人口10.35万人，暂住人口13.56万人。在新区范围

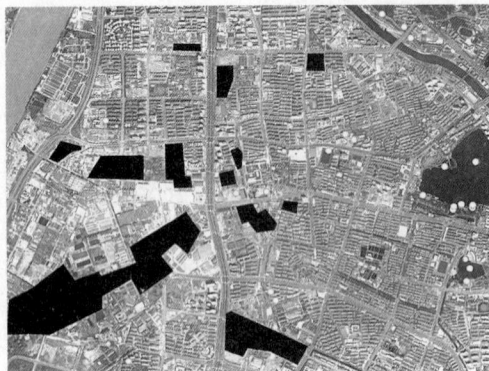

图4-22　河西北部地区2006年城中村分布

内的城中村更少,主要集中在1990年代就已发展的地区(如河西北部地区,见图4-22)以及2000年后启动建设的新区的尚未发展的边缘地带(如河西中部地区,见图4-13)。外来流动人口众多,其就业类型也十分多样,如拾旧、搬运、工人、餐饮、家政、服务等。这些外来流动人口在满足市民生活需求、推动城市发展中起到了不可或缺的作用。但是由于城乡二元制造成的管理真空,这些城中村也面临严重的治安问题,公共设施尤其是教育设施的缺乏严重阻碍了他们代际流动的可能。

**4) 对应外来农民工的用工单位提供的居住空间**

2006年,《国务院关于解决农民工问题的若干意见》出台,"改善农民工居住条件"被列为"切实为农民工提供相关公共服务"条款的重要组成部分①。政策从较高的层面上对多渠道解决农民工住房问题提出了建设性意见。2007年底,建设部、发展改革委、财政部、劳动保障部、国土资源部联合发布了《关于改善农民工居住条件的指导意见》,对2006年国务院意见做出了深化。在明确多渠道为农民工提供居住场所的同时,意见强调"用工单位是改善农民工居住条件的责任主体",具体提出了"租赁、购置、集中建设"等多种措施建议,并对房屋条件、周边配套设施做出具体要求,试图用"安居"向农民工表达城市接纳的态度。

因此,在未来一段时期内,用工单位通过建设职工宿舍或通过租赁购置等方式筹集农民工住房房源将成为一种改善农民工住房条件的主导措施。那么,城市规划是否还能够发挥作用,如何发挥作用?

实际上,目前由用工单位解决农民工住房,已经是一种主要的农民工获得住房的途径,据江苏省统计局抽样调查显示,除了54.1%自行租住房屋外,外来农民工中25.9%住集体宿舍,7.2%住工作地点,6.3%住工棚[111]。对已有的实践进行检讨,发现问题和成绩,将有助于探索城市规划的介入路径。

外来农民工进入城市,其初始目的都是为了谋取一份工作,获得比在原农村更多的收入,同时找寻在城市中长期发展的机会。调研发现,工作对其居住空间具有极为重要的决定性作用,而工作与居住空间共同对其社会生活起到决定性的影响。

对外来农民工居住空间的全面把握应从其职业构成和工作特点着手。城市新区中,除了从事制造业的农民务工人员以外,还有大量从事低技能服务业的外来农民工,目前此类人员大量租住在城中村、旧住宅区。此外,尚有大量在新区从事建设的建筑业农民工。

---

① 《国务院关于解决农民工问题的若干意见》第二十四条:多渠道改善农民工居住条件。有关部门要加强监管,保证农民工居住场所符合基本的卫生和安全条件。招用农民工数量较多的企业,在符合规划的前提下,可在依法取得的企业用地范围内建设农民工集体宿舍。农民工集中的开发区和工业园区,可建设统一管理、供企业租用的员工宿舍,集约利用土地。各地要把长期在城市就业与生活的农民工居住问题,纳入城市住宅建设发展规划。

**【案例】 南京市河西新城农民工居住空间调查[112]**

(1) 调研对象的选择

南京劳动与社会保障局提供相关数据表明:建筑业、制造业、服务业是南京市农民工职业分布最多的三个行业,比例分别占到 29.6%、18.3%、12.1%。

调研选取三类调研对象,分别是:制造业——雨润集团的农民工,建筑业——河西 CBD 建筑工地的农民工,服务业——在河西北部地区从事保姆、美发、餐饮等服务业的农民工,见表 4-7)。

**表 4-7 调研对象的选取及其基本概况**

| 职业 | 工作地点 | 居住方式 | 调研地点 |
|---|---|---|---|
| 制造业(以劳动密集型企业为主) | 城市中心区外围工厂、集中的产业园区 | 以宿舍、集体公寓为主,辅以自租房(城中村、城郊农村、低租金城市住宅)等形式 | 雨润集团总部 |
| 建筑业 | 各类建筑、安装、装潢工地 | 以工棚为主,辅以宿舍(企业自有房屋或企业租用房屋)、工作场地、自租房等形式 | 河西 CBD 建设工地 |
| 服务业(以低技能服务业为主) | 散布在城市各处 | 以宿舍(雇主自有房屋或雇主租用房屋)为主,辅以雇主家(雇用保姆或前店后宅的家庭)、工作场地、自租房等形式 | 河西北部地区 |

(2) 收入情况

三个行业的总体收入水平由高到低依次为建筑业、制造业、服务业(月平均收入分别为:1 611 元、1 130 元、1 154 元)。总体月平均收入为 1 432.1 元,与 2007 年南京市居民月平均收入(1 636.4 元)相比,差距已较小;与 2007 年南京市农村每人月平均收入水平(524 元)相比,高出很多。

(3) 工作与居住空间情况

见图 4-23。特点:工作决定了居住空间特征。

雨润集团总部地处南京市河西工业园区。职工公寓由公司斥资790万建造,职工宿舍区内设施齐全

工地地处南京市河西新城CBD南部。农民工的住房是由几个建筑公司共同建设的工棚片区。呈现相对独立、封闭的生活区形态

河西新城北部的沿街商铺,其雇主给农民工提供的住房以租用民房作为集体宿舍为主

调研对象1      调研对象2      调研对象3

**图 4-23 三个调研对象的工作与居住空间情况**

制造业——职住一体,最为稳定,规模与企业规模有关,封闭性强;

建筑业——职住一体,流动性强,规模与工地规模有关,封闭性强;

服务业——职住接近,流动性强,小规模分散在周边住区中,虽然不封闭但是邻里间鲜有交流、矛盾较多。

（4）社会生活情况

特点：工作、居住空间共同决定了社会生活模式。

① 休闲娱乐（表4-8）

表4-8　调研对象的休闲娱乐情况

| | 组织形式 | 具体配套设施 | 优点 | 缺点 |
|---|---|---|---|---|
| 制造业——雨润集团 | 公司组织，位于社区内部 | 计算机中心、乒乓球桌、台球室等 | 管理方便、质量较好，配套设施较完备 | 设施种类不对口，种类单一 |
| 建筑业——河西新城工地 | 自行组织 | 录像厅、台球室等 | 符合自身活动种类的需求，价格适宜 | 质量没保证，经营不规范 |
| 服务业——河西北部地区 | 城市共享公共设施 | 网吧、酒吧、公园、公共广场及其附属设施 | 种类丰富、设施完备、质量好、开放性强，利于与城市居民交流 | 消费价格昂贵，不适合自身特点 |

② 社会交往

a. 原始社会网络被减弱

几处集体宿舍区全部禁止职工家属留宿，与家人分居是农民工不得不接受的现实。与家乡的联系被削弱。

b. 初级社会网络被加强

农民工进城后的初级网络（以工作为基础的"工友"、"雇主"类人群）构筑被明显加强。其工作上的人际关系进一步延续到居住生活中，和工友的接触时间较其他择居形式明显更长，情感联系也更加紧密。利益取向对这种网络的影响明显：雇主虽不是农民工最常联系的对象（在常联系对象中仅占3.7%），但随着工具理性的强化，在农民工的社会网络里占着越来越重的比例（作为首要求助对象所占比例上升至19.7%）。

c. 次级社会网络受阻碍

问卷显示与社会次级关系（本地居民）等缺乏交流沟通，而这种次级关系被学者广泛认为是外来工开始适应城市的关键社会资本。即使是居住在居民区里的农民工，与社区居民几无交流，甚至时有矛盾。经常发生的情况是，一个住宅套内租住人数过多（每个房间住3～5人是常见现象），噪音过大，而且很多农民工生活习惯不够文明，导致邻里矛盾时有发生。虽同住一个社区，社会隔离却没有减弱。

（5）对现有住房的满意度

① 居住地与工作地临近——满意度高

居住地和工作地融合成生活的核心点，免去了农民工在高强度劳动之余来回通勤的不便。47.8%的被调查者对居住地与工作地临近表示满意。对于雇主而言这也有明显的优势：就近安排的住房利于管理，职工上班准时。

② 所需住房花费普遍低廉——满意度高

除雨润集团需缴纳少量水电费外，入住者都不需要承担任何住房上的花费。这和在周围地段租房的花费（100～300元不等）相比明显低廉，对要千方百计压缩在打工地经济支出的农民工而言有较明显的经济优势。28.7%的被调查者对住房花费表示满意。

③ 房屋条件亟待改善——满意度低

被调查集体宿舍大多数住地狭窄拥挤，室内肮脏零乱，除了被褥衣物，几无他物。

43.6%的被调查者对住房条件表示不满意(集中在同住人数太多,房屋质量不好等方面)。其中以对工棚房屋条件的不满尤甚(主要集中在夏季室内高温上)。

④ 家庭式户型缺乏——满意度低

四处调查地点提供的住房形式均为单人集体宿舍,家属不允许留宿。少数成家的农民工只好外出租房以避免难以照应家人的尴尬。32.9%的被调查者对宿舍户型表示不满意。

(6) 心理适应情况

在问卷中,设置了关于身份定位和未来打算两道题,试图反映出农民工的城市心理适应情况。调查发现,适应层次呈现出职业分异。

① 建筑业从业者经济收入水平较高,但城市适应水平远远低于制造业和服务业

建筑业从业者以农民工群体为主,占南京建筑业从业人员的86%。导致从业者在工作场合极少和城市居民接触,工作地和居住地都与城市隔离,农民工对城市有较强的疏离感。建筑业的强流动性使从业者的居住地经常更换,不满足熟悉城市、融入周围环境的时间要求。工作高强度、长工时,使从业者在工作之余没有精力对城市进一步了解。

② 制造业从业者的收入水平处于中等水平,但城市适应水平三者中最高

制造业从业者与大量的城市居民共同工作,并拥有与之平等的发展机会。社区型的居住形式有利于营造归属感。企业工会的活动组织以及结构严明的管理制度有利于从业者熟悉城市文化。雨润集团的数据表明用人单位的有效措施可促进员工的城市适应。

③ 服务业从业者收入水平较低,收入差异性较大,但城市适应水平较高

服务业从业者工作中主要接触人群为其服务对象——城市居民,更利于接触城市生活方式。工作地分布在城市中心区,易于接触到周边城市设施;住区散布在周边社区中,生活轨迹与城市的交集较大。

其他一些外来流动人口较多的城市,在解决这些人口住房问题上也进行了一些探索。

① 苏州市的政府引导,企业投资建设模式

截至2004年底,苏州市进城务工人员已达300多万,集中居住率达到48.27%。为解决外来务工人员的住房保障,苏州市工业园区适时建造了青年公寓、打工楼等,由政府引导企业投资,包括豪华公寓、单身公寓、集体宿舍等几种模式。2004年累计开工75.72万平方米,竣工50.93万平方米;2005年新开工30万平方米,竣工30万平方米。[113]

② 长沙市的政府主导建设模式

有的城市政府比较重视农民工住房问题,但主导建设的此类廉租房却未取得实效。如长沙市由政府主导建设的廉租农民工公寓"江南公寓",虽然环境优美设施齐全,但入住率很低。究其原因在于,一是没有充分考虑农民工的工作及其流动性特点,廉租房地点不是务工集中区,如果距打工地点较远的话,交通费用将成负担;二是对农民工务工环境的现实状况认识不足,入住条件之一是劳动合同经劳动和社会保障部门备案,在用工单位对于农民工保障意识和农民工自身维权意识都尚弱的前提下,这一条件十分难以满足。[114]

前后两者相比,苏州的建设模式更为可取。即在外来流动人口集中的产业园区,建设统一管理、供企业租用的不同档次的员工宿舍,既集约利用土地,又完善了产业园区的居住配套功能,增强园区对各类劳动力(包括高素质人才)的吸引力。最重要的是让企业对自己的员工承担起一定的住房保障责任,既没有给政府增加财政方面的负担,又能够保证实效。

综上所述,可以得出以下几点结论:

（1）由企业等雇主担负起改善农民工居住条件的责任，能够达到"职住距离近"、"住房费用低廉"等最基本要求。

图 4-24　苏州工业园区青年公社[115][116]

（2）制造业在引导农民工适应城市方面具有较强的优势，但大多处于新区中的工业园区，设施虽由企业提供，但毕竟不够完善，且与城市的融合度不够。对于农民工数量较大的工业园区，政府应发挥引导作用，组织企业或开发机构进行集中建设，形成配套更为完善的社区。建议学习苏州经验，将不同层次的外来务工人员适当混居，促进融合交流。有可能的话，进一步密切集中建设区与城市住区的关系，促进外来农民工与城市社区的交融。

（3）服务业在引导农民工适应城市方面也具有较强的优势。应培育多层级的住房租赁市场，完善出租房管理政策，如根据住房面积限定人数等；而社区应担负起协调责任，对不文明行为进行教育引导，促进理解和沟通，减少邻里矛盾。

（4）建筑业在引导农民工适应城市方面作用不大，应以提高工棚的居住质量为主。

（5）完善廉租房制度，对于长期生活在城市、对城市作出持续贡献者，提供住房供应渠道，促进其彻底城市化。

# 4.3　城市规划效用分析

## 4.3.1　针对新区居住空间功能的城市规划效用

对以南京市为主的新区居住空间的功能进行分析，可以观察到城市规划在其中所起的作用，既表现出许多成绩，也暴露出种种问题，见表4-9。

表 4-9　城市规划效用分析

| | 居住空间格局 | 公共设施配套 | 居住空间形态 | 微观空间品质 |
|---|---|---|---|---|
| 成绩 | 基于可持续发展理念，城市与新区总体规划层面对居住空间的布局研究日渐重视生态分析与公交导向的交通规划 | 进行了基于市场经济条件和各管理部门发展趋势的公共服务设施配套标准改革，在河西新区的建设中根据不同地区具体情况确定公建设施的具体分级及各级规模 | 在政府强力推动土地市场运营和加强新区吸引力的背景下开始重视道路系统和开放空间系统规划，地块开发密度在集约理念下也有所提升 | 主要体现在市场推动下对居住需求和舒适性的满足，如加强对物理环境的规划控制，适应汽车时代的内部交通系统创新，基于景观追求的绿地系统创新，丰富多样的住宅造型和空间环境等 |
| 问题 | 缺乏更为系统的能够协调居住空间和就业空间、居住空间和城市交通体系的居住空间体系指引缺乏对新区居住空间发展的动态指引和联动发展计划 | 配套设施规划布局的适应性总体显得不足，除了河西新区在分级层面强调适应性以外，其他新区在分级、乃至规划布局如何适应市场运营和提升新区活力方面不甚理想 | 中观层次规划对居住空间整体控制不足，对特色营造重视不够，导致空间形态趋同、缺乏空间特色与活力，居住空间表现出整体的粗放发展与地块内部争奇斗艳的两极化怪异现象 | 由不健康的市场导向而产生，如空间环境与社区形象过于追求视觉效应、豪华风格以及与身份标签的对应，忽视生态效应，忽视对城市居住生活的深层次建构，缺乏文化内涵，住宅设计忽视中小户型设计等 |

目前我国城市居住空间的规划与建设，通常都以经济效益为主导目的，在经济全球化的态势下，更是成为地方政府塑造城市形象、增强城市竞争力、招商引资的重要砝码，而对于居住空间的其他重要方面却没有引起足够的重视。城市规划在居住用地总量平衡以及宽泛的发展方向上有所引导，为政府提供批租土地的地块蓝本，微观层面比较注重与市场的契合。已取得的成绩多体现在规划与市场经济的结合方面，规划体系与规划理念有所进步，而同时众多问题的存在也凸现出进一步改进的迫切性与重要性。

城市规划亟需从更高的视野、更全面的角度综合考虑经济效益与社会效益、短期效益与长远效益。在宏观层面应加强居住空间体系研究、加强对于居住空间的动态发展引导；中观层面突出公共设施配套适应性研究，加强居住空间形态的针对性研究；而微观层面应减少浮躁虚华、不以人为本的设计，提升设计内涵，注重集约型住宅设计研究。

### 4.3.2　针对新区居住空间社会性的城市规划效用

新区居住社会空间结构的总体趋势是丰富性和混合度渐趋降低，而低收入居住空间格局的差异性与新区的发展基础、发展定位以及发展理念有关，其被隔离和排斥的程度呈现出一定程度的不同。可以说，对于目前新区的社会空间结构和低收入居住空间的布局，主要是市场力和行政力在起作用，规划对此几乎处于失语状态。从四类值得关注的居住空间类型的解析可以看出，在承载低收入居住空间的保障性住房建设中，规划没有显示出特别的引导作用。

城市规划涉及空间资源的配置，而空间资源兼具物质属性和社会属性。对于保障性住房来说，其在地理空间的定位，应综合考虑总量、单元属性、交通区位、就业环境、社区环境等多种因素。保障性住房规划，应使被保障人群获得可持续发展的可能，而不仅仅是只有一处容身之所。然而现实情况是，保障性住房规划对于上述这些因素的综合应对是比较迷茫的。

就以区位选择来说，似乎总也脱不开简单的二分论，即"建在外围地区还是中心地区"？"建在外围地区，市民因位置远、生活配套不完善不愿意去住"与"建在中心地区，土地的市场价值得不到充分发挥，政府也不情愿"的矛盾局面似乎难以化解。

保障性住房规划如何破解类似困境，需要进行深入细致的研究。然而从现状来看，相关规划研究尚存在以下缺失。

（1）规划研究基础薄弱　　长期以来，缺乏保障性住房的统筹规划，因此也就缺乏基础性的研究工作。对于已有的保障性住房，缺乏系统的跟踪研究，已有的调查研究多是就事论事、问题—解决型的探讨，研究视野较为狭窄。

（2）规划体系不完善　　目前保障性住房的规划只有两级，宏观层级为粗线条的住房建设规划，着重于量的控制，但这一层级量的预测准确度通常不高；微观层级则为建设地块的详细规划。而中观层次的保障性住房在空间上的区位选择与规模确定，则缺乏相应的规划研究和控制，既缺乏指导性规范的支撑，也没有在相应的法定规划体系中予以落实，通常情况下是行政干预的结果，没有作足够的、针对性的规划研究。

（3）规划目标不明确　　除了满足被保障人群基本居住需求以外，相关规划所要达到的目标多为关注的是物质层面的目标，诸如配套齐全、环境优美、功能完善等。社会层面的目标鲜有提及，缺乏居住空间与就业空间的良性互动、缺乏针对被保障人群的社区支持。而物质空间的建设，离开社会层面的支持，则会造成管理不善、经营不善等后果，这一点在配套设施建设方面尤其显著。

（4）规划制度不健全　　中国快速推进城市化的进程导致大量新社区的出现，而由于缺乏对于社会属性的考虑，似乎只有先建设、后完善这一条路径可走。保障性住房规划不应仅仅关注基本居住需求的满足，在具有中国特色的社区发展背景和现状阶段下，保障性住房规划如何兼顾被保障人群的可持续发展和社区结构的和谐，尚应有相应配合机制确保有关支撑条件的联动完善。

（5）设计组织不重视　　营利性的商品住区开发，其规划设计是开发商前期工作的重心之一，通常会精心选择设计团队，在项目策划的基础上组织进行规划设计，开发商自身的设计力量也会投入其中。相较而言，保障性住房的规划设计缺少精心组织。这与保障性住房规划的运作模式相关，从现状来看，此类住房或是由政府下属开发公司、或是通过招投标选择开发商进行建设，由于利润受限、又不需要通过市场出售，开发单位自然缺少通过精心组织规划提升住区品质的动力。也有少数情况，规划设计是由政府组织的，但是由于缺乏相应的专职机构和足够的重视，此种规划组织也就只停留在初期方案比选上，缺乏相应机构与设计单位之间的有效互动，一般也难以获得优质的、具有针对性的规划设计。

上述规划研究的缺失，表明目前的规划力量尚未深入到保障性住房建设的社会经济系统中去，因而对于保障性住房的具体操作起不到科学全面的指导作用，对于保障性住房的政策制定起不到及时有效的反馈作用。


# 本章小结

本章抓住居住空间的功能和社会性这两个层面，主要以南京城市新区为例，解析 1990 年代以来城市新区居住空间建设的实态，重点评析城市规划的效用，既表现出许多成绩，也暴露出种种问题。已取得的成绩多体现在规划与市场的结合方面，规划体系与规划理念有所进步。而同时众多问题的存在也凸现出进一步改进的迫切性与重要性。功能层面的问题主要表现在：宏观层次对于居住空间体系和动态发展缺乏深入研究和控制；中观层次规划，公共设施配套适应性不足，居住空间整体控制不足、对特色营建不够重视；而微观层面浮躁虚华、不真正以人为本的设计时有出现。社会性层面的问题主要表现在：居住社会空间结构的丰富性和混合度呈现降低之势，保障性住房规划几乎失语，缺乏空间视野的统筹引导，其社会效果存在极大的偶然性。

# 5 形势与挑战：转型期城市新区居住空间发展的制度环境分析

制度环境的变迁推动了不同历史时期居住空间建设的探索，如市场经济、快速推进城市化、集约用地、和谐社会等不同时期的制度建设要求都推动了相应的规划革新。而制度环境的变迁，本身就是一个不断打破平衡、不断调整的动态过程，对制度环境的深刻体察将有助于深刻理解居住空间的发展背景，有助于更好地承继已取得的成绩、更好地应对产生的问题。目前我国制度环境正处于转型的关键期，对这一时期的制度环境和形势进行分析，将有助于把握这一历史阶段居住空间发展的特点，明确未来发展的挑战。

## 5.1 转型期宏观背景下的新区发展形势分析

### 5.1.1 转型期宏观背景

现代化的国际经验表明，一个国家的现代化进程开始加速、急遽转型时期通常也是社会问题频繁发生的时期。而与西方国家不同的是，我国正处于社会经济的"双重转型"时期（由传统农业社会向现代工业社会转变，由计划经济体制向社会主义市场经济体制转变），且受发达国家后工业生产方式及经济全球化等影响，其所涉及的社会经济层面的变化更为复杂。且当下这一阶段已经走到了转型的关键时期，其标志为人均收入已超过 1 000 美元，经济增长速度加快，社会分化程度加大，利益格局差距加深。转型这一宏观背景具体而直接的表现为经济发展、社会结构等两大领域的深刻变化。

**1）经济发展层面**

社会主义市场经济体制的建立，使得中国的发展世界瞩目。经济发展长期以来提倡"效率优先、兼顾公平"，宏观经济的发展速度是重中之重。在这样的发展观念指导下，中国的经济增长模式成为以投资和出口拉动型经济，内需拉动所占的比例呈萎缩之势。①[117] 由投资带来的产能过剩如果不能由需求消化将导致经济运转停滞，而出口越来越表现出不稳定性，过度依赖出口存在潜在风险。

在城市建设领域，由于工业用地生产投资和房地产投资与 GDP 增长和政府财税增长高度密切的关联性，长期以来激发了"以土地换发展"的思路，这种思路促进了早期快速粗放型的发展，但是以这种模式推动的经济发展越来越呈现出非持续性的危机。土地快速消耗制

---

① 中国由投资形成的国内生产总值比重 1990 年为 35.2%，2000 年为 36.4%，2005 年为 48.6%。而国内市场消费在 GDP 中的比重由 1995 年 47% 下降到 2005 年 37%。

约了未来发展的空间,土地利用效率低下、产业结构不合理、地区之间恶性竞争、环境污染已成为普遍问题。虽然对于节约资源、环境保护、耕地保护的呼声早已达成共识,但由于相关指标(尤其是政府相关考核指标)仍属于隐性指标,使得地方政府进行健康发展的成本大于粗放发展的成本,故而经济发展模式的转型举步维艰。

当下,经济发展的转型诉求主要表现在:力图通过制度创新在全球化、现代化、城市化和信息化的背景下可持续地提升城市竞争力,在资源节约、环境友好的前提下进行产业结构调整、提高自主创新能力,推动经济健康发展。

**2) 社会结构层面**

工业化和市场化的双重推力促成了劳动分工的细化和专业化,以及科层组织在数量和规模上的扩张,社会流动总体上范围扩大、频率加快,但是体制性阻碍因素并未完全消除。转型期体制的不健全导致某些利益团体对资源的掠夺,资源分配过程中不公平现象迭出。而传统的社会支持系统被摧毁之后,短期内无法建立完善的新的社会支持系统。前期改革向资本与权力的倾斜,无法在短时期内扭转,尽管现在中央政府已非常强调经济与社会的协调发展。财富持续集中、收入差距不断拉大,据世界银行报告数据,从 2000 年开始,我国基尼系数已越过 0.4 的警戒线,并逐年上升[118]。

另外,中国的劳动力结构也具有明显的特点——即高端与低端的劳动力同步增加,且低端劳动力的绝对数量庞大,因此经济体制改革所带来的职业结构高级化也体现出与一般工业化国家不同的态势[23:10]。20 世纪后半叶工业化国家适应后工业社会的职业结构变化为白领职业增加、蓝领职业减少,而我国改革开放以来,职业结构的高级化除了表现为第三产业就业空间的增加以外,非正规经济的扩张容纳了大量城市化进程中的非农就业空间和国有企业改革造成的城市隐形失业或失业人员就业空间。而国有企业改革以及长期以来城乡二元制造成大量城乡居民的隐形失业或失业问题促成了非正规经济形式[93:194]。非正规经济因为具备准入门槛低、快速反应等优点,是劳动力市场的重要补充,成为被体制抛出、易受排斥的低技能、农村剩余劳动力的主要就业渠道,然而由于缺乏继续教育以及持续存在的排斥现象(典型如城管部门的粗暴管理)等,非正规经济从业者中能够进行资本积累并实现向上流动者只有少数善于学习、适应能力强者。因此劳动力收入的金字塔型结构很难短期内有所改观。

当下,社会结构的转型诉求主要表现在:力图通过制度创新建构公平的利益分配模式、健全社会保障制度,并在有限责任政府的前提下发动各方组织力量推动弱势群体的可持续发展、摈弃阻碍社会流动的各类体制性因素。

## 5.1.2 新区发展形势分析

在上述宏观背景下,城市新区发展已在经济目标、社会目标和政府作用三个方面表现出转型诉求,并已着手或正进行相应的制度探讨。

**1) 新区发展经济目标——从"粗放型"向"可持续,高效率"转型**

城市新区的建设是基于城市发展整体战略调整而做出的城市空间结构的应对。其初衷是缓解中心城市圈层式发展弊病,为产业结构调整提供更优质的城市空间资源。但是在发展的过程中,出现了一味追求规模效应的"粗放型"现象。认为只有"做大做强"才能"筑巢引凤",认为城市规模扩大,空间资源就会丰富,就可以捕捉更多的流动资本。然而,"筑巢"引来的不一定是"凤",能不能引来"凤"还有赖于"筑巢"的水平,引什么样的"凤"有赖于"筑巢者"的智慧。简单地以土地换发展是不可持续的。

新区经济发展必须从更深层次考虑,向"可持续,高效率"转型。新区经历了粗放型发展后,到了必须从区域层面加以整合、提升经济发展区域环境的阶段,从区域层面对新区职能加以定位,否则不能缓解地区之间的恶性竞争、区域产业结构的不合理现象。其次,培育内生创新型的产业是我国经济健康发展的保证,而创新依靠人才,应在区域层面统筹工作与生活空间的关系、提升综合环境品质,为吸引人才提供优质的城市发展空间。

**2) 新区发展社会目标——从"忽视社会目标"向"统筹社会经济发展"转型**

长期以来,新区发展单方面关注经济目标,忽视社会目标,造成新区的社会效益存在极大的偶然性。不少新区存在这样或那样的社会问题,主要表现在两方面。一是土地征用过程中引发的社会问题。如尽管有珠三角的前车之鉴,不少新区仍然遗留下城中村问题;有的新区肆意压低征地成本,失地农民权益不能得到保障,产生社会不公;有的新区虽然拆迁补偿水平较高,但是对于失地农民的安置不能推进其可持续发展,产生社会排斥。二是城市建设过程中引发的社会问题。很多新区只关心投资带来 GDP 增长,不注重综合环境建设,有的成为单纯的"生产型"新区,有的成为"空置房地产"集中的新区,有学者将其分别称作"空洞化"和"空心化"现象,不利于吸引人才;而 2000 年以来新区房地产开发的高档化已成为普遍现象,形成了新的居住空间分异。

社会和谐是经济发展的根基。新区不仅仅是经济增长点,通过思想创新、制度创新,应力图做到"诱发新的生产、生活方式,甚至新的城市文明"[119]。因此,一方面,要以区域视野从生产、居住、生活、通勤等多方面统筹,力图构筑兼具经济活力和社会活力的新区。另一方面,新区不能重蹈旧城区单中心发展而产生不健康的居住空间分异现象的覆辙,力图构筑健康的社会空间结构,使各阶层都能共享改革成果、拥有平等发展机会。

**3) 新区发展政府作用——制度和理念两方面的转型**

长期以来,新区建设多由地方政府推动。而地方政府财权与事权明显失衡,使得"土地经营"被扭曲为片面的"以土地换发展"的挡箭牌,如:大量批租工业用地来吸引工业投资进而获取"工业生产增值税",或者大量批租居住用地获取"土地出让金"进而获取"房地产税",有些地方政府甚至与房地产企业结成利益联盟。在利益驱动下,政府行为带有明显的市场色彩。虽然无论是靠"以地生财"来获取新区建设的城建资金,还是在现行法律框架下成立"城市建设投资公司"进行融资来引领公共建筑的开发建设,还是通过建设—经营—转让模式(Build-Operate-Transfer,简称 BOT)等形式吸引多渠道投资,其主要运作思路都是市场化,逐利性强。在这样一种建设机制下,地方政府在推动经济可持续发展和社会和谐发展方面的作为大受限制,"心有余而力不足"。

这种情形若要转变,相关制度必须加以创新,发展理念也亟须转变。制度方面,已有学者建言中央政府应进一步完善法规、政策,借鉴他国宝贵经验(如英国《新城法》等),在国家层面改革财税制度,将地方政府从资金困境中解脱出来,同时亟需规范新区开发涉及的征地、基础设施建设、公共设施建设、运营管理、建设资金渠道等[119]。而地方政府也应积极转换新区发展思路:从追求速度向追求质量转型,对新区的开发建设过程进行跟踪研究,及时发现问题,进行协调和控制,避免问题累积;从追求短期效益向追求长期效益转变,从区域角度确定长远发展目标定位,注重支撑其长期持续发展的综合环境建设,持续增强新区对企业和人才的吸引力；从单纯追求经济发展向同时注重社会发展转型，重视新区的社会空间结构研究，使得新区建设能够健康地推动中国国情的城市化进程，各阶层和谐共荣、拥有平等发展机会。

## 5.2 转型期住房制度及政策环境

### 5.2.1 住房政策发展的历史回溯

进入 21 世纪，我国以追求速度为导向的发展模式已越来越不适应可持续发展的要求，其弊端已被中央政府所认识，国民经济发展模式已从"又快又好地发展"向"又好又快地发展"转型，在强调经济发展的同时，"和谐社会"理念已深入人心。国民经济发展模式的转型也体现在住房政策的转型中，希冀建立投资合理、结构合理、价格合理的住房市场格局，住房作为商品的特殊属性得到全面关注。

随着住房体制改革的深入推行，十余年来的住宅建设有效满足了计划经济时期被压抑的住房需求，人均居住水平逐年提高，房地产业也得到了长足的发展。然而，这也是一段跌宕起伏的改革历程，我们可看到摆脱历史遗留问题的努力、一度出现的矫枉过正以及当今在建构和谐社会理念下的政治理性和市场理性。所有的进步和问题都与住房这一特殊商品的商品属性和社会属性、住房供应体系的产业政策属性和公共政策属性之间的平衡与失衡有关。

1990 年代以来，相关住房政策表现出自计划经济向市场经济的转型，再自过度偏向产业政策向兼顾公共政策的复归这一螺旋式上升的演变路径，见表 5-1。

表 5-1　1990 年代以来住房政策的演变

| 历史阶段 | 相关政策与措施 | 实 际 效 果 |
|---|---|---|
| 阶段一（1990 年代中期至 2000 年）：深入推进住房制度改革，培育多层次住房供应体系 | 1994 年国务院下发《关于深化城镇住房制度改革的决定》，明确提出建立与社会主义市场经济体制相适应的新的城镇住房制度，实现住房商品化、社会化；1998 年国务院下发《国务院关于进一步深化城镇住房制度改革加快住房建设的通知》，进一步明确提出"停止住房实物分配，逐步实行住房分配货币化；建立完善以经济适用房为主的多层次城镇住房供应体系" | 逐步加大租金改革力度，以加快公房出售为契机，培育房地产交易市场，于 20 世纪末全面停止了住房实物分配。房地产业和国民经济之间的关系发生了根本性变化，已从被动受国民经济影响的滞后性产业，转变为主动影响国民经济的先导性产业。值得注意的是其中经济适用房，或称安居房的建设量也较为可观。以江苏为例，1998 年全省房地产开发企业的住宅投资中经济适用房投资所占比重为 13.0% |
| 阶段二（2000—2004 年）：住房商品化供应成主导，同时市场结构渐趋不合理 | 一方面，自 1999 年下半年起，住房二级市场开始放开，允许公改房上市交易；另一方面为促进房地产发展，国家出台了一系列税费优惠政策，使住房需求在短时期内迅速膨胀。除了主动购房需求之外，因拆迁导致的被动住房需求也大为增加 | 住房商品化基本替代了任何一种带有计划性质的供应方式，从计划经济向市场经济转型的住房供应体系一度出现了矫枉过正的局面。房地产市场的趋利性日益明显，在住宅建设量逐渐增加的同时出现了种种不健康现象。江苏省在房地产开发过程中，别墅和高档公寓增长明显过快，经济适用住房供给则显不足。有些城市的经济适用住房也追求高档化、面积扩大化，住房市场结构日趋不合理，供求结构失衡不断加剧，有效供给不足继续扩大 |

| 历史阶段 | 相关政策与措施 | 实 际 效 果 |
|---|---|---|
| 阶段三(2003—2005 年):加强住房保障制度,房地产业受到的制衡仍极其有限 | 《关于促进房地产市场持续健康发展的通知》(国发〔2003〕18 号文)、《国务院办公厅关于控制城镇房屋拆迁规模严格拆迁管理的通知》(国办发〔2004〕46 号)、《城镇最低收入家庭廉租住房管理办法》(2003 年 12 月 31 日,建设部、财政部、民政部、国土资源部、国家税务总局)、《经济适用住房管理办法》(2004 年 5 月 13 日,建设部、国家发改委、国土资源部、人民银行) | 通过加强住房保障制度来制衡房地产市场的不健康发展取得了一定效果。经济适用住房、廉租住房重新得到了重视。通过控制拆迁规模缓解被动性住房需求的过快增长,拆迁居民的赔偿标准也得到了相应的提高。但是经济适用房和廉租保障面狭窄,对房地产业的制衡作用极其有限 |
| 阶段四(2005—2009 年):加强调控和引导,住房市场处于动态调整期 | 国务院办公厅《关于切实稳定住房价格的通知》(国办发明电〔2005〕8 号)、国务院办公厅转发建设部等部门《关于做好稳定住房价格工作意见的通知》(国办发〔2005〕26 号)、2006 年 5 月国务院办公厅《关于调整住房供应结构稳定住房价格的意见》、2007 年《关于解决城市低收入家庭住房困难的若干意见》(国发〔2007〕24 号)、住房城乡建设部等九部委《廉租住房保障办法》(建设部令第 162 号) | 政府调控作用开始增强,逐步明确地方政府在住房保障方面的责任。目前房地产市场正处于动态调整、找寻平衡点的时期。媒体的风向也在逐渐加强对"平民住宅"的关注,对居住舒适性的认识更为理性,房产开发理念也在调整之中。但由于住房保障面仍然狭窄,而 2008 年全球金融危机压力使得政府相关金融、房贷、税收等政策变动较大,商品房价格涨幅难以真正被控制 |
| 阶段五(2010 年—):加强调控和引导,同时开始扩大住房保障面,关注保障性住房规划编制 | 《国务院关于坚决遏制部分城市房价过快上涨的通知》(国发〔2010〕10 号)、《国务院办公厅关于促进房地产市场平稳健康发展的通知》(国办发〔2010〕4 号)、建设部等《关于加快发展公共租赁住房的指导意见》(建保〔2010〕87 号)、《关于做好住房保障规划编制工作的通知》(建保〔2010〕91 号) | 开始扩大住房保障面,明确指出发展公共租赁住房,是完善住房供应体系,培育住房租赁市场,满足城市中等偏下收入家庭基本住房需求的重要举措,开始关注保障性住房规划编制,对 2010—2012 年保障性住房建设规划和"十二五"住房保障规划编制工作提出要求 |

## 5.2.2 房地产业的转型

市场经济必须坚持,但是对具有公共产品性质的"特殊商品"——住房,政府则必须加以调控。"中国作为转轨经济国家,政府控制着所有房地产用地却对带有公共产品性质的房地产实行价格彻底的市场化,既不符合世界潮流,也不符合经济学规律。"[120]从世界各国看,经济如果严重依赖高投资、低附加值、低技术含量、缺乏持续性的房地产是很危险的,社会资源大量集中于房地产行业,对其他产业投资、消费将产生明显的挤出效应。对房地产的过度依赖会导致宏观经济结构的不合理,抑制经济发展的竞争力。

房地产业转型必须把握的是——中央政府试图创建"具有中国特点的住房建设和消费模式"。首先,房地产业对发展经济、改善人民群众居住条件有重大作用,必须促进房地产业持续健康发展。其次,从我国人多地少的国情和现阶段经济发展水平出发,应合理规划、科学建设、适度消费。因此,必须正确运用政府调控和市场机制两个手段,既充分利用市场在资源配置方面的高效率,又要保持房地产投资合理规模、优化供应结构,加强房价监管与调控,抑制住房投资型消费,保持合理的价格水平,增加住房的有效供应。

房地产业已在以下几个方面着手转型调整[121]:

(1)政策引导从房改后片面强调经济属性向强调公共属性方面转型。重视民生方面的考虑,缓解中低收入住房、廉租房不同程度的政策缺位、资金缺位、管理缺位等问题。

（2）住房需求从房地产投资功能向使用功能上转移。拉动有效的内需，控制房地产非理性需求。

（3）住房产品从资源消耗型向资源节约型转变。中小户型住宅成为主导型的住宅方向，引导健康的居民消费观，房地产企业的经营理念、运作模式也要随市场的变化进行调整。

（4）金融资源配置从一味扶持向提高配置效率转变。对于需求方，通过调整房地产贷款利率、调整首付比率、调整税率等一系列手段，控制非理性需求；对于供应方，遏制社会资本盲目投向房地产，消除资金过多流向房地产的现状，促进宏观经济健康发展。

但是以下几个问题值得注意：①住房保障面仍然狭窄；②住房供应还是几乎被房地产商所垄断，缺乏多种社会资金参与的形式；③土地供应方面，由于缺乏集体土地流转制度，加之地方与中央政府事权与财权不平衡，导致土地市场被地方政府所垄断。所有这些问题的存在，都使得房地产市场难以真正被调控。2008年全球金融危机压力使得政府相关金融、房贷、税收等政策变动较大，商品房价格的惊人涨幅再次证明了这一点。2010年，中央政府再度出重拳调整，但是其能在多大程度上起到作用值得商榷。

### 5.2.3 保障性住房政策的转型

保障性住房的建设正是考察住房的社会属性和供应体系的公共政策属性的焦点。2006年国家出台的相关政策明显增加了住房保障方面的力度，明确了政府的责任。面向大众阶层的中小户型和经济适用房成为住房供应的重点，经济适用房应租售并举、廉租房应加大建设也得到明确，这表明政府在落实住房保障方面迈出新的步伐。但也面临众多掣肘，主要集中在金融保障、申购与退出机制、流程管理等方面。

（1）金融保障　财政部等三部委要求，未来各地政府需拿出土地出让净收益的5%，设立专项账户用于城镇廉租房建设；全国40%公积金增值收益缴入国库，并设立专户用于廉租房建设。然而，随着租赁型公共住房建设量的加大，这些资金难以支持庞大的建设开支。有专家指出，资金来源不仅应从土地出让金中提取，还应该有更多渠道，比如银行的低息或无息贷款，比如政府的其他财政补贴，开发商的税费优惠，甚至可以考虑通过政府资产证券化的方式将出租型保障类物业放到资本市场融资。

（2）申购与退出机制　申购条件的制定和审核，以及能够保证资源充分有效循环利用的退出机制是技术性很强的一道难关，直接影响政策实施效果和舆论评价。由于申购体制不健全，在腐败与投机共同操作下，某些地区的经济适用住房操作过程中曾出现严重的"对象失控，面积失控，价格失控"等问题，背离了经济适用房建设的良好愿望。

（3）流程管理　前期的选址，后续的销售、管理都需要投入精力，这些都直接影响了地方政府推动保障类住房建设的积极性。2007年全国政协会议一号提案指出，"中央和地方政府需要成立专门的以发展公共住宅为职能的机构。该机构应全权负责公共住宅的土地供应、规划、设计、建造、出售和租赁管理，资金列入国家预算。"[122] 在专门机构的组织下，充分利用市场机制，可以提高保障类住房建设的经济效益和社会效应。

（4）保障对象　保障对象涉及面狭窄是影响房地产调控效果的重要原因之一。各地已在扩大保障面方面有一定的新尝试。江苏省住房和城乡建设厅在部署全省各市、县"十二五"城市住房保障规划编制工作同时要求，在未来3～5年，各市要实现新就业人员、外来务工人员申请公共租赁住房"应保尽保"；中低收入住房困难家庭申购经适房"应保尽保"，而部分住房特殊困难的中低收入家庭还可以申请公共租赁住房。

上述转型期住房政策的转型表明,对非保障类商品住房,政府有限干预,出发点是促进宏观经济健康发展,推动资源集约型的城市发展;对保障类住房,政府主导,但充分利用市场机制,主旨是使社会各阶层共享改革成果,共同持续发展,建设和谐社会。

在政府的有效介入下,充分利用市场经济,住房保障体制应该可以解决建设资金的良性循环、分配机制的公平合理、建设管理的高效有序等难题。从上述的保障类住房政策的障碍分析来看,这些障碍在各方力量的推动下已有突破的转机,需要在实践中进一步探索并最终加以解决。

### 5.2.4　相关政策的负面效应与解决可能

1990 年代以来,住房制度改革、土地有偿使用等相关政策的制定具有划时代的意义,推动了住宅供应日益去福利化、商品化的进程。这一进程与当时我国迫切希望快速发展、提升国力、吸引投资的大背景相结合,在其他相关政策的配合下(包括针对行业、政府和个人的金融信贷等政策,房地产交易的税费等政策,房地产行业管理政策等),成就了房地产行业在经济增长中的主力地位。

住宅市场化开发成为"政府(及其下属部门)、住宅的开发者(开发商和投资商)以及住宅的使用者公共表现的舞台"。"他们为了追求各自的特定利益,扮演了不同的角色,继而影响了城市住宅空间的格局。房地产商在企业家政府的市场化导向下,主宰了住宅空间格局的变化;而城市居民在有限的选择下被动地接收了这一空间的变化。"[93: 194]这一过程导致了很多城市住房的去福利化近乎完全彻底,对市场机制的运用被转换为冠冕堂皇的向资本利益倾斜的理由,从而政府逐渐丧失对住宅市场的引导与调控的主动性,具体表现在土地放量、住房结构、住房价格、居住综合环境等等方面都缺乏科学有效的引导。

缺乏引导与调控的住房市场一方面提升了住宅的建设量,尤其是对人均居住面积的提升作出了重要贡献,对中高及高收入者的择居提供了很大的自由度;另一方面,住房市场已逐渐将中低尤其是低收入者排斥在外,导致了具有中国特色的城市居住空间的社会分异,不利于社会的稳定和房地产经济本身的持续发展;最后,这种住房市场与中国当前缺乏多样化的成熟的民众投资渠道的大环境相结合,造成了"流通性过剩",大批社会民众资金进入进行投机炒房,促成了房价攀升的局面。

进入 21 世纪,我国以追求速度为导向的发展模式已越来越不适应持续发展的要求,弊端已被中央政府所认识,同时住房制度从一个极端向另一个极端的转化所带来的负面后果也已经凸现。相关政策开始进行调整,是整个国民经济发展模式的转型在住房生产领域的体现,希冀建立投资合理、结构合理、价格合理的住房市场格局,住房作为商品的特殊属性得到重视。

值得注意的是,这些政策的调整也带来一些负面效应,这些负面效应经常会被改革所要触动利益的群体作为把柄来阻挠相关改革的进行。但是这些负面效应具有解决的可能性,见表 5-2。

作为社会所必须承担的改革成本,这些负面效应一定时期内还会存在,但是经过进一步的实践和基于实践基础之上的调整,即使困难重重,我们仍应不断努力。

表 5-2　相关政策调整的目的、负面效应与解决可能

| 政策类型 | 调整目的 | 负面效应 | 解决可能 |
|---|---|---|---|
| 土地严控的相关政策 | 土地与住房的集约供应 | 土地作为资源的稀缺性更为突出,地价将持续上涨,从而带动房价继续上涨 | 对土地总量严加控制与根据土地利用性质分类控制相结合:应进一步严控工业用地,但对居住用地应在近期适当扩大供应;对居住用地也应区分商品房用地、中低价商品房用地、经济适用房用地分别处理 |
| 房产调控的相关政策 | 增加住房的有效供应,稳定住房价格 | 住房结构向小户型的倾斜强化了中大户型的稀缺性,从而增加了一部分因自住需求试图购买中大户型的居民的购房成本 | 通过全面提升小户型的设计质量(包括功能、节能等),将减少居民对于中大户型的需求;在住房结构小户型的量达到一定程度后,可扩大中等户型供应量;而对于大户型,则可交由市场调解 |
| 保障类住房供应的相关政策 | 增加保障类住房供应量,解决低收入者住房问题 | 保障类住房供应中的寻租问题与其建设初衷背道而驰;保障类住房普遍存在的选址不当、质量低下降低了信用度,甚至强化了空间隔离 | 通过申购与退出机制的完善,通过加强保障类住房的规划研究,通过加强建设监管,可有效解决 |
| 个人购房的信贷限制以及房产交易的税费政策调整 | 遏制投机炒房,遏制大户型的需求 | 由于炒房者将增加了的交易成本转嫁,反而增加了基于自住需求的购房成本;信贷门槛的提高同时也增加了基于自住需求的购房者的资金压力 | 双刃剑效应必将在一定时期内存在。但长远来看,限制投机炒房将对房价稳定起到有利作用;而随着中小户型住宅以及保障类住宅的增多,将降低购房者资金压力。且信贷限制政策可以进一步优化,强化对投资型购房的限制,但放松满足自住需求一定面积范围内的限制 |
| 对房地产企业的信贷限制以及土地交易的税费政策调整 | 提高房地产投资门槛,遏制社会资本盲目投向房地产 | 房地产企业有可能通过进一步提高房价来缓解资金压力 | 通过成本监管和价格监管,尤其对于中低价住房在土地供应时就应明确价格限制,迫使企业运作综合考虑成本与获利。提高房地产投资门槛,通过优胜劣汰培育一批信誉度好、资金雄厚的房地产企业,也有利于行业本身的健康发展 |
| 加强住房建设规划的相关政策 | 将房产调控的相关政策落实到土地利用规划层次 | 重点在量的保证和落实,对动态空间发展规划、和保障类住房规划缺乏科学指导,有可能降低规划的实效性甚至加剧空间利益的不公平 | 通过加强住房建设规划的研究,在基础研究、规划制度、规划体系、规划组织方面加以改革,有望建立起具有中国特色的住房建设规划体系 |

# 5.3　转型期居住观

　　中国农业社会的历史非常漫长,在古代农业社会中,家庭是非常重要的生产组织单位和基本社会组织单元,大家庭聚居的模式延续了几千年。住宅作为传统家庭繁衍生息的空间载体,兼具物质与精神双重意义。基于传统礼制和中国农业社会经济背景下产生的院落住宅具有建筑与自然相交融的"天人合一"的特点。对家庭和住宅的重视使得中国人具有一种持家置业的根深蒂固的传统观念。

　　鸦片战争以来,西方的工业文明逐渐传入我国,一些大中城市工商业得到了发展。传统的居住观念受到了冲击,家庭不再是组织生产的基本单元,而是构成劳动力再生产的基本单元,家庭结构出现小型化趋势。在一些城市逐渐出现了早期房地产运作下建设的住宅,如上海的里弄住宅。

新中国成立以后,在计划经济体制下和在建设社会主义大家庭的观念下,重生产、轻生活,全民的居住需求受到了压制。改革开放以来,逐渐构筑起住宅商品市场体系,居民被压制的居住需求在新的时代背景下得到了很大程度的释放。20世纪以来中国人口快速膨胀,中国成为人地关系紧张、土地资源极为短缺的发展中国家,适应三口之家的中高密度住宅逐渐成为建设的主要类型。

1990年代以来,随着住宅供应的去福利化和近乎彻底的市场化,在追求发展速度、吸引投资的城市经营理念下,在居民缺乏多元化的自有资金投资渠道的背景下,房地产企业通过利用媒体宣扬可使其利润最大化的居住价值观和消费观。从1990年代后半叶至21世纪初期,主流宣传的高质量住宅无不是带着炫耀富有的姿态,"贵族情结"、"欧美情结"不一而足。这种宣传导向很容易与中国传统的居住观相结合,从而导致追求大面积住宅和住区内部环境的贵族化。这种居住观对于设计者的影响是忽视实用、真正高品位的设计;对于居民而言,则会引导不切实际的消费观,认同虚华、浮躁的设计品味。

另一方面,经济全球化、信息技术的发展对城市产业结构的影响越来越明显,第三产业逐渐替代第二产业成为主导,生产力和生产方式的变化进而影响着家庭结构、生活方式,家庭结构总体继续小型化趋势、同时呈现多元化倾向,而可持续发展、和谐发展的理念也渐渐深入人心。通过深化改革、持续完善住房供应制度体系,在政府对房地产市场的恰当调控下,将会促进居住观念的转换,使得传统居住文化与现代生活找寻到合适的交汇点。我们已可以从媒体的宣传导向中观察到可喜的变化。

(1)对住房拥有的观念将有所改变 拥有产权是对住房的拥有,没有产权有稳定的居住权也是拥有。能否拥有产权应根据各人的经济水平而定,居民应有多种选择的可能。"一步到位"的消费理念是房价居高不下的重要原因。住房是价值最大的超耐用消费品,即使在发达国家,居民住房自有率也仅为50%左右。如美国住房自有率为65.5%,瑞典住房自有率为42%。

(2)对理想住宅的观念将有所改变 中小户型住宅设计质量的提升,将使人们对于居住面积的盲目追求让位于对设计质量的要求。集约用地、共担环保责任思想的普及,将进一步提升居民对高密度住宅的接收程度。

(3)对居住环境的观念将有所改变 随着家庭服务社会化,人们可以逐渐从事务性的家庭活动中解脱出来,对城市生活环境的整体要求随之增高,逐渐从对小范围的居住环境的关注转向更大范围的宏观居住环境。这一点将随可持续发展、和谐发展理念的深入人心得到进一步强化。

# 5.4 制度环境影响下城市新区居住空间发展的阶段性特点

新区居住空间发展离不开特定的城市发展背景、市场背景和政治背景。这些背景所涉及的社会、经济、政治等诸要素之间相互作用、相互影响,共同作用于住宅市场的变化特征——包括消费需求变化特征以及从供给角度出发的住宅建造产业的变化特征等,落实到居住空间发展的物质空间和社会空间中,使新区居住空间体现出不同的阶段性特点。在转型期制度环境变迁的影响下,2005年以来的发展已呈现出新趋势,在制度的持续完善下,未来发展将体现出新特点，见表5-3。

表5-3　制度环境影响下城市新区居住空间发展的阶段性特点

| | 阶 段<br>项 目 | 第一阶段<br>1990—2000 年 | 第二阶段<br>2000—2005 年 | 未来发展走向<br>2005 年以来 |
|---|---|---|---|---|
| 制度背景 | 政府角色 | 全能型政府向经济建设型政府转变 | 经济建设型政府 | 经济建设型政府向公共服务型政府转变 |
| | 市场作用 | 处于培育期的房地产市场 | 逐渐成熟却日渐暴利的房地产市场 | 向合理调控下的房地产市场转型 |
| | 供应体系 | 兼顾中低收入者住房需求的住房供应体系 | 几乎完全去福利化的商品住房供应体系 | 市场体系下的商品房供应体系与政府主导、市场运作的保障性住房供应体系 |
| | 消费需求 | 以改善居住条件的自住需求为主 | 自住需求、异化的自住需求、投资与投机需求 | 向理性的自住或投资需求转型 |
| | 新区职能 | 承接主城溢出功能；在自身基础上逐步发展 | 承接主城溢出功能，培育新的经济增长点；效率第一，兼顾公平 | 区域层面的职能定位；追求又好又快地发展 |
| 居住空间发展阶段特点 | 建设目的 | 疏散旧城人口，改善居住条件，截留农村城市化人口 | 疏散旧城人口，改善居住条件，截留农村城市化人口，辅助培育新的经济增长点，以地生财 | 建设与旧城协同发展，人与人、人与自然和谐的新家园 |
| | 规划作用 | 务实型规划，注重住区公共服务设施的配套，为已出现的需求提供技术支撑 | 超前规划，尤其注重景观、大型公共设施、大型产业项目、交通的规划带动作用，引导土地储备和投放 | 强调前瞻性与发展控制相结合的规划，不同需求层次的应对，关心中低价、经济适用房 |
| | 空间发展形态 | 沿交通廊道的线状发展，交通等区位良好地段的点状蔓延式发展 | 以大型项目启动（公共设施、旅游项目、交通节点）的片区面状快速发展 | 与交通协同、与产业协同、与公共设施协同的紧凑发展模式 |
| | 社会空间结构 | 安居房、经济适用房、拆迁安置房、中低档次商品房、城中村等的混合布局，与高端住宅区的分异初显。但尚未出现明显的排斥现象 | 忽视弱势群体的空间利益，日益明显的居住空间分异，高收入者的择居自由与中低收入者形成鲜明对比，社会排斥加剧 | 注重通过社区的再发展缓和已经出现的排斥现象。新建设区注重各阶层居民均有平等发展机会，建立适应中国国情的社会空间结构，注重保障性住房规划 |

# 5.5　城市新区居住空间发展的新挑战

城市新区居住空间建设是城市拓展过程中重要的构成部分，应能够推动社会经济的良性发展。当今信息时代、全球化的背景条件下，可持续发展已成为共识。可持续发展可归结为三个方面，即考虑自身行为对环境的影响、对其他人的影响以及对下一代的影响。可持续发展不等同于简单的环境保护，它代表着"经济发展、社会福利和环境安全的整合"。

在政治经济领域，对什么是社会公正以及如何谋求社会公正的探讨也成为西方20世纪后半叶以及中国1990年代以来转型期的主流热点问题。另外，中国特定的土地资源条件和独特的社会经济发展历史，也决定了中国城市居住空间的发展应探索适应自身情况的路径。当下社会经济转型的关键期，一方面市场化和全球化已成为主导城市发展的力量，另一方面追求人、自然、社会和谐发展成为时势所趋。这些背景都决定了中国城市新区居住空间发展面临的新挑战的多元性和艰巨性。

**1）推动经济发展**

城市居住空间的建设不应是孤立的在地理空间上的扩展，能否做到与城市整体发展密切结合，与其他重要功能有效互动、共同推进城市经济高效率的健康发展，是非常关键的。具体可从以下几个方面来衡量：

（1）谋求居住功能与产业功能的整合。西方发达国家城市发展的郊区化过程中曾经出现过严重的居住与就业不平衡：郊区化初期这种不平衡主要体现在社会层面的不平衡，中心区与郊区人口素质与就业岗位的不匹配加剧中心区的衰败；后期主要表现区域层面居住与产业布局的不平衡，居住与产业的过度分散化造成通勤量的增加、交通堵塞环境污染等问题，且不能经由公交建设来解决问题。居住功能与产业功能的整合可以促进城市经济健康发展、提高城市运行效率、降低运行成本，这对于资源短缺的中国城市来说尤为重要。

（2）根据人口特点、人口结构以及相关城市其他建设活动预测确定相应的居住需求，确定相应的住区规模、性质。随着社会经济的发展，作为社会最基本构成单元的家庭也在发生变化，家庭结构、生命周期、生活方式等都会影响其居住决策；另外，随着我国城市建设和城市化的推进，不可避免带来相当多的被动迁居者。因此根据居住需求，结合土地资源情况、居住水平发展计划、城市整体土地利用规划，确定相应的整体层面与分区层面的住区规模、档次、性质等定位，有利于城市土地资源的有效利用，减少建设的盲目性。

（3）远景展望必须与现实的发展过程相结合，根据城市发展的动态控制和阶段发展目标制定住区建设的阶段性计划，切实通过住区建设增进城市的吸引力和竞争力。由于配套设施、基础设施的不完善，由于零星建设造成的生活不便捷、生活气氛不浓郁等问题成为许多城市住区发展的瓶颈。因此综合各类建设要素的阶段性发展计划十分必要，对于短时期内增进城市新建区的吸引力和竞争力意义重大。

（4）与居住空间建设密切相关的房地产业本身即拉动经济的重要方面，政府对其进行的调控和引导应促进该产业稳定、健康的发展。房地产业对于相关产业的拉动成就了其重要的经济地位，但国外经验表明，当房地产业的发展不能提供对于住房有效需求的满足，仅立足自身利益诉求则会导致泡沫效应，并最终由于其与金融市场的密切关联造成广泛的经济负面波动。因此对于居住空间的开发，恰当的调控和引导是必不可少的。

**2）建设和谐社会**

城市是社会经济发展、人民生产生活的重要载体。建设民主法治、公平正义、诚信友爱、充满活力、安定有序、人与自然和谐相处的社会主义和谐社会，要求我们必须在城市建设的过程中增强协调各方利益关系的本领，进一步增强决策的科学性、全面性、系统性，努力使全体人民共享改革发展的成果，安居乐业，安定团结，民主参与各项公共事务。居住空间发展的过程中包含空间资源的分配，因此居住空间的发展必然带有社会性。

一方面，市场经济的发展必然要求通过级差地租对城市用地进行经济有效性的调配；另一方面，市场经济具有偏好强势利益集团的倾向，必须要通过公共管理对社会公正加以维护。

改革开放以来中国社会的发展重塑了整个社会结构，阶层之间的差异日益显现，在追求自身利益最大化的过程中,竞争不可避免,但也随之出现了阶层之间的隔阂。这种隔阂的表现非常复杂,不仅存在于强弱阶层之间的隔阂,也存在于特定事务信息不对称的集团之间,还存在于有意识无意识的城市匿名性之中。在城市居住空间中,空间的社会分异、住区资源的不平等现象、开发商与购房者的种种矛盾都与此有关。著名学者吉登斯(Anthony Giddens)认为,这种隔阂的最大坏处在于使人们逐渐放弃民主参与或转寻其他方式干预公共事务,诸如暴力和强权政治。

城市居住空间作为人民生活的重要载体,应提供恰当的相容性。在市场经济和社会和谐两者间找寻平衡点,既解决广大人民的安居问题又能增进一种和睦共处的氛围,妥善处理与其他功能空间的关系,推进各阶层平等共享城市空间资源,建构崇尚机会均等、合理竞争的积极向上的和谐社会。

### 3) 建构居民新型理想家园

"诗意的安居"是理想家园的终极目标。海德格尔(Martin Heidegger)所称的"诗意的安居"涉及生理和精神两方面的含义,即遮风避雨的庇护所和作为心灵港湾的家园。按照卡斯腾·哈里斯(Karsten Harries)的理解,后者包括归宿感和"仰望星空"的精神思索。实际上也可以这么去理解,家园是一种能进能退的场所,即可以获得来自自然、群体的慰藉,又因此获得进一步探索的推动力。

"经济、适用、美观"一直是住区规划和住宅设计的基本原则,无论是基于发展中国家的经济社会背景还是可持续发展的全球共识,这一原则也应该继续被坚持下去。但是在家园感普遍缺失的当代社会,住宅提供的经济性、住区功能的完备性、良好的视觉效果都无法弥补这一缺失的遗憾。由这种缺失所造成的社会问题有日趋严重的趋势,直接的问题如儿童心理障碍、上网综合症、老人忧郁症等,间接的问题如人际关系淡漠及由此带来的家庭关系、邻里关系、同事关系、上下级关系中的异化。

随着生产力水平的进一步提高,生产方式日趋多样化,社会关系更为复杂,人与自然、人与人工自然的应对也日益出现多种视角。及至信息革命到来的后工业化社会,话语体系更为繁杂。人类对获得家园感有了越来越强的自主意识,如关注生态、关注资源公平利用、关注低收入者、关注优秀文化传统的传承等等。这一切都使现代社会的家园感有了可以生长乃至超越海德格尔所依恋的农业社会"理想家园"的可能性。

我国城市新区居住空间"理想家园"的建设应是综合的,涉及多方面的,宏观、中观与微观并举的。在宏观层面上应将提高物质文化生活水平与可持续发展理念相结合,提倡集约化的住宅建设,注重建构和谐的社会空间结构;在中观、微观层面上应使住宅设计、住区规划体现创新,培育新的城市文明和城市文化,激发城市活力,营造健康、舒适、充满活力的居住环境。

# 本章小结

本章首先分析了宏观经济与社会层面的转型诉求,继而论述此背景之下城市新区发展在经济目标、社会目标和政府作用三个方面表现出的转型诉求和制度探讨。然后具体联系居住空间的发展,着重探讨了具有权威性和强制性的住房制度和相关政策的演变和转型趋势；其次探讨了居住观念的变化，即存在于普通大众之间的非正式的社会习惯认同。最后，从建设目的、规划作用、空间发展形态、社会空间结构等方面总结出制度环境影响下新区居住空间发展的阶段性特征，并提出当下转型期居住空间发展将面临三个方面的挑战——推动经济发展、建设和谐社会以及建构新型理想家园。

# 6 规划应对之一

## ——机制的优化和城市规划行动能力的拓展

现代城市纷繁复杂的社会经济背景,要求独具空间视野的城市规划应超越实用主义,在城市公共政策体系中发挥其应有的作用。对居住空间而言,城市规划若要成为推动居住空间良性发展的助推器,必须适时检讨规划在开发建设过程中的作用,挖掘规划的潜力,提升城市规划效用。英国都市村庄项目的经验表明,城市规划行动能力的拓展是提升城市规划效用的首要方面,应通过制度建设、理念提升和技术革新来推动规划行动主体、行动领域和行动能力的拓展,才能改变城市规划在许多方面失语的尴尬状况,推动城市新区全面可持续发展。

由于城市规划行动能力是在机制运行过程中体现出来的,本章通过对新区居住空间开发建设过程中的系列机制剖析,深入探讨各类主体基于各自目标、权力和影响力程度下所起的作用,对体现在过程中的城市规划行动领域和行动能力进行评析。并提出相应的拓展建议。

## 6.1 来自英国都市村庄项目的借鉴[63][123]

1990 年代以来,英国都市村庄(Urban Villages)的规划概念成为内城更新、衰败工业区的重建以及郊外新城建设的主导概念,其主旨不仅在于使得土地可以获得有效利用,更强调就业机会、适宜密度、混合用途、多种服务及活动设施提供、增强社区活力和吸引力。从都市村庄概念的十余年规划建设实践,可以看到城市规划行动能力在推进居住空间可持续发展方面的拓展。虽然两国具体国情不同,但了解其实践经验,并从中获得借鉴对于我国居住空间规划建设将大有裨益。

通过对英国都市村庄发展的梳理,着重对在规划概念实施和具体操作方面体现出的城市规划行动能力加以剖析,以期对我国居住空间规划实践层面的城市规划制度、理念和技术提出相应的建议。

### 6.1.1 英国都市村庄规划概念发展概况

**1) 产生背景**

20 世纪后半叶,西方城市制造业和重工业大幅度缩减,而商业、办公也呈现向城外迁移之势(大型零售、产业园等),大量住宅区也表现出痛苦的社会、经济和物质形态的分解和崩溃。这一切都导致了内城的衰退。与此同时,英国人口与家庭结构的变化趋势可能造成住房紧缺。于是,一方面,城市复兴成为时势所趋;另一方面,必须进行适当的城市扩展以应对可能出现的住房短缺。

与 20 世纪初期和中期田园城市和新城的探索一样,如何长远解决这些城市问题必须再次面对。以往的建设被全面回顾与反思,邻里的概念重新被提及并加以发展,在多方力量综合作用下,都市村庄概念被提出并为政府所推广,在城市复兴和新区开发等多种类型的规划建设项目中加以应用。其概念主旨不仅在于使得土地可以获得有效利用,更强调就业机会、适宜密度、混合用途、多种服务及活动设施提供、社区活力和吸引力。1990 年代以来建设的多个都市村庄项目中,有成功也有失败,加迪夫大学的跟踪研究更揭示了项目进行和概念实现的种种困难。但总的来说,都市村庄项目得到了普遍肯定,其规划策略被美国西雅图、澳大利亚悉尼、墨尔本等多个城市借鉴。都市村庄项目在规划框架、设计组织、项目操作等方面日趋完善,形成了较为成熟的项目运行体系和机制,被认为随着实践经验的进一步积累,还会有更好的发展。

### 2) 具有奠基性和引导性的研究主体

都市村庄项目的实施背后有着强有力的研究支持,而从下面两大具有奠基性和引导性的研究机构的设立与构成上来看,推动机构、政府机构与学术界的合作是保证相关政策兼具科学性与可操作性的前提。另外,相关学术会议、研究团体针对项目实施的跟踪研究不断推进具体操作办法和相关政策的适时调整。

都市村庄研究组(Urban Villages Group)——在英国,最先将这一概念与城市建设相结合并提出的是威尔士王子,在其 1989 年著作《英国愿景》("A vision of Britain")的引言中提及这一概念。他的目的是试图增进内城活力并使居民重新生活在适宜的社区中。随后,该研究组成立并由其领导,主要任务是评估过去所犯的错误并向现有的良好运行的社区学习。该研究组在城市设计方面进行了深入研究,吸纳了莱昂·克里尔(Leon Krier)和克里斯托弗·亚历山大(Christopher Alexander)等理论,并提出了诸多的建议。在其推动下,都市村庄建设运动于 1990 年正式开始。1992 年,出版了《都市村庄报告》(Urban Villages report)第一版。

城市任务工作组(Urban Task Force)——该组织 1998 年为政府所召集,由理查德·罗杰斯(Richard Rogers)任主席。其成员包括城市研究、规划、建设与政策制定等多行业人员组成。该机构被委托进行关于城市衰退原因的研究,并致力于提出将人们吸引回城市的可操作办法。它非常关注这样两个方面:一是什么样的城市环境能更好地吸引人和企业;二是什么样的机制可创造出这样的环境。

### 3) 规划实践中的综合行动能力

英国都市村庄项目的规划实践包括三个既相互独立又密切相关的方面。一是项目定位与前期研究;二是项目设计与开发;三是项目管理。项目定位与前期研究的主体主要是公共部门,其主要任务是确定可发展片区的发展时序,为区域内各发展片区加以定位,对近期建设的片区进行 SWOT 分析和相应的财政评估。项目设计与开发的主体是在政府相关部门协调下运作的业主和设计团队,在项目定位与前期研究的基础上,对具体项目进行设计和开发,设计体系由"策略规划—片区总规—设计控制—细节设计"四个阶段构成,保证物质空间规划吻合总的发展策略,对片区规划加强整体把握,同时力促小规模片区的特色性。项目管理的主体不仅仅只涉及项目建成后的管理,而是涉及了项目进行中的所有主要参与主体,包括公共部门、设计方、开发方、社区管理方和社区管理机构等,这些主体必须建立一定的管理机制确保自身工作的每一环节都能与总体目标协调,并且保证与其他主体的交流渠道的有效畅通,见图 6-1。

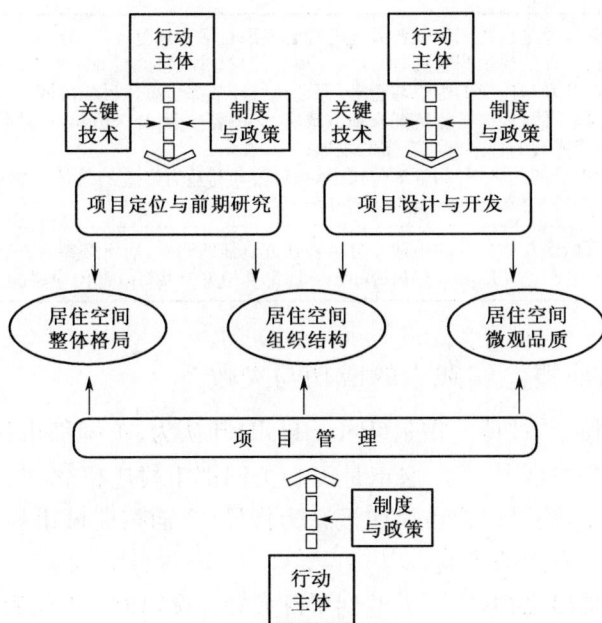

**图 6-1 英国都市村庄城市规划作用图式**

要对英国都市村庄项目运作中的这三个方面加以详尽介绍会占据大量篇幅,笔者在这里只提取最重要、最根本的内容——即与城市规划行动能力相关的内容予以引荐,这些内容包括"行动主体与主体行动能力、相关制度与政策、关键技术",见表 6-1。

**表 6-1 英国都市村庄规划实践中体现出的城市规划综合行动能力**

| 项目定位与前期研究 | 行动主体与主体行动能力 | 公共部门(public sector):如区域发展机构和地方部门确定可发展片区的发展时序,启动项目,相应财政评估;<br>顾问团队(consultant team):总体规划前期准备,交流与协调,搜集各项信息并分析,确定发展总目标和发展战略 |
|---|---|---|
| | 制度与政策 | 关于顾问团队成员选择的制度<br>PPGs(Planning Policy Guidance notes):引导城市空间开发的指导性文件 |
| | 关键技术 | 区域发展策略与计划;财政评估;基础信息的收集;SWOT 分析 |
| 项目设计与开发 | 行动主体与主体行动能力 | 设计团队(Design Team):由核心组和其他设计人员共同构成的设计组织体系,方案规划与设计,向业主负责并与政府交流,组织公众参与;<br>业主团队(Client Team):由项目推动机构及其他利益主体构成,与顾问团队一起向设计方提出要求并与设计方共同探讨方案,在政府机构协助下保证顺利的资金支持;<br>地方政府规划部门(Local planning authority):具有远见,理解可持续发展要义;控制设计的发展,组织设计评审机构(design review panel);协调土地权属各方关系,引导统一开发;推动土地所有者、资金提供者、开发者之间的合作 |
| | 制度与政策 | 规划设计审批制度;与公众参与有关的法规;规划设计规范;有关土地整合方面的政策[Strategy of Compulsory Purchase Orders(CPOs)] |
| | 关键技术 | 不同层次的规划设计技术(策略规划——片区总体规划——设计控制——细节设计);组织公众参与的技术与艺术;政府对土地运作、开发组织、规划设计的运作引导 |

| 项目管理 | 行动主体与主体行动能力 | 公共部门:通过合约制保证各方充分理解发展目标并规范操作;<br>设计方:设计的组织与管理,保证每一环节都与总体目标协调;<br>开发方:开发与建设的组织与管理,保证每一环节都与总体目标协调;<br>社区管理主体:根据具体情况有地方政府、居民委员会、社区组织等不同形式,整合各类资源,确保物质环境建成后的社区健康有序的发展;<br>社区管理事务性机构:如管理公司,承担对公共利益有影响的具体的物业管理、安全、特定性质用房权属管理等工作,推动社会生活的开展 |
|---|---|---|
| | 制度与政策 | 合约制(确保总体目标的传达和分项责任方责任的明确,使所有参与方成为一个合作的整体)<br>规划合约(S106 Planning Agreements)规定了相关公共行政部门应尽的公共物品维护义务 |

## 6.1.2 都市村庄概念实践中的成功与失败

同样借鉴了邻里概念,彼得·霍尔(Peter Hall)却认为,英国都市村庄概念有可能比美国新城市主义有更好的发展[63:47]。这正是因为英国都市村庄概念项目中的成功案例跳出了单纯研究模式的圈子,而是以都市村庄概念为指导,全面拓展城市规划行动能力,对居住空间的三方面均施加了有效的影响。

在都市村庄概念提出之初,实际上遭到了巨大的怀疑,1980 年代后期大型购物中心、游乐园、产业园和郊区房地产开发成为主流,都市村庄如何能够与这一大趋势抗衡? 然而 10 年之后,都市村庄的规划思想被普遍认可,城市复兴成为国家主导政策,这有赖于都市村庄项目的成功实践。以曼彻斯特的休姆(Hulme in Manchester)、伦敦道克兰德的西锡尔弗顿(West Silvertown in London's Docklands)、格拉斯哥的克朗街(Crown Street in Glasgow)、多塞特的庞德贝里(Poundbury in Dorset)为代表的成功案例经验表明——强有力的项目推动机构、行之有效的项目运行机制、创新的规划设计体系和方法是确保都市村庄概念能够得到贯彻的关键,而这些成功经验具有可推广性。

然而,也有一些项目仅仅打着都市村庄的旗号,或是前期研究不到位不能与周边环境协调,或是设计上对规模和密度的控制不力不能达到预定目标。加迪夫大学的城市和区域规划系(Cardiff University's City and Regional Planning Department)对 55 个称作都市村庄项目的研究表明,都市村庄的概念在大多数情况下只是作为获得规划许可和促销的手段。这也成为都市村庄被一些学者诟病的主要原因。

成功案例与失败案例同时说明这样一个事实,即都市村庄目标的最终取得,需要通过对每一个环节都加以正确引导和严密控制,而这种严密控制可能碰到的困难是巨大的,因为长期的对于环境经济社会效益的综合追求与投资者对利润的追求总是存在矛盾,这种矛盾虽然并非绝对不可调和,但却要有相应的制度环境与参与主体的意识进步共同推动方可。另一巨大的挑战是公众的接收程度,虽然基于都市村庄概念的规划框架和设计原则是符合可持续发展目标的,但是郊区式低密度住宅仍拥有大量拥趸,只有通过宣传以及房地产相关政策引导使公众充分认识到这种城市性的环境和混合的土地利用方式是必须的,才能为都市村庄提供积极的市场予以支撑。

## 6.1.3 都市村庄概念对我国居住空间规划的借鉴意义

中英两国国情不同,英国处于后工业化时代的城市建设调整阶段,而中国正处于社会经济的全面转型期,不仅要应对历史遗留问题,还要积极参与到全球化进程、加入到资源分配和经济生产的竞争中去。但就居住空间的发展来说还是有诸多共同问题,如土地资源的集约利用、环境的可持续发展要求、和谐社区的构建等。都市村庄对我国的借鉴意义并不在于都市村庄的具体的规划建设模式,而在于其概念提出及项目实施过程中的城市规划行动能力的拓展,以及藉此所获得的对居住空间发展的全面和有效的调控。

**1) 规划行动主体的拓展**

避免规划行动主体被某单一的权力或资本所牵引,专业型专家系统(研究机构与设计机构)与政府机构、项目推动机构、开发机构之间相互渗透,体现出多样性,并使城市规划可以介入到住宅开发的实质运行机制中,进而对居住空间施加影响。而具体的组织方式可以是多样的,政府机构可成立专门的顾问团队,整合各方力量如学院派、设计院、地方管理部门、开发单位代表等进行长期的合作研究,为政府决策提供咨询;非政府研究机构拓宽研究视野和领域,并通过组织学术活动扩大影响;公众参与应被定为法定程序,一方面推动公众的参与意识,另一方面以更宽广的可持续发展理念对公众意识加以理性引导。

**2) 规划行动领域的拓展**

规划行动领域的拓展体现在三个方面。一是规划行动所达到的深度的拓展,应涵盖从宏观层次到微观层次、从发展目标制定到动态控制的各个层级。二是规划行动程序的拓展,涵盖从"前期研究"到"开发建设"再到"社区发展"的持续过程。三是规划行动所涉及面的拓展,应从对传统关注的技术重点向制度领域延伸,对政策制定、管理模式提出基于合理空间规划的建议。

**3) 规划行动主体能力的拓展**

规划行动主体能力与其秉持的发展理念密切相关,秉持什么样的发展理念,决定了采取什么样的发展行动。而最终发展目标的达成,还依赖于具体行动能力的扩展,既包括技术性能力的开发,还应该注重各领域交流、技术与管理并重、宣传与开展讨论等能力。而要保证各行动主体的有效参与,尚应重视相关制度建设与政策制定,这不仅涉及确保规划行动主体的作用得以施展、行为受到规范,还涉及各主体之间的关系,加强各类行动主体之间的"社会黏着力",推动主体在"交往行动"中相互了解并达成共识。既包括自上而下的政策、决策程序、运作环节的硬性制度环境的完善,也包括自下而上的文化、宣传等方面的软性制度环境的建设。

# 6.2 国内新区居住空间开发建设机制分析

在制度的约束下,有关机构的职能运行将最终决定居住空间格局的形成,因此对运行"机制"的探讨是深入考察制度环境的不可或缺的环节。

机制——指事物发展的内在过程与规律,泛指一个工作系统的组织或部分之间相互作用的过程和方式。在对国内新区居住空间发展运行机制分析的过程中,我们可以考察规划行动与各行动方的关系,把握规划行动的主体、领域及其能力的状况。

## 6.2.1 新区开发建设组织机制

相关的开发指挥机构有多种模式:管委会模式、指挥部模式、行政区模式、开发公司模式,各种模式都有其特点。管委会模式比较适应开发区域比较大、社会事务比较多的区域,作为政府的派出机构,对开发区域进行社会经济事务的统一管理;指挥部模式适应于特定大型工程、特定城市地段的开发建设,职能相对单一、目标明确;行政区模式适应于原有行政建制较为成熟的新区,如基于原有区、县城镇建设基础上扩展的新区,行政区划基于新区的发展定位通常会有所调整,如撤县改区和范围调整等;开发公司很少单独存在,一般都作为前三者的配套机构,实现管委会或者指挥部等政府机构的市场化、企业化职能。

**【案例】 管委会模式——仙林大学城**

仙林新市区规划东起七乡河,西至绕城公路,南起沪宁高速公路,北至312国道,规划面积80平方千米,自然环境优美。作为仙林新市区近期集中发展区域的大学城,由大学集中区和科技产业区组成,占地47平方千米。

(1)组织领导 省、市政府共同建设仙林大学城,成立建设领导小组,由省、市和所在区主要领导参加,协调、决策大学城发展事宜。

(2)管理机构 成立南京仙林大学城管委会(正局级机构),代表市政府在大学城规划范围内全面履行经济、行政管理职能,享受市级管理权限。按照"业务工作实行双重领导,事权统一于管委会"的原则,市政府各有关职能部门全力支持、配合大学城建设,做好各项工作。为进一步提高工作效率,市政府规划、土地等有关职能部门,在仙林大学城管委会设立分支机构,或授权管委会办理各项审批手续。管委会采取"一站式"办公,并执行"首问负责制"和"限期办结制",提高办事效率。组建国有独资仙林大学城开发有限公司,负责土地统一征用和地区建设。

(3)土地政策 仙林大学城47平方千米规划范围内的土地实行统一规划,统一征用、拆迁和安置,统一出让、划拨,统一基础设施建设,统一招投标,统一扎口管理的"六统一"政策。征地指标由省市计划单列。市土地资源储备中心在管委会设立分中心,负责对土地划拨、出让的具体操作,核发土地使用权证。出让土地的收入全部留交管委会,实行专户存储,收支两条线。

(4)规费扶持政策 仙林大学城47平方千米规划范围内的各项建设规费,由管委会负责收取,作为市政府对管委会的扶持投入,全部留管委会统一使用。

**【案例】 指挥部模式——河西新城**

(1)指挥系统 河西建设指挥部的层级结构组成三个层级:

① 建设领导小组:由市委、市政府主要领导担任组长、成员,对河西中心区建设进行宏观调控,进行重大决策,给予政策支持和引导。

② 建设指挥部:由市委、市政府分管领导担任指挥长,市政府各相关局、委领导及区主要领导担任成员,对新区建设进行中观调控,指导和支持建设工作,协助区政府完成相关手续。

③ 建设指挥部办公室:由区主要领导担任主任,区建设局、交通局、国土局等相关部门担任成员。在建设指挥部的领导下,具体落实各项工作任务。

(2)土地运作政策 中心区范围内的土地由指挥部实行统一规划、统一征用、统一储备、统一出让、统一管理。土地出让采用公开拍卖的形式,土地拍卖资金直接由指挥部收取,实行专户存储、财政监督,全部用于城市基础设施和公共建筑建设。

（3）规费扶持政策　与仙林大学城基本类似。

（4）建设指挥部主要职责

① 贯彻执行国家、省有关开发建设事业的方针政策和法律法规；研究制定浦口中心区的发展战略和实施措施，拟定有关城市新城区发展的地方性法规、规章，对规划、建设、管理中的重大课题进行调查研究。

② 编制并组织实施各类规划；参与新城区区域规划，国土规划，国有土地出让、转让的规划工作；编制新城区国有土地出让计划。

③ 编制并组织实施新城区开发建设年度计划和建设资金收支计划，综合平衡新城区建设资金，负责新城区配套建设费等费用的征收、使用和管理工作，管理经市政府授权的建设资金投资形成的固定资产。

④ 综合协调新城区重大工程、市政设施、市容环境、园林绿化、风景名胜区等方面的建设与管理工作；负责新城区有关文物古迹的复建工作；负责新城区环境综合整治工作，组织开展对新城区既有设施的整合工作；组织、协调基础设施、社会事业、市政公用及其他有关专项设施的项目建设。

⑤ 负责新城区的开发与建设，参与新城区建设项目的选址，组织开展建设工程项目建议书（预可行性研究）、可行性研究、初步设计、开工报告的审查、审批、报批工作；负责组织、协调新城区征地拆迁工作；组织新城区范围内建设项目的竣工验收、移交工作；负责组织开展新城区范围内商品房预（销）售许可的审查、审批工作。

⑥ 负责开展新城区对外招商引资及策划，为进区业主提供全过程服务。

（5）建立资金运作平台——河西国资公司　按照"政府引导，市场化运作，法人经营管理"的新模式，将经营性项目的工程建设、运营或有收益权归属的项目，按照"谁投资、谁建设、谁经营、谁受益"的经营模式，推动新区的建设。为便于进行投融资操作，成立河西国资公司，与指挥部实行一套班子、两块牌子、两套体制。

以上若干模式的开发建设组织机制的共同点是：地方政府是推动新区开发建设的主要组织力量。管委会模式和指挥部模式主要由市级政府来推动，行政区模式主要由区级政府来推动。在组织过程中，金融运作成为最重要一环，无论是土地运作政策、规费收取政策还是融资平台建设、招商引资，都是为了使新区建设拥有畅通循环的资金支撑。相较而言，相当于市级派出机构的管委会和指挥部模式的资金渠道更宽、运作能力更强。在开发过程中，重视主导功能建设和经济目标的实现。在建设过程中，规划研究和编制提供对建设目标和路径的指引，主要发挥技术作用。

在新区开发建设的各个阶段，组织机构作为政府部门起到的作用见表 6-2。政府在各个阶段的角色定位和决策——包括前期的发展研究，启动期的模式选择和项目导入，成长期与成熟期的服务重点、服务效率和质量，都将会影响到新区的持续发展。

对于新区中的居住空间，组织机构对其重视程度依据居住功能与主导功能的关系。如河西新区（主导功能是城市副中心）与仙林大学城（主导功能是大学和科技产业）相比，就对居住空间的建设更为重视，但这种重视主要体现在经济目标（如土地经营和招商引资方面）指引下的静态规划。尽管十分重视公共设施配套的规划控制，居住空间建设总体上仍缺乏深入的规划研究和动态的规划指引，如土地规划与居住空间发展经常出现如下的不协调：新

表 6-2　新区开发建设各个阶段的政府作用

| 阶　　段 | 主　要　内　容 | 推进主体 |
|---|---|---|
| 开发的准备阶段 | 行政管理、土地管理、规划管理方面的调整,前期研究与概念规划 | 政　府 |
| 开发的启动阶段<br>(培育阶段) | 法定规划编制、空间整治、基础设施配套、机构与政策、宣传推介、先期项目的选择与导入 | 政府主体、企业参与 |
| 成长阶段 | 大规模房地产项目进入和人口进驻 | 企业主体、政府服务 |
| 成熟阶段 | 形成稳定的就业岗位、功能分区和城市结构等,不同功能载体逐步形成 | 社会主体、政府服务 |

增建设用地布局不合理,短期无法形成集聚效应;局部地区过量的土地供应增加了住房的空置率,导致过剩型风险等等。

## 6.2.2　新区房地产开发推动机制

直接参与地区开发运行的主体主要有两个:政府力——城市开发地区的管理机构以及市场力——开发企业。政府以发展规划为蓝本有计划地进行土地放量,通过土地拍卖程序公布相关信息;开发企业则通过市场分析确定开发意向,从土地市场通过竞争获得土地,确定销售对象,设定开发成本和销售价格。目前城市新区的商品房开发基本都是政府企业协作型,并以市场为主导。政府主要发挥关键性的带动作用,例如在城市发展战略上对地区进行倾斜,或通过基础设施建设、公共设施建设带动地区发展;而市场的运作则是地区发展的主导力量,主要是基于市场充足的资金储备和规避风险的运作。

### 1)房地产运作总体时机的把握

新区房地产开发能否成功,与其建设的大背景,包括区位条件、财政投入、城市化进程、产业发展等密切关联。通过相关案例研究,凡是比较成功的城市新区房地产开发,大致可归为表 6-3 所列的几种类型:

表 6-3　几类成功的新区房地产开发

| | 特　　征 | 案　　例 |
|---|---|---|
| 类型 1 | 距离主城较近,顺利承接主城人口疏散及相关溢出功能 | 如南京河西北部地区、合肥政务文化中心 |
| 类型 2 | 国家财政扶持力度较大,新型功能得以顺利孕育,继而产生有效居住需求 | 如上海浦东、天津滨海新城 |
| 类型 3 | 地方经济发达,自下而上的城市化推力产生有效居住需求 | 如苏南及浙江众多中小城市新区 |
| 类型 4 | 产业与居住得以良性互动、协调发展的城市新区 | 分居住带动产业型组团和产业带动居住型组团两类开发模式,前者如广州天河新区,后者如苏州工业园区等产业园区 |

城市结构的转变只有在城市发展发动的时候最可行。因此城市建设尤其是大型重点项目的推进应抓住恰当的时机。过于超前,会导致基础设施、地皮、住宅的晾晒搁置,造成不必要的利息损失,进而导致房价上涨和持续闲置的恶性循环;过于滞后,则会导致失去发展契机,在区域竞争中丧失发展优势。只有把握好运作时机,政府作用和市场作用才有可能形成

合力,推动新区居住空间的健康发展。

**2) 房地产业与新区居住空间发展的关系**

(1) 房地产业与新区商品住区建设的关系 1990 年代以来伴随土地使用有偿制度的建立和住房制度改革的不断深入,市场机制成为我国房地产业发展和城市建设的主要推动力量,相应地,房地产开发作为市场行为成为住宅建设的绝对主体。虽然我国的房地产业发展历史很短,但已经成为我国经济发展中一个与人民利益息息相关的重要经济领域,并业已成为国民经济的支柱产业。有学者认为,我国的房地产经济发展自 1980 年代初开始起步,经历了四个阶段:"第一阶段,1987—1991 年,房地产缓慢增长阶段;第二个阶段,1992—1993 年,是房地产过热阶段;第三个阶段,1994—1997 年为调整阶段;第四阶段,1998 至今为回升并重新发展的阶段。"[124]1998 年以来的重新发展阶段又可分为:1998—2005 年的房地产快速发展和持续过热阶段;2006 年以来的加强房地产市场调控的转型与调整阶段。

结合南京新区居住空间发展的历史过程,可以发现,房地产企业十余年走过了一条从"政府强力推动"到"与地方政府以经济目标为导向的合作共赢"再到"中央政府加强调控背景下的重新整合"之路。表 6-4 具体描绘了 1990 年代中期以来南京房地产业的总体发展概况及对新区商品住区建设所起的作用。

**表 6-4 1990 年代中期以来南京房地产业的总体发展概况及对新区住区建设的作用**

| 历史阶段 | 房地产业的总体发展概况 | 对新区商品住区建设所起的作用 | 相关政策环境 |
|---|---|---|---|
| 1990 年代中期—2002 年 | 1990 年代后半期房地产开发企业仍处于 1990 年代初过热后重新调整和成长阶段,进入 21 世纪开始快速发展。既涌现出众多中小规模企业,也开始涌现出借助其时土地低成本态势和自身经营运作能力大举发展的大型房地产企业 | 新区居住土地开发地块大小不一,呈现沿交通走廊和优势地的发展势头 | 1990 年代初建立土地有偿使用制度,此后十年土地多以协议方式出让,土地成本较低。1990 年代后半期住房制度改革为房地产开发打开了需求的大门,此后出台了一系列扶持房地产开发和市民购房的政策。1995 年《房地产管理法》施行,强调土地由政府集中统管 |
| 2002—2005 年 | 在 21 世纪初几年的快速发展后,伴随南京新区城市建设框架的拉开,房地产业作为政府倚重的市场建设力量开始在新区建设中发挥至关重要的作用。虽然其时开始强调土地控制,但由于金融信贷等政策的扶持,只要能够拿到土地便可以运作,"暴力、低端、经营粗放"等特征总与房地产业联系在一起。房地产业进入又一轮过热阶段。另外,由于土地资源开始紧缺,国内一些大型房地产企业开始在全国拓展市场,其中一些知名企业开始进驻南京市场,表明在总体过热的情况下房地产企业之间的竞争日趋激烈 | 其时土地成本高位态势逐渐强化,土地开发地块呈现小型化趋势,但地块批租和开发速度迅速,大型板块成长态势凸现 | 1990 年代末 21 世纪初,土地储备政策在各地逐渐施行。2002 年建立了土地招拍挂制度,强调商品住房等四类经营性用地必须进行招拍挂,土地成本高位态势得以强化 |
| 2006 年至今 | 在中央政府宏观调控的背景下,从最初的"找地难"到"找钱难",一些房地产企业面临资金链断裂的窘境。房地产行业内部整合剧烈,"收购兼并"、"跨区域发展"成为当前房地产企业的讨论热点词汇。致力于长远发展的企业开始将生存之道转向"精细化管理的现代企业之路" | 房地产企业拿地行为和开发建设更为慎重。南京近年土地一级市场的流标有增加现象,表明房地产业考量的因子更多更理性 | 2006 年中央政府陆续通过出台宏观指导性政策(国六条)、税收政策(二手房营业税和个税)、信贷政策(利率上调)、三次上调存款储备金率、整顿房地产交易秩序、住房开发的限外政策、土地严控政策、建立住房建设规划编制制度等,重拳出击以加强房地产市场调控 |

（2）房地产业与新区保障性住区建设的关系　1990年代以来南京市新区中的保障性住房主要由失地农民安置房（有的新区采取经济适用房的土地等政策，有的新区采用中低价商品房土地政策）、经济适用房（含少量廉租房）和少量中低价商品房构成。保障性住房建设秉持"政府主导、市场运作"，由政府绝对主导，包括年度建设计划、选址、确定规模等，但具体建设是由房地产企业进行的。

对经济适用房和采用经济适用房土地政策的失地农民安置房，地方政府的主要补贴体现为无偿划拨用地。限制房地产企业利润，与建设商品房获利动辄达10％、20％相比，建设获利仅为3％左右。

中低价商品房是介于保障类住房与完全市场运作的商品住房之间的类型。由于保障类住房目前所占比例还较低，而要想在短期内迅速增加供应困难很多，需要突破诸多的障碍、进行较长时间的探索。因此中低价商品房成为一种权宜之计。其土地不划拨，进行市场定价，但是限制控制性房价、限制户型面积，迫使房地产商谨慎权衡开发成本与获利，进行恰当的竞价（包括地价与房价），从而在政府、开发企业、购房民众三方之间取得利益平衡。由于政策性限制，中低价商品房利润比起普通商品房要低，因此中低价商品房在土地竞拍环节遭受挫折的情况时有发生，有时需要政府托底。

一方面，由于利润较低，另一方面，虽然政府在发展理念上倡导保障性住房建设，但相关部门会因部门利益在保障性住房计划审批、手续办理、落实优惠政策等方面拖拉、掣肘，使得开发建设企业建房成本和风险大为增加。低利润和开发建设中的程序性障碍，使保障性住房的建设总体面临被市场排斥的境遇。

参与保障性住房建设的房地产企业概有以下几种：

① 政府背景的房地产企业——出于完成行政指令的企业运作；

② 中小规模房地产企业——由于不存在市场营销环节和几乎没有市场竞争，出于规避市场风险的企业运作；

③ 大型房地产企业——基于追求其他寻租空间或树立品牌形象为目的的市场运作。

从这些企业的参与情形可看出，政府的作用、企业的责任心对于保障性住房建设能否成功至关重要，但是却欠缺一个可以充分发挥政府作用并对开发企业进行全面监管的机制。通常情况下，政府和企业限于人力、物力，难以开展全面深入的研究和高水平的规划和建设，使得保障性住房建设中出现了第四章中述及的种种问题。

（3）房地产业与新区住区公共设施建设的关系

① 普遍问题——忽视公益性设施建设，虽日渐重视盈利性公共设施建设却总体呈现无序状态

长期以来，居住区公共设施配套是按照"谁开发、谁配套"的原则进行。1990年代，在居民住房需求逐渐释放，对大环境要求尚不很高时，开发商比较重视住区开发终端产品——住区内部的环境和住宅建筑，对于公共设施的建设不够重视。"当开发规模较小时，相应指标的配套设施很容易由于面积过小而流失；当若干个小规模住宅开发加在一起产生对较大面积的公共设施需求时，又会出现难以落实到任何一家的状况。另外，不同开发用地的规模、建设时序、投资主体的不同，常常出现不同投资主体之间互相推诿的现象。"[125]

2000年以来，随着物质文化生活水平的渐次提高，居民对住区的城市环境要求越来越高，而房地产开发竞争日趋激烈，房地产企业对公共设施建设开始逐渐重视起来，但是开发

商常常只建有利可图的商业服务设施、金融设施等等。而像文化教育、医疗卫生、社会福利等易受市场力侵蚀的一类公共设施则无人问津,从而造成公益型公共设施配套的不足和缺项。另外由于缺乏公共设施规划布局的控制,导致各开发地块的公共设施建设各自为政,虽然各地块内部公共设施建设越来越精致,但是片区总体公共设施建设呈现无序状态。

② 苏州工业园区的实践——借鉴新加坡邻里中心经验,以政府背景房地产企业运作公共设施建设[126][127]

规划先行、统一开发:苏州工业园区在配套建设方面本着统一规划、有序发展的原则,按园区发展,在图 6-2 所示的园区内规划了按住宅区分布的 17 个邻里中心,每个邻里中心服务6 000~8 000 用户,即 2 万~3 万人口,科学的规划避免了重复建设和资源浪费,实现了便民服务与地区经济、地区形象的高度统一。

配套先行、统一管理:苏州工业园区管理部门对社区公共设施配套建设的思路是:配套先行,政府出资。1997 年,总投资达 2.6 亿元的苏州工业园区邻里中心管理有限公司正式成立,并由此拉开了园区内邻里中心的建设序幕。到

图 6-2 苏州工业园区邻里中心布点

目前为止,园区已成功开发、运营了四个综合性的商业服务中心:邻里中心湖东大厦、邻里中心新城大厦、邻里中心贵都大厦和邻里中心师惠大厦。在每一幢综合性的大楼内,都涵盖了超市、银行、邮政、餐饮、医药、社区活动中心等多项内容。

③ 南京市新建区公共设施规划控制和管理的实践——通过强调集中布局、控制用地来保证公共设施用地不被蚕食,通过强调规划管理来保证公益设施建设[125]

针对以往社区层面公共设施多头管理,分散建设带来的弊端,鼓励同一级别、功能和服务方式类似的公共设施(如商业金融服务设施、文化娱乐设施、体育设施、行政管理、社区服务、社会福利设施等)集中组合设置。功能相对独立或有特殊布局要求的公共设施(如教育设施、医疗卫生设施、派出所等)可相邻设置或独立设置。居住社区中心在居住社区交通便利的中心地段或临近公共交通站点处集中设置,通过规划预留中心用地的方式进行布局。通过这种集中布局模式进行用地控制,保证规划落地。

为了确保公共设施在实际建设和日后运营中的落实,提出公共设施由开发商投资修建后,要将其中公益性配套设施或总体公共设施的 35%无偿交给政府或有关部门使用。同时要强化社区居民委员会的管理与服务职能通过这种社区与行政体制相结合的管理模式取代以往单一的小区管理模式。有利于加强政府的引导作用,保证公共设施尤其是公益性公共设施的落实;通过促进社会多方共同参与管理,协调各方利益。

总体来说,对于公益性公共设施建设,由于必然受到纯市场力的排斥,因此政府背景的房地产企业是一种有效补充,建设完成后交由特定机构运营管理不失为一种良方;对于盈利性公共设施,应充分利用房地产企业的建设热情,从新区居住空间整体层面加以正确引导。笔者认为过于集中的布局虽然便于管理,但是易造成居住空间单调乏味、城市面貌趋同、缺乏街道等传统活力空间等缺点,因此尚应探索更完善的规划控制方法。

**3) 政府作用与市场作用的互动机制**

相关教训与经验表明,虽然房地产开发的项目建设主体是开发企业,但是政府通过制定规划、规划控制、土地供应以及公共物品与基础设施建设对房地产市场在发展目标、发展时序、相关功能整合等方面发挥的战略引导作用是市场不可替代的,具有十分重要的意义。"政府与市场必须在土地资源优化配置、基础设施配套、外部负效应的干预控制等方面实行互动,从而更有效地提高新城开发的水平。"[128]

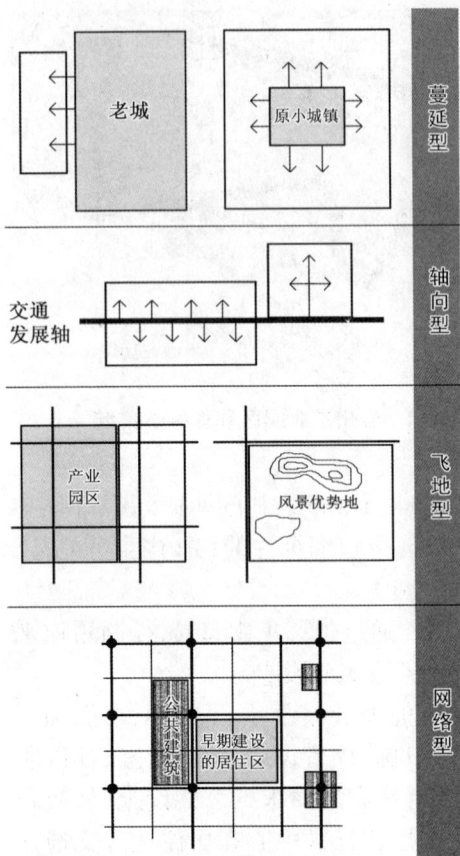

图6-3 南京新区居住空间建设动态过程类

新区居住用地的建设不是一蹴而就的,是在动态的过程中逐渐形成的,这一动态过程从空间形态上可概括为以下几类,见图6-3。

(1)蔓延型 比邻旧城的新区,其早期发展通常呈现自旧城向外的蔓延型发展,如南京河西新城的早期发展;基于原有城镇基础之上发展的新区,其早期发展也会呈现自原城镇向外发散的蔓延型发展,如江宁东山镇、浦口珠江板块基于原城镇基础之上的发展。

(2)轴向型 随着城市外向交通的发展,新区居住空间会呈现依附于若干主要发展轴(高速路、快速路、大容量公交线等)的轴向发展,如江宁将军山板块的发展与机场高速、将军路之间密不可分的联系,浦口桥北板块与浦珠路沿线的建设等。

(3)飞地型 随着新区产业的启动与发展、公共设施的启动与完善、交通系统的支撑,新区居住空间在一定的优势地呈现出相对独立完整的空间开发,称之为飞地型发展,如南京江宁百家湖周边的发展、仙林新区西部板块的发展。

(4)网络型 随着新区功能的成熟完善,居住空间呈现出以完善的道路骨架、交通系统、公共设施为支撑的网络型发展。如河西新城中部地区在奥体中心项目带动下呈现网络式发展特征。

新区居住用地建设用地的动态控制要适应新区发展的阶段性特征,在不同的发展时机采取不同的发展策略。如果不顺应发展时机,过度超前或过度滞后,均不利于新区社会经济的全面发展。

对居住用地建设的动态控制应从"土地出让"的源头就加以把握,仅仅做到"成熟一块、出让一块"绝对是不够的,应当对地块的区位、开发条件、总量和地块面积等进行统筹研究。

既要避免土地供应过量,又要防止高频率的土地流标现象。只有这样,才能推动土地市场的健康运行。土地供应过量,将导致供需失衡、房屋空置,不仅造成开发企业的损失、政府长远土地收益的损失,还会影响后来开发企业的投资信心。而高频率的土地流标,不仅造成政府土地储备的成本损失,更重要的是不利于城市建设计划的实施。高频率的土地流标在南京市2004年以后有加剧趋势,以2005年为例,流标比率达到15.5%,据相关部门分析,与上述的区位、开发条件、总量以及地块面积的控制不当均有关系。[92]

在区位方面，要适应居住用地扩展的规律，适时选择"蔓延"、"轴向"、"飞地"、"网络"等空间发展形态；在开发条件方面，要重视整体环境和配套设施与居住用地建设的协调推进，提高土地的综合性能，推动市场开发的顺利进行；在总量和地块面积的控制方面，要适应开发商拿地的规律，综合考虑相关的金融政策、住房政策和土地政策、考虑市场供需关系，顺利推动土地出让。

**【案例】 政府作用与市场作用不能良性互动的现象**

① 土地供应过量，城市建设和基础设施建设相对滞后，且土地出让过于分散，难以形成聚集效益，生活质量不能提高，政府也不能获得相应的土地增值收益

如上海莘庄地区[93: 139]，见图6-4。1990年代中期，地铁一号线和城市快速干道的建设带动了城市西南角莘庄地区地区的住宅开发。但土地供应过量，城市建设和基础设施建设相对滞后。另一方面，为了快速获得土地出让金收益，在开发建设前期往往是"成熟一块、上市一块"。为了尽快上市，通常会避开那些需拆迁地块、地质条件较差地块，造成出让土地过于分散，而且这些土地之间间杂着村庄、沟塘、农田等，整体环境质量短期内无法提升，且由于缺乏聚集效益，商业服务等配套设施即使兴建了也难以维持，服务质量差强人意。开发选址随机、过于分散，建设无序。而紧接着的上海市房地产低谷又中止了该地区进一步发展，最终导致住宅小区散布在农田、村落和荒废地之间，环境恶劣。一直到1990年代后期，随着房地产市场的复

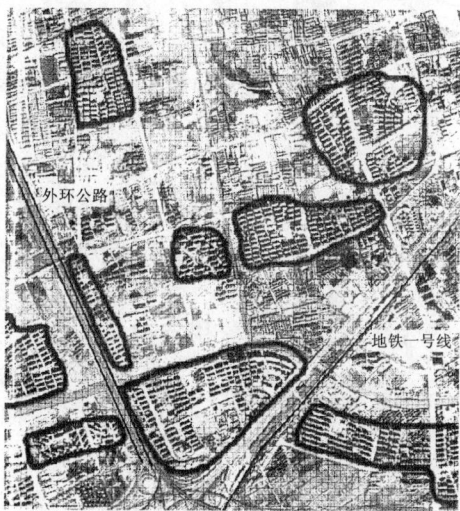

图6-4 莘庄地区1990年代城市形态

苏，支离破碎的格局才被打破，但是这已不能改变居民多年居住质量低下的事实，而早期土地供应过量也减少了政府的土地增值收益。

② 规划不尽合理，地价门槛高，基础设施建设缓慢

珠江新城位于广州市老城区以东，北接天河新区，南临珠江。1992年，广州市政府在广州市地铁筹资过程中，期望通过拍卖珠江新城的土地给予地铁建设实质性的支持，因而做出全面建设珠江新城的决策，由政府统一征地并负责土地开发，然后进行招商，吸引投资者进行建筑物业的开发。然而到20世纪末，珠江新城的建筑物业开发活动寥寥无几，开发面积不到20%，以至于政府不得不考虑重新规划和调整珠江新城的建设方案。这主要是由于地价门槛高、基础设施建设缓慢以及规划不尽合理造成的。

③ 缺乏引导，规划缺失，开发商与政府角色错位，社区发展不和谐

如广州市南部洛溪地区的华南板块，见图6-5。该板块的迅速发展是政府始料不及的。开发商充分利用土地级差效应与市场经济规律，顺应广州市南拓和区域交通网络的生长，与村镇等地方政府进行"选址—协议"式开发，进行了大规模、各自为政的分散开发，成功地推出了一大批诸如丽江花园、祈福新村、奥林匹克花园、碧桂园等富有个性的居住小区，取得了良好的经济效益。仅1997—2001年大型房地产开发商开发的面积达18平方千米，聚集了

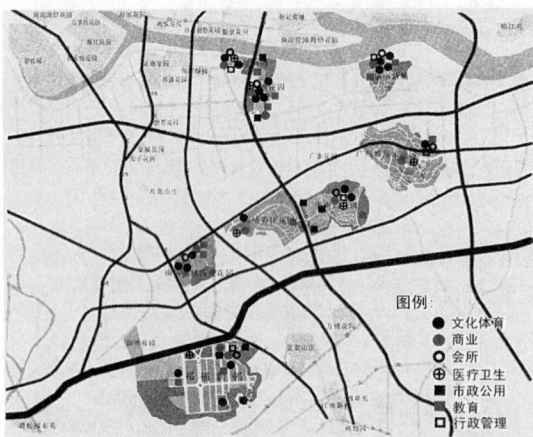

**图6-5 广州华南板块的大型住区公建重复建设情况示意图**[12: 98]

十多个占地上千亩的大型住宅小区,人口达30万人。[129]但是,也出现了土地过度出让,缺乏有效规划,基础设施供应严重不足以及生态环境破坏严重等问题。由市场所推动的缺乏城市规划指导的开发,带来的后果是市政配套的先天不足,小区配套的重复建设,开发商与政府角色的错位。开发先行、规划在后的结果就是整个区域缺乏应有的医疗、教育、文体及交通等公共设施的配套,开发商被迫配套"公建"设施。如每个小区为了解决业主的上下班问题都只好配备楼巴,但随着业主的不断增加,楼巴越来越无法满足业主的需要,造成业主与开发商矛盾加剧。此外,为了解决业主子女教育问题,很多小区都由开发商投资兴建学校,学校的管理一般采取"民办公助"的方式,学费高昂,很多业主由于无法承担如此高昂的学费而转投市区的公立学校,从而造成小区资源的浪费。[128]

**【案例】 政府作用与市场作用良性互动的现象**

**☀ 恢复小区位置**

**图6-6 合肥政务文化新区之四个恢复小区位置图**

妥善安置拆迁居民,避免拆迁安置房常见的外部负效应问题,同步推进公共设施、社区配套设施建设,既初步积累了人气又增强区域吸引力,如合肥政务文化新区。

首先,新区范围内拆迁居民全部回迁,建设了四个品质优良的"恢复小区",妥善安置2万多居民(其中包括农民18 000人),因此在开发初期即能够集聚一定的人气,见图6-6。同时配套建设小学、幼儿园、农贸市场等公共设施。两年时间内,两个街道"一站式"服务大厅、老年活动中心和社区医疗服务中心已经投入使用。同时注重不断整合教育资源,打造新区教育品牌。绿怡居、翠庭园、汇林阁、嘉和苑四所小学全部开学,向社会公开招聘了4名新校长和38名教师,四所幼儿园也全部开园,初级中学正在积极筹备之中。这些政府作为在解决原居民住房问题的同时,为后续的房地产开发初步积累了人气并提供了优质的公共设施基础。

## 6.2.3 新区居住空间建设规划机制

### 1) 常规的三级规划机制

长期以来,对城市新区居住空间发展的指导性规划通常为三级。

宏观层级为城市新区总体规划,根据规划人口规模、用地适宜性和城市总体结构进行居住用地的布局。总体规划层面尚包括近期建设规划,一般作为五年内的建设指导。近期建设规划,一般根据近期发展人口规模的估算计算需要的居住用地规模,再根据国土部门的土地征用计划、通过招商引资渠道获取的市场信息以及基础设施、公共设施建设计划作出近期居住用地布局规划。近期建设规划过程中虽然组织了多部门会议，但是基本停留在互通信息层面、缺乏深层次的协商。因此关于居住用地的近期规划对居住空间发展的指导基本上还是较宽泛的发展方向的引导。

中观层级为控制性详规，根据城市地区详尽的土地利用分析，进行进一步的功能结构调整，对于居住用地的规划重点在于地块划分、设施配套的"量"的保证和地段结构的合理性。近年来，控制性详规对居住用地的控制方面有着诸多进步，如适应物质文化生活水平提高和现代管理模式的配套分级指标体系；如与管理相结合，重视"公益性设施"用地的刚性控制等等。

微观层级则为建设地块具体的修建性详细规划，相应指标依据控制性详细规划。一般由开发商委托规划设计单位进行，政府规划部门负责方案审批。由于住区地块建设依赖市场运作，故比较重视内部环境、外部形象和住宅终端产品的设计。

**2）常规规划机制存在的问题**

常规的三级规划层级中，前两个层次规划编制以政府及规划主管部门为主导，后一个层次实际上是开发企业在给定的指标范围内起主导作用。应该说，这种常规三级模式——"总体规划（包括近期规划）＋地区控制性详规＋地块修建性详规"，对于新区居住空间的发展从宏观至微观各个层面都有所指导。但在以下几个方面仍然存在不足。

（1）在推动政府作用和市场作用良性互动的方面，规划作用普遍滞后  要想达成政府在土地供应、公共设施建设、基础设施配套等方面的推动作用，尽可能减少动态发展过程中可能出现的负面问题——包括土地供应、公共设施建设、基础设施配套等方面之间的不衔接、也包括上述建设与市场脱节、还包括如何妥善处置拆迁安置等社会问题，仅依赖各主管部门的行动是远远不够的，需要有一个统筹机制予以协调。政府组织机构应有协调的意识、建立相应的机制，规划则应充分发挥其所独具的空间视野起到牵头作用，包括：制定发展战略和行动计划，并适时进行发展的动态跟踪研究。

（2）在促发片区整体建设的特色方面缺乏针对性的规划引导  由于实行土地有偿使用以及相应的招拍挂等运作模式，开发规模逐渐小型化的整体趋势，容易导致各地块各自为政，缺乏城市设计层面对片区的整体控制和协调，如公共服务设施建设经常是过于分散、或者重复建设，片区整体会变得杂乱、缺乏活力、品质不高。相较而言，一些大盘因为用地面积较大，必须进行片区整体规划，通盘考虑特色的营造，片区整体的建设品质容易控制。如早期通过土地协议出让方式获得大宗土地的楼盘，如深圳华侨城；如超越了城市总体规划，在郊区村镇以低地价获取的大宗土地，如广州华南板块；如一些确有实力的大型房地产商基于自身发展和产品策划基础上作出的大宗楼盘开发策略，如北京建外SOHO。但在目前的土地管理和房地产投资管理的大趋势下，开发商获取大盘的可能性越来越少。如何避免开发规模渐成小型化的趋势与片区缺乏整体控制的矛盾，尚没有制度性的规划机制予以解决。

下面给出的深圳华侨城案例显示出高质量的具有针对性的居住空间规划对提升整体片区的品质具有极其重要的意义。遗憾的是，这样具有针对性的片区整体规划引导在当前的新区居住空间规划建设中并不常见。

目前，开发规模逐渐小型化趋势之下，即使有针对性的片区总体规划，但是如果没有相应的规划组织机制的话，也不可能起到整体引导作用。

**【案例】 深圳华侨城的规划作用**

充分利用资源优势,准确进行阶段目标定位,注重整体规划,打造极具生长性、特色和吸引力的整体环境,如深圳华侨城。

开发初期,华侨城与康佳产业园建设互动,开发了一批中档配套居住区,逐步集聚人气。随着主题公园建设推进,逐步调整开发定位,向高档房地产开发转型。先后建成了东方花园、海景花园、湖滨花园、锦绣花园、中旅广场和波托菲诺等高档楼盘。

华侨城的成功与注重规划是分不开的。1985 年国务院确定华侨城以"工业为主,肝胆俱全,环境优美,具有特色"为建设方针。1985 年 10 月香港中旅集团委托新加坡 OD205 工程顾问公司、深圳市工程设计咨询顾问公司同华侨城设计室共同编制了华侨城规划方案。1986 年 2 月,华侨城建设指挥部委托中国城市规划院等单位,以此规划思想为基础编制华侨城总体规划方案。1996 年 1 月,华侨城十周年华诞之后,华侨城规划建设部在专家论证基础上对华侨城总体规划进行了修编,制定了华侨城总体规划(1996—2005 年)。

图 6-7 深圳华侨城规划特色示意

在规划特色上,一是保护原有的自然资源,使人工环境和自然环境融为一体,创建有特色、有潜力的都市环境;二是保证规划的完整性、综合性和连续性,使规划有弹性,易于分期发展建设,见图 6-7。

根据规划,华侨城建设充分尊重地形地貌,保留了原有的山丘坡地、海岸环境、山塘小溪和荔枝树林等自然资源。在城区功能布局上也充分体现了尊重自然、塑造高品位生活环境的规划理念,通过设计建成具有"山、水、海"景等不同片区环境特色的居住区。除了四个旅游主题公园之外,华侨城不断提升文化内涵,先后建设了何香凝美术馆、华夏文化艺术中心、雕塑公园、生态广场,这些人文环境很好地结合了自然环境。目前华侨城已建设成国际水准的 21 世纪中国生活居住示范城。

**3) 2006 年以来编制住房建设规划带来的新变化**

国六条出台以后,编制住房建设规划和年度住房建设计划成为制度性的规定。与上述常规的三级控制机制不同的是,住房建设规划通常以市房产局为牵头部门,市建委、规划局、国土局等部门为参与部门,按照职能职责分工开展编制工作。

以南京为例,在一个核心(以构建"和谐南京"和建设资源节约型社会为核心,科学引导住房产业的投入产出比,提升住房建设的规范化和科技水平,提高住房市场的运行效率)、一个重点(建设"一个人人都有合适住房的城市")、两个"坚定不移"(坚定不移地推进住房市场的持续稳定健康发展,有效避免整个住房市场的大起大落的可能性;坚定不移地改善群众住房条件,在满足基本需求的同时实现品质的提升)、两个目标并举(坚持住房平均目标和保障目标并举,注重两个目标协调发展)的指导思想指引下,相对于原有的居住空间发展规划,"南京市'十一五'住房建设规划"和年度住房建设计划在以下几个方面实现了突破:

(1) 住房供应量的预测 该规划建立了一套住房市场需求预测方法,根据国家统计部门的资料,结合南京市的基本实际,设定购房者对住房的需求来自四个方面:①非农业人口的增长(自然性需求);②人均住房面积的增长(主动性需求);③因旧房的拆迁,由拆迁户换房而引起的需求(被动性需求);④外来人口购房。采用较先进的统计软件,对基本观测数据中"九五"、"十五"期间历年的市地区生产总值、城镇人均住宅面积、非农业人口和住宅销售面积进行线性回归分析。

(2)重视保障类住房　完善住房保障制度,构建廉租房、经济适用房、中低价商品房结构合理的住房保障体系,满足中低收入保障人群需求,推进老旧小区改造构建和谐社会。到2010年,住房面积不足全市平均水平60%的家庭基本保障到位。全市共开工建设1 625万平方米经济适用房(含廉租房、拆迁安置住房等),420万平方米中低价商品房,每年建设和储备廉租房不少于200套,廉租补贴与租金核减全面落实,最低收入住房困难家庭做到"应保尽保"。

(3)加强住房结构控制　结构调整目标,全市政策性住房90平方米以下为100%,全市商品房结构控制要求按强控区(一般住宅建设区)、弱控区(靠山滨水及其他环境良好区)、中控区(老城人口疏散区)执行。

(4)通过制定年度建设计划加强住房建设量的动态控制　年度具体住房建设计划以"南京市'十一五'住房建设规划"为依据,将五年内任务分解,并根据各年具体情况进行编制。年度住房建设一般按四类控制:①普通商品住房可上市销售的住房建设项目;②政策性商品住房可上市销售的住房建设项目;③当年拟供应的土地,三年内可上市销售的住房建设项目;④实施危旧房改造、老旧小区出新工程。

应该说,住房建设规划对常规三级规划机制起到了有益的补充,对住房供应结构的合理化、住房建设量的预测和动态控制、对保障性住房量的保证等方面起到了一定的指导作用,是居住空间规划管理的一大突破,其中体现了对居住空间社会属性的考虑,是使土地市场和房地产市场更为透明且实现有计划管理的必要步骤。

但是,前文提及的常规三级规划机制的弊端仍未弥补,而对于住房建设规划十分关注的保障性住房而言,也存在以下问题:①保障性住房建设量的预测不够准确,对应于最低收入和低收入住房困难户的廉租房以及经济适用房保障量,应通过深入的住房状况调查获取;对应于拆迁安置的保障性住房量应通过各建设项目的具体拆迁调查和评估获取。在这些数据基础之上,结合政府财政状况以及项目建设进度,进行具体的年度计划安排。②对于保障性住房空间布局缺乏规划指引。目前,保障性住房建设的社会效果偶然性很大,基本是行政指令的结果。

# 6.3　城市规划行动能力的评价与拓展

根据上述对新区居住空间发展机制的研究,将有关的城市规划作用整理如表6-5:

表6-5　新区居住空间开发建设中的城市规划作用

| | 主　体 | 领　域 | 能　力 | 问　题 |
|---|---|---|---|---|
| 开发建设组织机制 | 政府主管机构 | 资金运作,制定发展计划,制定相关政策 | 体现出一定的组织能力和协调能力、合作能力和沟通能力,组织与协调的效果取决于机构的发展理念和运作能力,合作与沟通的效果取决于各部门的发展理念和合作意识 | 缺乏针对居住空间发展的有效的组织机制和部门间的协调机制,居住空间发展的研究力量不足,缺乏发展目标、战略和发展策略研究 |
| | 政府相关部门 | 在主管机构授意下进行相关研究协助决策,并进行管理方面的调整;制定部门计划或规划 | | |

| | 主 体 | 领 域 | 能 力 | 问 题 |
|---|---|---|---|---|
| 房地产开发机制 | 政府各部门所发挥出的行政力 | 开发时机的抉择,土地供应调控,基础设施建设,公共设施规划控制 | 研究能力,引导房地产市场发展的能力,部门间协调能力 | 缺乏开发机构之间以及政府部门与开发机构之间的协调机制 |
| | 房地产企业 | 地块开发,基本主导微观层面规划 | 基于市场分析的房地产运作能力 | |
| | 政府背景的开发建设机构 | 借助市场力进行国有土地开发起到融资平台作用,进行部分公益性设施的开发建设与运营管理 | | |
| 建设规划机制 | 政府 | 各层次的法定规划;住房建设规划 | 编制各类规划所需要的研究能力、技术能力 | 缺乏更完善的与开发相协调的规划程序设计;规划体系不够完善,尤其是保障性住房规划体系不完善;规划研究独立性较弱 |
| | 规划管理部门 | 各层次的法定规划 | | |
| | 规划设计部门 | 受雇于政府及其部门,或为开发业主提供相应规划服务 | | |

## 6.3.1 规划行动主体

### 1) 评价

政府是各类行动主体中最重要的力量,对于新区居住空间的发展起到了实质上的动态控制指导作用。但是通常都缺乏对于居住空间的发展策略指引,缺乏具有针对性的研究支撑。然而目前各类规划文本所能提供的仅限于自以为是的分期规划,虽然考虑了与交通的协调、与整体开发的关系,但由于缺乏与相关部门的联动,因此这种动态控制与策划较为肤浅,在通常情况下参考意义不大。虽然,实践的动态过程是十分复杂的,动态控制不可能做到与实践的完全契合,但是至少要能够做到对于有关部门的行动起到切实的指导作用。

随着社会经济的转型和发展,规划行动主体越来越体现出多元化趋势。但是各行动主体之间缺乏协调机制。因此,在利益诉求一致的情况下容易取得成功,在不一致的情况下行动的结果就会出现偏颇。如珠江新城的问题,就是政府不注重市场需求过于一厢情愿所导致;而广州市华南板块的问题则是开发商与缺乏全局观的基层政府合谋的结果,而市级规划部门介入太迟所造成。因此,在各类行动主体中,政府的作用如何发挥最为关键,既不能绝对主导,又不能缺席沉默,只有通过恰当的引导,方能有多方共赢的和谐结果。

而即使是政府机构的不同层级之间、不同部门之间也缺乏协调。原因之一,是缺乏统一的长远及阶段性目标加以指引,规划行动容易出现混乱状态,如上海莘庄曾经面临的困境;原因之二,缺乏一个恰当的机构进行日常的协调工作组织,当前涉及的部门多头,却难以达成共识,行动难以形成合力。

对于非政府的研究设计机构,目前有关居住空间的规划多是政府、开发商提任务,规划设计部门承接任务的消极被动方式。其学术视野不够开阔,价值判断不够独立,学术组织不够活跃,对居住空间的发展贡献乏善可陈。

在居住空间开发建设的机制中,与欧美国家相比,公众在规划行动主体中几乎完全缺项。目前的公众参与基本只限于规划公示的提意见环节,公众在规划制定、规划实施等制度性环节中是缺项的;虽然,公众的声音还能通过研究机构的社会调查中有所体现,但公众参与制度性环节中的缺失决定了公众的声音不可能强大。

**2)拓展**

(1)建立发展策划的组织机制与动态调控的协调机制　以政府为发展策划组织机制的责任主体,组织策划团队,通过研究明确发展目标;以政府为龙头联动相关部门,策划团队得以了解各部门的利益企图,从而加以有针对性的应对,确保规划总体目标的实现。

在动态调控的协调机制方面,建议新增一个部门主管机构,承担协调的主要职能,如住宅发展局。借鉴香港、新加坡、日本经验,统筹商品房和公共住房的开发建设。进行促成协调的制度设计,在制定战略、各层次规划、项目实施过程和管理诸环节促成政府、公众、开发商的交流;在政府的各部门如规划、土地、房产、建设管理部门之间进行日常的协调组织。

(2)建立顾问团队机制　成立专门的顾问团队,作为地区政府进行新区居住空间发展方面的幕僚。整合各方力量如学院派、设计院、地方管理部门、开发单位代表等进行长期的合作研究。该顾问团队既要有一定的战略高度,又要了解地方发展实情,在制定居住空间发展的长远及阶段性目标方面起到重要作用。

(3)学习美国新城市主义协会和英国的都市村庄研究组　国内的非政府研究机构应进行独立研究,拓宽研究视野和领域,并发出声音,对居住空间的发展产生影响。

(4)建立更加健全的公众参与机制　结合中国目前国情,建议协调机构应承担民情调查责任,定期对新区居住空间建设中的敏感群体进行调查,如已入住居民、已购房却长期不入住居民、涉及拆迁的居民、保障性住房居民等等。并通过制度,明确民情调查结果应作为规划的重要参考依据。

### 6.3.2 规划行动领域

**1)评价**

规划行动领域缺乏深度。新区居住空间的发展,城市规划虽然涉及宏观、中观、微观等诸层次,但达到的深度却是不理想的,在宏观层面对于居住空间的动态发展没有引导,中观层面对于居住空间形态缺乏针对性研究,而微观层面商业话语体系一统天下、忽略了其他一些应引起重视的方面。城市规划虽然在土地总量平衡以及宽泛的发展方向上有所引导,为政府提供批租土地的地块蓝本,却没有进入到居住空间发展的实质的运行机制中去。

规划行动领域涉及面窄。作为公共政策的城市规划,仍只关注土地利用的技术层面内容,对居住空间的社会性的应对远远不够,尤其是对于保障性住房,规划所起到的作用极其有限。

**2)拓展**

(1)拓展城市规划深度　宏观层次,摆脱远期静态规划的窠臼,确定合理的发展目标,加强基于动态持续发展的发展策略研究。中观层次,要进行针对性的空间形态研究,关注与人们生活密切相关的交通组织、公共服务和公共空间的合理规划,建设整体有序、充满活力的新城市;另外,应建立城市设计组织机制,包括片区总规、控制导则和协调运作的系列机制,确保开发规模日渐小型化趋势下,兼顾片区整体控制和各地块的开发自由度。微观层次,通过规划设计理念的提升,注重价值观的引导和生态技术的运用,打破商业话语一统天下的局面,营造适居的新家园。

(2)拓展城市规划涉及面　传统的技术性规划要融合社会规划的内容。应专门设计保障性住房规划机制,注重保障性住房量的准确预测和布局规划,建构合理的社会空间结构。传统的技术性规划对居住空间的安排一般仅仅基于人口总量的测算。忽略人的社会属性这一重要因素,对于空间资源的公平合理分配以及和谐的社会空间格局起不到积极作用。侧重于人的发展的社会规划对此具有显著的弥补作用。而对于城市新区而言,如果社会规划仅仅基于社区成型后再逐步完善是不够的,自上而下的规划应对此有主动的融和,以避免与社会的和谐发展有太大分歧从而增加日后协调成本,这一点对于中国当前社区建设尚不健全、尤其新区正处于社区初始建构的情况下尤为重要。

### 6.3.3　规划行动能力

**1）评价**

发展理念参差不齐,再加上缺乏统一的发展指引和多方协调机制,导致发展存在极大的偶然性。对于各主体而言,则过多关注领域内自身行业技术能力的提高,忽视与不同领域之间的交流能力、管理能力的提升。另一方面,缺乏促进规划行动主体能力提升和发挥的制度环境,即使各主体有交流的愿望,但由于缺乏制度支持,经常得不到回应或者造成交流的效果大打折扣。

**2）拓展**

(1)对于政府主体,要从强权管理型、经济建设型向治理型、公共服务型转变,利用政府职能建构起交流平台,着力于规划组织与管理的创新,对各种信息加以综合处理与分析,通过各种方式增强研究能力,并进行科学决策,对居住空间的发展进行引导。

(2)对于规划研究主体,应注重交往能力的提升。既包括通过交往获取信息,也包括通过交往发表观点,能动的参与到项目决策、运作过程中。"只有对权力关系、相互竞争的需求和利益以及政治经济结构的背景进行明确的评价,才有可能对实际的需要和问题做出回应,此时才有可能使用接近于理性的方法。"[93:204]

(3)对于进行具体开发建设的主体,应注重理念的提升。在盈利诉求与遵从总体发展目标之间进行平衡,尽可能做到双赢。

(4)对于各类主体,都应在可持续发展理念指引下注重关键技术的跟进。如信息收集、分析评估、运作组织以及各部门、单位的自身管理技术等。

### 6.3.4　新区居住空间开发建设机制优化

城市规划行动能力的拓展将反馈到新区居住空间开发建设机制中,促成后者的全面优化,见图6-8。

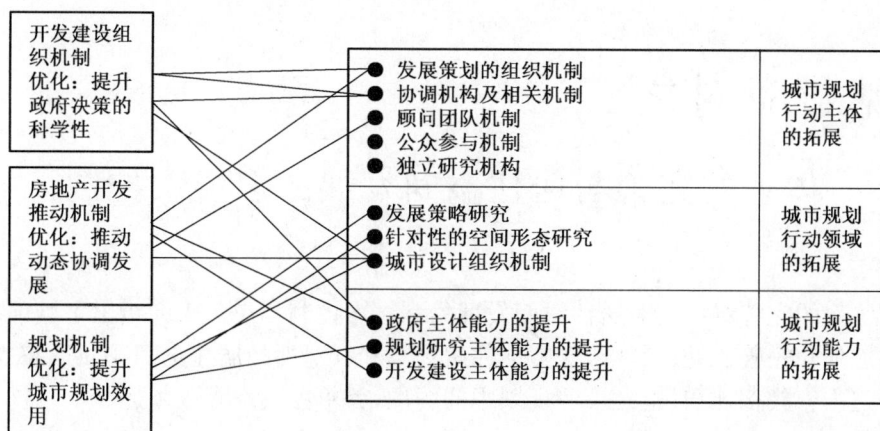

图 6-8　城市规划行动能力的拓展对新区居住空间开发建设机制的反馈性优化

## 本章小结

　　本章着重探讨体现于居住空间开发建设系列机制中的城市规划行动能力的拓展。城市规划行动能力的拓展是提升城市规划效用的首要方面,包括规划行动主体、行动领域和行动能力的拓展等层面。本章首先对英国都市村庄十余年规划建设实践中表现出的城市规划行动能力予以引介,指出其借鉴意义并不在于具体的规划建设模式,而在于其概念提出及项目实施过程中的城市规划行动能力的拓展,以及藉此所获得的对居住空间发展的全面和有效的调控。然后,从新区开发建设的组织机制、房地产开发推动机制、居住空间建设规划机制三方面,深入细致地论述机制运行过程中的城市规划行动主体、行动领域、主体能力,对于存在问题进行了总结和评价。最后提出了拓展城市规划行动能力的系列建议,并指出城市规划行动主体、领域和能力的拓展将反作用于居住空间开发建设机制,对其实现全面优化。

# 7 规划应对之二

## ——体系的完善与居住空间发展的多层次控制

规划体系的完善将带动对居住空间发展的多层次控制。表7-1即指出了当前城市规划体系尚待加强和完善之处。其中,保障性住房规划和针对性的居住空间物质形态规划,由于涉及的研究内容较多,同时也是当前规划中的弱项,另单独成章予以阐述。

表7-1　城市规划体系的完善

| 城市规划体系 | | 尚待加强和完善之处 | | |
|---|---|---|---|---|
| 当前对居住空间发展起作用的规划体系层次 | 各层次所起的作用 | | | |
| 宏观层面 | 城市总体规划 | 城镇空间结构体系包含居住空间体系内容 | ◄协调就业、交通和居住的居住空间体系研究 | |
| | 住房建设专项规划 | 城市总体层面对各类住房建设量的预测 | | 保障性住房规划:宏观层面涉及建设量的准确预估和选址,中观层面涉及规划布局研究和地块控制,微观层面涉及针对性的详规设计 |
| | 城市新区总体规划(分区规划) | 确定新区居住用地总体规划和总体布局 | ◄城市新区特定地段居住空间发展计划研究 | |
| 中观层面 | 控制性详细规划 | 公共设施配套 | ◄公共设施配套的适应性 | 地区城市设计:以规划编制单元为单位,进行地区城市设计,可与控制性详规同时进行,也可以提前内容:地区总体规划(包括对居住空间形态的针对性研究)和控制导则的制定。在规划实施过程中,辅以协调机制 |
| | | 确定居住空间形态 | ◄针对性的居住空间物质形态研究 | |
| | | 制定地块开发建设控制指标 | ◄动态发展跟踪研究及对发展计划的适时调整 | |
| 微观层面 | 修建性详细规划 | 微观环境品质的建构 | 通过规划设计理念的提升,提高人文内涵,并与上层次发展策略相衔接 | |

## 7.1 宏观层次的城市新区居住空间发展策略

### 7.1.1 基于可持续发展的城市居住空间体系

城市居住空间体系的建构主要包括布局、总量、空间结构等,一般由总体规划确定。城市层面的总体规划基于常规的基础信息收集与分析、社会经济发展分析、人口总量发展的预测分析,并结合城市整体结构,对居住空间体系加以确定,目前"居住圈"概念已得到广泛应用。居住圈包括两方面的含义,"一是把城乡作为一个统一整体组织住宅建设,统筹居住与生产;二是在大居住圈内进一步按照居住联系的内在要求进行细分。城市居住圈的划分方法有:交通枢纽分析法、就业中心分析法、社会联系法以及主要因子叠加和地域分异结合分析法。"[130]根据各居住圈的综合条件和特点,确定发展重点,制定相应的发展策略。城市新区居住空间作为城市居住圈的组成部分,在城市居住圈结构统筹之下,应合理安排居住密度分布体系,并运用多种手段引导人口合理流动和分布。

**1) 与环境承载量的协同**

在保证粮食安全、人口承载力安全和生态安全的基础上控制居住用地总量。

应根据土地资源、人口发展趋势确定可占用的居住用地资源,并考量有效消费需求、居民收入水平制定相应的建筑面积水平的发展计划。从一些国家或地区的相关数据来看(见表7-2),建筑面积水平与国家的经济发展状况有着较明显的正相关关系,但居住面积水平与建筑面积水平却不存在绝对的正相关关系,如经济水平较高的香港地区、日本,其人均居住面积水平并不高,但是其住宅的舒适度并不差。根据江苏省人地资源情况、经济发展水平以及当前的居住面积总体水平(2005年全省人均建筑面积28.3平方米),近期发展计划拟订在30平方米,远景也不宜超过40平方米。

城市新区建设的重要目的之一就是推进多中心组团式的城市结构,因此应走紧凑式的集约发展之路,居住面积水平应有所控制。

表7-2  经济发展与住房水平的对应关系[131]

| 收入水平 | 人均使用面积(平方米) | 每间房人数 | 人均GDP(美元) |
|---|---|---|---|
| 低收入国家 | 6.1 | 2.47 | <500 |
| 中低收入国家 | 8.8 | 2.24 | 570~1 260 |
| 中等收入国家 | 15.1 | 1.69 | 1 420~2 560 |
| 中高收入国家 | 22.0 | 1.03 | 2 680~11 490 |
| 高收入国家 | 35 | 0.66 | 16 100~26 040 |

注:人多地少的香港和东京,人均使用面积分别只有7.1和15.8平方米。"人均使用面积/人均建筑面积"约为0.75。

**2) 与就业、交通的协同**

居住空间与就业空间、交通体系的不协调,不仅将加大环境保护的压力,也会造成难以解决的社会问题。因此,居住空间与就业空间、交通空间之间应构成相互协同、相互支撑的结构。随着交通技术的进步,以及城市经济实力的持续提高,当前轨道交通等大容量公交系统的建设开始被部分大城市纳入城市发展计划中。居住空间体系应对此有所应对。大容量公交系统的建设将使更大范围内的居住、就业功能得到整合。

李健、宁越敏提出的通勤区概念对于建构居住、就业、交通的协同结构具有较强的指导意义[129]。随着社会经济的快速发展,上海城市人口空间分布发生了快速变化。中心城区人口的高度集聚以及产业发展的不协调,带来了交通、住房、环境等等许多社会经济问题。为此,依据上海大都市通勤区的概念,为了统筹上海中心城区与郊区的空间联系,引导人口分布和优化城市区位功能,李健、宁越敏尝试提出了"中心区—通勤区—郊区"三个层次的城市空间结构体系。

城市居住空间体系建构应联系现实与未来,统筹考虑人口疏解、城市化人口的迁移路径与产业发展和交通发展的关系,引导人口分布和城市区位功能的优化,形成与社会经济发展实际状况相对应的城市空间结构。

### 7.1.2 基于动态指引和联动发展的城市新区居住空间发展地段建设战略与发展计划

在城市总体规划的指引下,各新区一般还会作分区总体规划。总体规划层面现在也越来越强调近期建设规划,以起到一定的动态发展指引作用。近期建设规划虽然对近年的主要发展方向、交通建设、重要城市公共设施有较强的指导意义,但是对于居住用地的发展控制比较宽泛,与土地供应不直接挂钩,与市场产生一定的脱节。总体来说,近期建设规划有动态指引的意图,但因规划范围较大,对居住空间的发展指引深度不足。

另一个具有动态发展指引作用的规划,是 2006 年以来各地所作的住房建设发展规划(通常是"十一五"发展规划),以及相应的年度发展计划。然而,住房建设发展规划重视的是量的控制,年度计划最终落实的是上市住宅和拟供应土地,基本是将房产与土地部门的信息和意志反映出来,缺乏房产、土地、规划以及其他相关部门之间实质上的协商和科学指导。其中的保障类住房规划没有考虑到如何支撑这些被保障人口持续发展的要求。总体来说,住房建设规划重视量而忽视布局,不够全面。

因此,笔者认为,若要加强动态指引,宜增加一个规划研究层级,研究范围应适当,便于在这一规划过程中,进行深入细致的信息收集,并实现实质上的会商。从而能够全面把握新区发展软、硬性的基础条件和环境条件,综合新区整体功能的发展进程,关注居住功能与其他功能的联动,实现切实的动态指引。

**1)研究范围——特定主导功能的发展地段**

城市新区规模有大有小,但都可以划分为若干具有某种主导功能的发展地段,笔者认为10 万~15 万人的人口规模为宜。这些发展地段由于区位条件、资源条件、基础条件的差异,也应采取不同的发展战略。因此,依据城市居住空间体系和社会经济发展的形势以及基础设施建设的条件等,划定发展地段,制定有针对性的建设战略与发展计划。

**2)研究时机——启动前期**

依据政府工作计划,在该发展地段全面启动建设的前期加以研究。

**3)研究组织——政府主导**

由于需要有深度的磋商,由政府组织、主导召开各类磋商会议,可以获得比部门组织好得多的效果。当然,如果政府授权某个专职机构(如规划局、建设局,比较理想的是专门的协调机构如住宅局)行使该项组织职能亦可。

**4)研究内容——全面掌控现状、制定发展路径、提出联动发展建议**

应首先进行房地产市场的区域分析、SWOT 综合发展条件分析,确定发展目标,依据目标制定具体的发展路径——包括发展时序、阶段目标与对其他用地和功能的联动发展建议。

上述这四个方面,仅依靠传统的近期建设规划和 2006 年以来编制的住房建设规划,无疑是做不到的。新区居住空间的发展应依托更广泛的合作和适时的动态调整机制。因此这一层面的规划需要这样几个方面政策的辅助推动——土地规划与城市规划协同以促进良性成长管理,城市规划与招商引资联动以带动就业,城市规划和文、教、体、卫等公共职能部门以及交通、市政等基础设施部门联动以提升生活质量,房地产开发定位综合考虑市场状况恰当定位以促进住房有效需求的满足,土地整备涉及的拆迁安置与土地储备规划相衔接以推进社会和谐发展。

**【研究实例】 浦口中心地区居住空间建设战略与计划**[①]

(1)浦口中心地区规划概况  南京市作为江苏省唯一一座跨江设立的城市,是江苏省"沿江开发"和建设"宁镇扬经济板块"的龙头,是大江两岸城市带、产业带的唯一交汇点和宁镇扬跨江城市群的顶点,浦口中心地区则是这一交汇点和顶点的核心组成部分。随着南京市加快推进跨江发展,南京从主城区到都市发展区框架的逐步拉开,特别是跨江"对接"浦口的南京长江大桥、二桥、三桥已经建成通车,纬七路(应天西路)过江隧道、京沪高速铁路长江大胜关大桥等正在建设。作为远期预留的浦口中心地区用地开发建设条件日益看好,浦口中心地区的潜在战略价值迎来了提前释放的最佳历史机遇,见图7-1。

为加快推进新市区中心区建设,2005年6月,南京市规划局编研中心进行了浦口中心区前期规划研究;2005年11月至2006年1月,浦口区人民政府开展了"浦口中心地区概念规划设计"国际招标,在此基础上进行了南京市浦口中心地区概念规

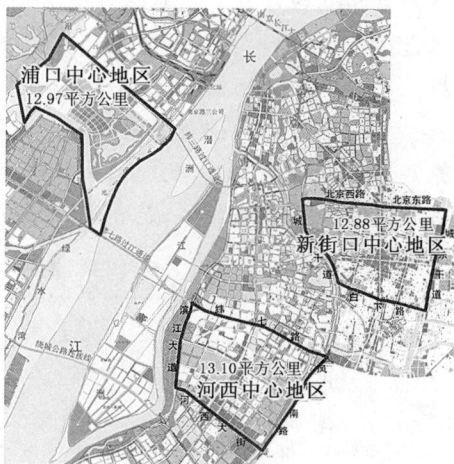

图7-1 浦口中心地区区位

划整合方案,为浦口中心地区的建设、发展提供概念规划设想。目前这一地区的开发研究和概念规划已经基本成型,概念规划的出台,标志着中心区开发的前期准备阶段即将完成,开发启动蓄势待发。

在这样一个发展背景之下,浦口区政府组织进行了"加快新市区中心区启动路径研究"。以下就对笔者负责的居住空间部分作一扼要介绍。

(2)浦口区房地产市场分析  对浦口区房地产市场相关数据进行分析,得出以下几个结论:

① 在南京市区房地产诸板块中成长空间较大,具有一定的价格优势;

② 浦口区内部二级板块发展不够均衡,桥北板块具有明显优势、珠江板块次之,其他板块规模化趋势不明显;

③ 拆迁居民买房需求达到20%左右;江南市区居民购房自住和投资比重达到50%以上;来自本市其他区县以及其他省市购房者比例大幅上升。

④ 近年房地产市场供应与需求预测

a. 供给方面:存量土地充足,目前在建的一些大盘将在明年陆续推出新房源,一段时间内浦口区将有总量达到1 500平方米的中低档商品房逐步上市,可以满足12万~15万户需求,中低档商品房在未来一段时间内面临饱和趋势。b. 需求方面:随着浦口区经济的快速发

---

① 2006年,浦口区政府组织进行了"加快新市区中心区启动路径研究",研究内容包括:政府行动计划、现代服务业启动研究、房地产启动研究、资金筹措机制、项目运作机制等。笔者为居住空间建设和房地产启动路径研究的负责人。

展,交通、医疗等配套设施的完善,价格优势的继续凸显,将会吸引更多购房者来置业;主城及周边地区居民的住房和投资需求都是浦口区房地产市场发展的动力;另外,随着浦口大学城及各类产业园区的持续建设,新兴的中产阶级将会对中高档住房产生需求,面积需求区间不会太大,主要分布在100~140平方米,但对住房品质及环境将会有较高要求。c. 住房档次结构:对市场现状分析表明,中小户型、中低价位住房主力地位继续巩固。高档房地产需求基本满足。

(3) 浦口中心地区居住空间发展 SWOT 分析    浦口中心地区在南京多中心格局中占有重要的区域地位。同时跨江发展已被南京市委列为工作重点,相应的产业建设必将迅速推进;而数条跨江交通通道也已在建或已被列入计划之中,这些都给中心地区的建设带来契机。中心地区必须启动建设以应对未来的功能需要。然而其启动也面临十分现实的问题,由于中心地区的建设是一个长期的过程,资金投入巨大,还面临市场风险,如何启动、如何引导良性的阶段性成长,既能使土地价值最大化,又能达到政府与开发企业的双赢,并及时提供相应的功能空间载体,是需要审慎研究的。

表 7-3    浦口中心地区居住空间发展 SWOT 分析

| 优  势: | 劣  势: |
|---|---|
| 1. 浦口大学城的建设,现有学生人口 10 万、教师人口约 8 000 人,远期规划学生人口 15~20 万人、教师人口 12 000~16 000 人;<br>2. 经济技术开发区、高新区的持续建设,将会吸引高端技术人才;<br>3. 背山面江的优越自然环境;<br>4. 相对于江南主城区较低的房价;<br>5. 远期优越的交通条件与城市环境 | 1. 目前不成熟的整体交通条件;<br>2. 与现有较成熟板块(桥北、珠江板块)在配套设施与人气方面的差距;<br>3. 北部监狱尚在扩建之中,搬迁难度较大,且在吸引居民方面存在负面影响,其他一些单位搬迁难度也很大;<br>4. 区内尚有 5 000 农业人口,需要妥善拆迁安置 |
| 机  遇: | 挑  战: |
| 1. 南京市提出加快推进"跨江发展",加快建设"五个中心"的发展战略;<br>2. 长江三桥的通车和纬七路过江隧道的开工建设;<br>3. 可通过弥补浦口缺乏的优质教育、医疗资源增强中心地区的吸引力;<br>4. 中心地区景观环境逐渐完善;中心地区公共设施、行政办公、商业商务功能的孕育 | 1. 推进房地产项目的同时确保土地增值最大化,且利益为政府、开发企业共享;<br>2. 错位发展,避免与浦口其他板块恶性竞争,推动浦口整体房地产市场的健康发展;<br>3. 选择恰当的启动区,较低的环境整治成本,便于短期内形成规模效应;<br>4. 在功能结构、空间形态上能够与中心地区良性互动、协调发展 |

(4) 浦口中心地区房地产开发主要困境

① 土地困境    浦口新市区中心区总用地 12.97 平方千米,其中驻地单位(胜利圩养殖场、石佛农场、第四监狱、警官学校)等占地 7.5 平方千米(11 250 亩),搬迁非常困难。

基本农田较多,仅顶山街道所属 5.74 平方千米中就有基本农田 1.21 平方千米,尚不包括胜利圩养殖场、石佛农场所属的基本农田。

② 吸引力困境    目前中心地区范围内除沿山大道、浦珠路沿线交通可达性较好以外,其他地段交通不便。且区内无已有城市居住区和可资利用的社区服务配套设施,缺乏人气以及日常生活所需要的便捷性。

③ 资源困境    虽然有"大山(老山)大水(长江)"的区域资源优势,但中心地区内部并不能直接借用,还需要营造适宜的内部自然景观环境。而胜利圩地带的较好生态水域环境也在规划中被去除,唯一留下胜利河这一内部水系,然而该河道两旁密布农民住宅,首先要做

好拆迁安置工作方能再进行景观建设。

（5）发展目标　虽然房地产开发的项目建设主体是开发企业，应由市场主导，但是政府通过制定规划、规划控制、土地供应以及公共物品与基础设施建设对房地产市场在发展目标、发展时序、相关功能整合等方面发挥的战略引导作用具有更为重要的意义。

那么，政府应具体如何引导？首先应该明确该地区房地产项目推进应达到的目标，然后基于该目标基础之上进行恰当的引导。

基于上面的分析，浦口中心地区房地产项目推进应达到如下经济目标与社会目标：

**表 7-4　浦口中心地区房地产项目推进目标**

| 经 济 目 标 | 社 会 目 标 |
|---|---|
| （1）以城建城，促进建设资金良性周转 | （1）对建构健康的浦口房地产市场起到积极作用 |
| （2）确保政府土地增值收益 | （2）建设具有示范、引领作用的中心地区和谐社区 |
| （3）房地产开发企业能够获得较好的利润回报 | （3）与中心地区其他功能协调互动，推进中心地区建设 |
| （4）通过人气聚集商气，促进中心区其他功能的建设 | （4）稳定市场预期，树立市场信心 |

（6）居住空间发展的路径策划　以现有的整合规划为依据，根据阶段性的中心地区发展条件，充分利用阶段可利用的资源及优势，选择可出让土地，这些土地所具有的资源优势应尽可能确保其每一阶段都可以进行与中心区功能相匹配的高起点地产开发；阶段性出让的土地尽可能相对集中，参考规划社区范围，便于集中人气和进行配套设施建设，短期内形成较好的居住环境品质。据此，提出以下房地产启动开发的路径建议，参见表 7-5 与图 7-2：

**表 7-5　浦口中心区房地产启动的路径策划**

| | 培育期(5 年) | 成长期(5 年) | 成熟期(10 年) | |
|---|---|---|---|---|
| 整体环境条件 | 道路、市政设施不完善，中心区功能需求尚未形成，中心地区的地位尚未凸现<br>区内国有土地、基本农田征用难以短期内完成 | 道路、市政设施不断完善，中心区功能需求开始产生，中心地区的地位逐渐凸现<br>中部国有土地征用基本完成，行政办公、大型公共设施逐步上马建设 | 道路、市政设施基本完善，中心区核心功能需求开始产生，中心地区的地位凸现 | |
| 地块选择 | 主要投放浦珠路沿线的 A 社区地块，少量 B 社区东部地块 | 主要投放 B 社区剩余地块少量 C 社区地块 | 土地全部完成储备，根据市场情况加以投放控制 | 与土地储备及投放的衔接 |
| 可利用资源及优势 | A 社区：浦珠路、珍珠河、与老山/佛手湖较近的距离；<br>B 社区东部：浦珠路、定向河；<br>两处地段与现状监狱均有隔离，均为拆迁难度较小的村集体土地 | 纬七路过江通道建成使得该地段与主城联系更为便捷，而纬三路过江通道的建设将进一步增强其区位优势预期；区内公共设施、景观环境的建设进一步增强吸引力 | 区域交通以及区内交通环境极大提升，除与主城外，与安徽、苏北的联系更为通畅；环境品质持续提升；区内商业、商务、金融等功能逐步增强 | |
| 目标人群 | 大学城教师，中高端研发人员，被性价比所吸引的主城居民，集体土地拆迁人口 | 目标人群向行政办公人员，主动追求高品质生活的主城居民、外地来浦口发展居民、本地居民扩展 | 目标人群向在本地区从事商务、商业等工作的高级白领扩展 | 对房地产市场的引导 |

续表 7-5

|  | 培育期（5 年） | 成长期（5 年） | 成熟期（10 年） |  |
|---|---|---|---|---|
| 市场定位 | 中档，部分拆迁安置房（5 000 人） | 进一步培育适应不同人口需求的混合型市场 | 在混合型市场基础上，着重打造中高档住区 |  |
| 相关建议 | 在现有意向拟在浦口地区发展的企事业单位中，筛选出适合该地区定位和总体规划功能要求的单位，加以引进。 | 展开积极的招商引资工作，引进适合该地区定位和总体规划功能要求的企事业单位 | 展开积极的招商引资工作，引进适合中心区功能要求的高标准商业、商务、金融型单位 | 与招商引资计划的衔接 |
|  | 1. 加快完成集体土地征地拆迁工作，区内居民一次性拆迁安置，安置区可在 B 社区东部选择恰当地块<br>2. 加快进行中部国有土地的拆迁工作 | 加快进行北部国有土地（监狱）的拆迁工作 |  | 对土地整备、拆迁的引导 |
|  | 1. 浦珠路沿线选择一地块建设高等级医疗设施（建议选择 C 社区北部地块，弥补浦口区缺乏高等级医疗设施的空白，进一步提升该区的吸引力）<br>2. 同期建设社区配套设施，尤其注重打造浦口区缺乏的优质中小学教育品牌<br>3. 建设地区中部主要横向干道丰子河路以及主要纵向干道 | 1. 由于人气在逐步提升，浦珠路沿线混合用地可进行地区级商业服务设施建设，进一步提升该区的生活品质<br>2. 持续完善社区配套设施，尤其是教育设施<br>3. 继续完善区内的主次干道网<br>4. 丰子河沿线公共设施（包括体育中心、行政办公、文化场馆等）同期建设，推进中心地区南部建设 | 1. 继续打造"北部教育科研、山景特色"、"中部文化体育休闲、湖景特色"、"南部商务办公、滨江生态特色"<br>2. 加快进行轨道建设（江北轻轨、与主城联系轻轨线），增强该地区的快速公交出行能力 | 对基础设施、公共设施建设的引导 |

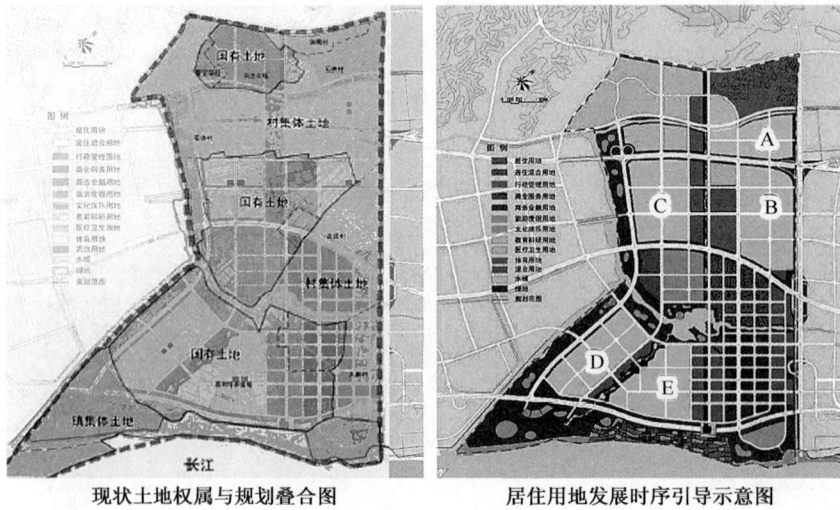

现状土地权属与规划叠合图　　　　居住用地发展时序引导示意图

图 7-2　浦口中心地区居住空间发展引导示意图

# 7.2　中观层次的城市新区居住空间规划与设计组织

当前新区居住空间中观层次的规划控制多属于框架性的,控制性详细规划在公共设施配套分级、配套标准以及与规划管理层面的结合方面作出了很多创新,但是对于空间布局安排仍然是模式化的,对"空间特色"和"空间活力"的构筑作用不大。

另一方面,新区大规模的住区项目,由一位设计师设计,往往会造成手法单一、设计粗糙等问题,而由多位设计师设计,又常因各区段间缺乏联系造成形象杂乱、景观不和谐、空间缺乏衔接等整体性问题。在城市新区重点地段的规划建设中,目前也越来越注重城市设计,将其作为制定控规的前期性研究,然而这些城市设计更为关注的是级别较高(一般都是地区级以上)的公共建筑、公共空间,对于住区及住区级公共设施、公共空间并未引起重视。

为了解决这些弊端,在现有的城市规划体系之下,通过住区公共设施建设的规划适应性研究加强公建配套的针对性,通过规划设计组织兼顾整体控制与特色生成,就显得十分重要。

## 7.2.1　加强住区公共设施建设的规划适应性研究

公共设施作为提供公共服务的重要空间,其在吸引人口和产业入驻方面的作用毋庸置疑。公共设施的配置是多层面的,具体要根据新区承担的城市职能而定。区域级、城市级的公共设施配置具有投资大、相对集中的特点,可以在短期内形成空间节点,因而应充分发挥其导向性作用促进新城城市职能和形象品质的全面提升。采用所谓的项目启动式公共服务设施导向开发(SOD,service oriented development),成为带动新区建设的引擎。

而住区级的公共设施配置,则与住宅关系更为密切、是定居者日常生活的重要空间。投资相对分散、所需资金差异也较大,项目类型繁多,周期较长。住区公共服务设施(也称配套公建)包括"教育、医疗卫生、文化体育、商业服务、金融邮电、社区服务、市政公用和行政管理及其他"八类设施。这些公共设施的足量配置以及良好运营是保障生活便捷性和质量的重要保证。从这些公共设施的功能可以看出,公共设施所占据的空间其作用是多方面的,不仅为居民提供相应生活服务,还承载了居民文化休闲等公共交往活动,而且还提供了下一代成长的重要空间。

**1) 新区住区公共设施配套规划适应性的提出**

公共设施涉及特定的建设主体、运营主体以及服务对象,其内容及配套模式随着社会经济的发展也在不断变化。为了应对计划经济向市场经济的转型,国家《城市居住区规划设计规范》2002版已作出了许多重要修订。除此,各地城市规划界也做出了颇多探索和创新,集中在以下几个方面:

(1) 定量标准结合人民物质文化水平提高和行业发展的需要进行的调整;

(2) 配套分级结合社会经济的转型(社区建设、管理服务)的要求进行的简化调整;而配套内容也进行相应的增删;

(3) 配套规划管理按照公益性、经营性的分类进行有针对性的管理调控,前者强调刚性、后者强调灵活性。

应该说,改革后的总体原则和指导模式已能很好地适应时代的发展。但是高质量的配套公建体系的建立最终还是要落实到用地层面,而这仅有指导模式是不够的。

新区建设既是经济行为,同时又是社区的建构过程。一方面,公共配套设施作为重要的公共资源,规划建设应统筹有限资源的有效配置;另一方面,无论是公益性设施还是营利性设施都与市场的支撑密切相关,因此规划建设还应力促其良好运营;第三,公共设施作为居民获取相关服务的公共空间,规划还应发挥公共政策功能,保障易受市场侵蚀的设施用地以及通过公共空间带动弱势群体力促社会融合。

因此规划设计工作者应统筹考虑公共配套设施的经济性和社会作用,因地制宜灵活处理,结合各新区、乃至新区的不同片区的具体情况强调规划的适应性,在控制性详细规划层次加强公共设施配套用地的有效配置和管理、在城市设计层次力促公共空间经济活力与交往活力的生成和持续。

**2)新区住区公共设施配套规划适应性的三个层面**

(1)配套分级与新区的功能结构、人口分布相适应　设施配套的分级首要应考虑居民使用的便利性,即服务半径;其次对于以市场行为为主的设施要考虑具有一定的服务人口的支撑,方能有较好的盈利,从而更好地服务于当地居民。因此一定要研究新区的功能布局、结构特点,结合特定的片区整体定位、住宅档次定位、人口密度,来决定设施配套的分级。

一般来说,档次越高,户均面积越大,基层社区级配套设施就会缩减,并相应提高上一等级的设施集聚程度和规模;户均面积越小,人口密度越高,基层配套设施就应增加,社区级设施则以保证行政管理及其他公益性设施为主、商业服务类可减少。另外还要考虑与市级各类中心尤其是商业中心的关系,决定是否设置介于市级中心和居住区中心之间的地区中心这一等级。

因此分级配套决不可套用死规矩,而应在把握一定原则基础上灵活变通,方能营造出生活便利、商业繁荣、社会文明的优良环境。图7-3反映的是南京市河西新区公共设施分级配套结构,其优点已在"成绩与问题"一章中详细论述。

(2)空间形态与增强新区活力及力促以市场行为为主体的配套设施的良性运营要求相适应　从调研中发现,只要选址得当,有足够的片区支撑人口入住,地区级、社区级中心在运营方面一般不会存在太大问题,反而是基层中心在规划方面问题比较大。在调研中发现,过于整齐划一的社区和过于混乱的小区都比较多,但他们都有一个共同点,就是缺乏活力,这与其公共设施的布局存在密切关联。对于此类设施,只综合考虑其量的配置和服务半径的满足,还不足以保证其为居民提供优质的服务,这里所提的服务不仅与运营主体的服务质量有

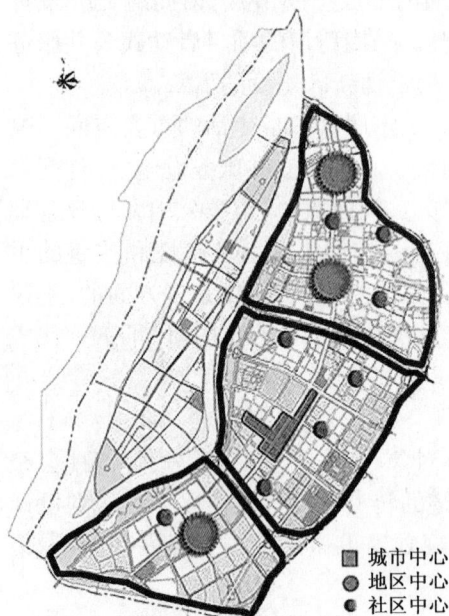

图例:
■ 城市中心
● 地区中心
● 社区中心

图7-3　南京河西新区公共设施配套
　　　　分级结构示意

关,它还包括良好的外部环境和空间氛围,这一点对于基层设施来说更为重要,因为其与居民日常生活关系最为密切。而外部环境可以通过对其形态和布局形式的规划来控制。

在空间组织上,提倡集中和分散相结合的布局,既有较为明确的中心,又有分散的小型商业街道,既繁荣又亲切,且其局部的自我更新不影响整体。在规划控制上,提倡有所为有所不为,强调整体的规划控制和引导,又让各地段开发各有特点,形成既十分有序又非常丰富的社区氛围。

(3) 功能布局与新区的社会空间分布以及对弱势群体的扶持要求相适应 城市新区的发展与老城、与区域环境都有密不可分的关系。在我国特定的社会经济转型期,新区不仅容纳大量主动迁居的人口,还容纳了大量被动迁居的城市人口、被动城市化的失地农民。新区的社区结构已出现分异。而从各地的控制性详细规划上看,看不出任何这方面的信息表达,配套设施的功能布局对此也没有任何应对。

对于中等档次以上的住区,配套设施的意义主要在于满足居民各类生活需求,而由于居民支付能力较高,其配套设施只要规划合理,一般也都能够维持较好的运营质量,包括公益设施和商业设施。而对于低收入住区,其意义就不仅如此。

调研发现,这类住区的人口以低收入为主,其对于迁居后的生活环境自我调适的能力很弱,因此政府通过相关政策和住区的配套建设提供恰当的生活环境就十分重要,应体现出政府的公共服务和对弱势群体的扶持职能。对于这类人群,获得充足的社会支持至关重要,而配套建设即使在建设量上可以予以保证,但由于居民支付能力弱,这些设施尤其是教育设施、文化设施的运营质量堪忧。因此,与城市居民共享配套设施则是促使其与城市其他居民交往并促进其后代向上流动的良径,调研还发现与普通居民共享配套设施最为理想,尤其是中小学校、文化活动设施与周边社区的共享性不仅可促进其与周边社区的融合,还特别有利于其后代的发展。

### 7.2.2 通过规划设计组织兼顾整体控制与特色生成

控制性详细规划重视住区的公共设施、公共空间的量的配置,在具体的空间格局上则是模式化的,缺乏周密的斟酌和设计。仅以此为设计控制条件的话,不能对地区开发起到整体层面的有效控制,地区的用地空间体系(尤其是公共空间)很有可能无序混乱。

因此,有必要通过对有关人力资源的安排、设计程序的控制等方面进行有效的设计组织,达到:

(1) 适宜的总体规划,包括空间形态特色、道路交通、绿化组织等各类系统的总体组织;

(2) 合理的发展方式,对建设进程、分期实施以及具体地块的详细规划设计提出建议;

(3) 有效的设计控制,通过设计导则保证设计的整体控制,同时不妨碍各地块的特色塑造。

在这一方面,日本的有关经验十分值得借鉴。其中,幕张新都心之滨城住区、多摩新城南大泽住区的设计组织具有代表性,见表7-6。

总的来说,日本的这两个案例是相当成功的,通过高质量高效率的规划设计组织与引导,在新区快速建设的同时保证了房地产开发的高质量。两者均成功地做到了整体性与多样性的统一、居住空间与新区发展目标的协调、房地产开发的整体高品质,而这些成功离不开其规划设计组织模式——包括宽严有度的规划控制(地区总规、设计导则)、富有成效的协调规划体制。类似的规划设计组织模式还可以在瑞典、法国、美国、英国的诸多成功实践中见到。

表7-6 幕张新都心之滨城住区、多摩新城南大泽住区的设计组织[81]

| | 幕张新都心之滨城住区 | 多摩新城南大泽住区 |
|---|---|---|
| 用地规模 | 84公顷，8 100户 | 66公顷，1 500户 |
| 发展目标 | 构筑具有人气、统一且多样之景观、适应多样化生活方式的都市街区 | 与地形地貌等自然环境相和谐的、具有独立性、设施齐全的新城 |
| 住宅开发单位 | 7家：包括2家公营机构与5家民间机构 | 1家：住宅都市整备公团 |
| 设计总负责人 | 协调建筑师（7人） | 总建筑师（1人） |
| 单项设计者 | 街区建筑师（每个街区还有指定负责人） | 街区建筑师 |
| 共同规则及其制定 | 总体规划，设计导则<br>制定：由住宅区建设规划策定委员会（由多位专家组成）制定，通过城市设计研讨会补充和完善设计导则 | 总体规划，设计导则<br>制定：总建筑师听取各方意见后逐步制定，总建筑师起到决定性作用 |
| 协调方式 | 协调会议方式 | 总建筑师指导方式 |
| 附加条件 | 协调、民主、合作精神 | 总建筑师具备很强的组织协调能力以及个人威望 |
| 协调制度体系 | 住宅区建设规划策定委员会（以千叶市企业厅为主，组织多名专家组成，在其组织下进行地区总规和设计导则的拟定工作） | 规划委员会（以开发机构为主，加上八王子市企画科，和总建筑师、景观设计师等专家构成） |
| | 协调建筑师（由7家开发单位各指定一名专家构成，以城市设计研讨会的形式相互沟通，并进一步补充和完善设计导则） | 总建筑师（1名，负责制定地区总规、设计导则，负责指导具体的街区设计，并进行协调和调整工作） |
| | 地区协调建筑师、街区建筑师、具体设计者（进行具体的设计协调和设计工作） | 街区及景观设计师（进行具体的设计工作） |
| 优缺点 | 层级关系相对复杂，工作效率受影响，周期相对较长；<br>发挥民主精神，设计导则是团队合作的结晶 | 层级关系相对简单，工作效率高，周期相对较短；<br>过于依赖总建筑师个人能力 |

地区总规的作用主要是对地区整体发展的指引。包括制定发展目标（服务于怎样的居民、创造什么样的环境），确定功能格局（包括公共设施体系、绿化系统、交通系统等），制定适宜的协调体制（根据项目规模、难易程度、开发方式等确定协调体系的层级和方式）。

设计导则的作用主要是在总规的基础上提出较具体的控制框架，创造出丰富的、具有鲜明特色的空间。包括划定特色区，确定特色空间，制定保证特色空间生成的指导原则，而指导原则的制定强调宽严有度，保证整体性和多样性的达成，见图7-4。

当然，考虑到中国目前的新区房地产运作的模式，上述经验显然是不可以照搬的，但可以在规划体系与协调机制两个方面加以借鉴。

规划体系方面，可与地区控制性详规同时进行，也可以在控规之前增加一个中间层次——地区城市设计，结合各地区的特定区位、自然与人文资源禀赋，进行更深入细致的土地利用规划，相对于控制性详规而言，提供更为具体的框架性指导，并不进行具体的微观设计。尤其关注公共活动空间的系统和住区特色营造，制定相应的设计导则对后期具体的规

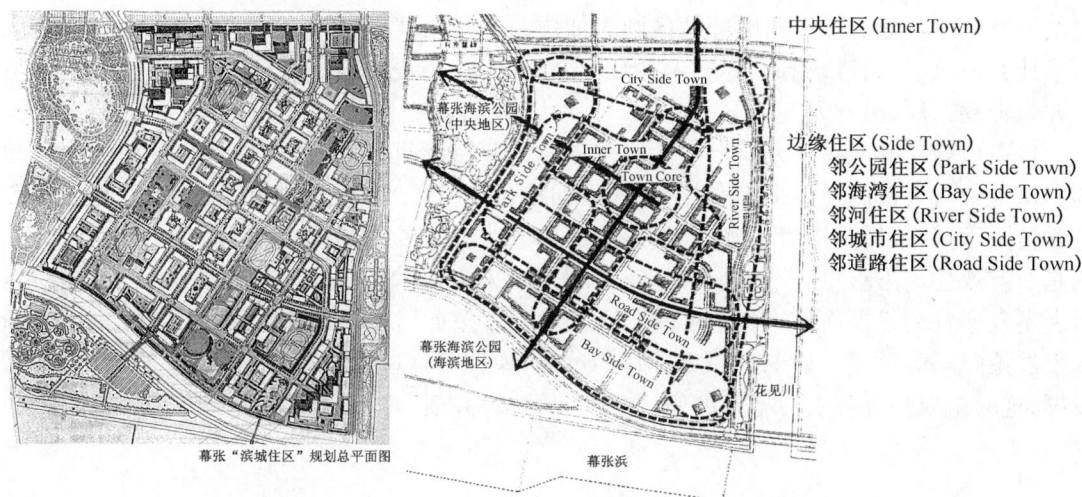

图 7-4　幕张新城总体规划及其七个地区的划分

中央住区 (Inner Town)

边缘住区 (Side Town)
邻公园住区 (Park Side Town)
邻海湾住区 (Bay Side Town)
邻河住区 (River Side Town)
邻城市住区 (City Side Town)
邻道路住区 (Road Side Town)

幕张海滨公园(中央地区)
幕张海滨公园(海滨地区)
花见川
幕张浜

划与建筑设计加以引导。

协调机制方面,中国国情决定了政府相关部门应作为总协调方,但须聘请专家进行具体的协调工作,具体制度体系可根据开发规模、土地批租计划与情况等条件决定如何设定协调师以及协调的层级。协调师的职责是与政府部门合作制定设计导则,并指导贯彻设计导则,在协调过程中根据具体情况继续完善与补充设计导则,完成对具体地块的规划设计的指导工作,而不是放任开发机构各自为政地设计。

采用这样的规划组织模式将会避免出现杂乱无序的地块开发,确保开发品质,使居住空间成为新区的有机组成部分,而非互不关联的"封闭楔块"。

## 7.2.3　通过动态跟踪研究适时调整发展策略

新区居住空间的发展是一个持续性的过程,对其适时检讨可以发现发展中的主要症结,并加以研究来调整发展策略,使得居住空间得以维持一个健康发展的趋势。其中,人口规模指标由于可以反映出居住用地本身的发育程度,是动态跟踪研究的重点。对人口规模的分析可以看两个指标,一个是以总用地为基数的人口密度,间接反映居住功能在新区的比重;一个是以居住用地为基数的人口密度,反映的是居住用地本身的成熟度。

以河西新城北部地区为例,2006 年人口已达 35 万。以总用地为基数的人口密度为 182人/公顷,远大于一般大城市的 120 人/公顷,这与河西北部地区的功能定位是相适应的,与居住用地比重较高有关。以居住用地为基数的人口密度为 420 人/公顷,同一般大城市的400 人/公顷相当,说明居住用地本身的发展比较成熟,人口规模密度比较适宜[133]。其存在问题主要是交通联系不畅以及产业用地与人口结构不匹配。

与河西北部地区不同,河西中部地区就长期存在人口规模过低的情况,虽然已开发楼盘的销售情况良好,但入住率较低,该片区虽然环境整洁,却人气不足缺乏活力。2006 年人口规模只达到 40 人/公顷,以已建设居住用地为基数的人口密度只有 210 人/公顷。即使地铁开通后情况改善也不大,其发展定位中确定的南京市副中心的功能发育状况不佳。

针对这两种不同的情况,河西北部地区应加快与河东的交通体系畅通工程,并逐步进行整治提升产业功能。而河西中部地区则应加快公共设施建设,并在其定位的中心区功能发育不佳的情况下,通过政府主导迁入行政办公和推动总部经济来增加高层次就业机会,通过就业来带动入住,提升人气。

对人口规模的跟踪研究是要防止出现人口规模持续过低,因为这种现象说明居住用地的建设并未对人口的迁移带来实质性影响,间接说明了住房建设有效供应不足的情况。在这种情况下,如果楼盘销售不好,则会影响房地产业的发展;如果楼盘销售良好,则由于满足的是非有效住宅需求将会增加后来真正试图迁入人口的购买成本。前者不利于经济发展,后者不利于社会发展而最终也会反映到经济层面。把握居住用地的成熟度对于适时调整新区发展策略至关重要。如果人口规模长期过低,说明新区吸引力不足,缺乏活力,影响后续发展,这时就要找寻吸引力不足的原因并加以整改,并适当减缓土地批租的速度。

# 7.3　微观层次的规划设计理念创新

微观层次,在适应物质文化生活水平的提高层面、在充分挖掘市场价值方面,都已有很多创新之处,如交通组织方面的创新、对绿化景观价值的挖掘等等,这些都是在市场力量推动下做到的创新。但是也有一些容易被市场力量所忽视的方面,它们是将新区构筑为城市新家园所不可或缺的。微观层次的城市规划行动,将直接作用于住区物质空间的生产,故理念创新对于提升微观层次的城市规划效用是首要的。

## 7.3.1　经营理念

经营理念,指的是居住区规划统筹开发商的利益诉求、居住者的使用需求、相关经营者的经营要求等多方面要求,以树立长远的品牌和形象为宗旨,从长远着眼、以人为本,基于策划基础上制定居住区开发策略。

### 1)住区布局的整体经营

住区作为住房这一特殊商品的聚落,它的建设必然涉及商业化的经营策略。在经营环节中,房地产商作为投资者和产品的制造者无疑起到主导地位。经营,不等同于营销。开发商的品牌和形象的树立,不是营销环节成功就可以塑造得起来的,尽管通过营销获取最大的利润是其最终目的。其实,居民对于住区的评价从入住后才真正开始。住区是城市的一部分,住区规划应该综合分析其在城市中的区位条件、周边资源情况、相关城市规划,一方面要充分利用一切可以利用的资源,与之相适应进行恰当的住区定位,并转化为住区的内在价值;另一方面,要弥补城市资源条件的不足,在住区规划中主动应对,创造出新的价值。

如深圳的万科四季花城,为了弥补当时基地尚很不成熟的区位条件,规划设计了"L"形商业街,一半是沿路商业街,一半是深入社区的步行商业街,见图7-5。既向城市开放为住区及其周边居民服务,又有自我限定的极富城市气息的整洁有序的步行商业街,对于提升片区的城市形象和活力发挥出十分积极的意义。同样,上海春申万科城通过利用"L"形开放的市政道路,建构了一条集购物中心、商业街、会所、儿童公园、青年公寓、公交车站的"都市核心路",破解了当地大型郊区社区的安静、沉闷的环境氛围,创造出活泼、生动的城市生活气氛,成为地区的活动中心,带动了地段价值的提升,见图7-6。

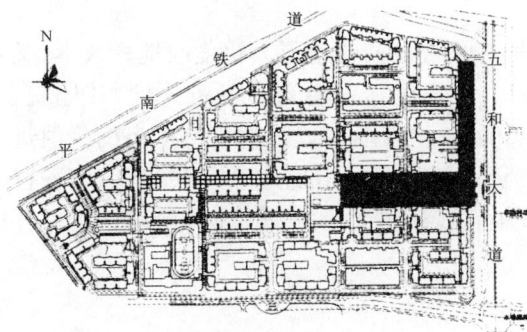

图 7-5　深圳万科四季花城"L"
　　　　　形步行商业街[12: 90]

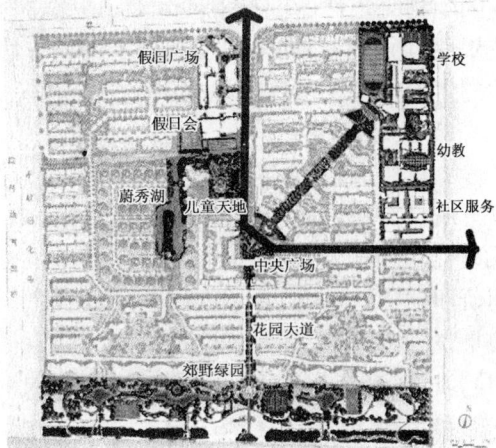

图 7-6　上海春申万科城"L"形市政路
　　　　　及其沿线公建布局[12: 90]

**2）商业设施的全面经营**

在公共建筑中，由于商业设施属于经营性设施，又可以起到很好的销售助推和形象树立的作用，且可以通过租售获取比住宅更为高额的利润回报，故一般是住区中除住宅之外的重点关注对象。但开发商往往会忽略居民的使用和便利要求、经营者的运营要求，影响商业设施的实际使用效果。

虽然，前文已在中观层次对公共设施的层级配套、布局形态提出了总的控制要求，但在微观层次针对商业设施仍值得进行深入细致的考量和设计。

《万科的主张》一书中总结了商业设施建设中四种常见的矛盾，分别是"一次性开发和分期入住的矛盾、商业街初始定位和实际需要的矛盾、某些商业设施和居民生活的矛盾、人车分流和商业经营的矛盾"，并提出了一些应对方法。一是"分类别设置住区商业设施"，根据规模、地段、租金、干扰程度的不同具体细化为"餐饮设施、日常必备设施、阶段性商业配套、文化类商业配套、零售型商业配套、传统型商业配套"等不同类型设施，并提出针对性布局要求。二是采取"分期建设、分期招租"的商业设施建设发展策略，结合居民入住量分期开发，首先引进满足居民最基本需求的商业类型，再逐渐培育高级别的商业设施，逐步积累人气。[12: 150-154]

**3）善于与政府协商**

营建与城市互动的住区，不完全是房地产商的责任。在规划设计过程中，房地产开发商应积极与政府协商，比如地区亟需的由政府提供的公共物品建设，比如住区公共空间与城市空间之间的关系，这些问题的探讨可在与政府规划管理部门的协商中获得更具可行性和操作性的方案。

## 7.3.2　生态理念

生态理念，指的是居住区规划中应充分尊重自然环境，倡导资源保护，最大限度延续原有自然生态系统，节能减排，将保护环境与建设人工居住环境相整合，实现人与自然和谐的人居环境。

也就是要合理地对"土地资源"、"水资源"、"生物资源"进行最佳利用。"在保护自然系统的生物完整性的前提下使建筑、道路、绿化环境有机结合,达到生态上的科学性、布局上的艺术性、功能上的综合性和风格上的地方性,以清洁的水体、清新的空气、保健的花木和多样性的生物创造都市田园风光。"[134]

**1) 土地利用**

尊重原有地形地貌、水文地质、绿化资源条件,既可以节约地形大幅度改造的成本,又可以形成具有地域风土特征的特色景观。新区的每一块用地都有自身的唯一性,其地貌、水系、植被之间已达成一定的平衡。基于生态理念的土地利用,就是要对自然生态的价值进行调研和评估,进而整合到新的住区环境中。特别是对于丘陵、山地地形,不能简单地进行土地平整,而应保持其原有地形走势和地表径流,从而在获得优美的具有地域特色的居住环境的同时,也减少了土方量和人工设备工程量。

**2) 绿化设计**

绿化最基本的功能作用就是调节微气候、改善空气质量,为人们的生活提供与自然的亲密接触。住区的绿化设计应兼顾生态功能与景观效应。

在植物配置方面,应构成乔灌草多层结构的组合。强调绿量和生态效益,优先选择乡土树种和保持地方特色的植被。慎重而有节制地引进外来特色树种,构建具有乡土特色和城市个性的绿色景观。

绿化设计,还应与一些生态设施相结合,见图7-7。如在雨水收集利用方面,目前常见

左图:繁复的绿化设计成为众多住区的常用手法

下图:德国汉诺威Kronsberg生态小区是为2000年汉诺世界威博览会而开发的居民小区,是采用全新概念建设的绿色环保小区。雨水被收集、储存,生态净化,被用做绿化灌溉,蓄水池又是小区景观必不可少的亮点。

渗透沟

蓄水池

原生态的植物群落

集水井

图7-7 两种出发点的绿地设计

的做法不是迅速通过管道将其排走就是破坏了雨水径流导致排水不畅,前者没有对雨水充分利用、浪费了这一天然资源,后者则容易导致淹水从而影响居民生活。提倡的做法如下,一是积极引导回渗。采用绿地、透水地面、渗透管沟、渗透井、渗透池(塘)、深井回灌等各种雨水渗透设施让雨水回灌地下,补充涵养地下水资源,取得缓解地面沉降,减少水涝等多种生态效益。同时还可以利用表层植被和土壤净化功能,减少径流带入水体的污染物,从而净化环境。二是进行集蓄储存。将雨水径流收集起来,达到显著削减暴雨径流量和非点源污染物排放量、优化小区水系统、减少水涝和改善环境等效果。并据用途的不同进行不同程度处理后用于绿化、洗车、道路喷洒、厕所冲洗等作用。

**3) 住宅建设**

居住建筑的合理布局、适宜的住宅体型、合理的住宅气候界面设计,都将起到节约能源、减少能耗的作用。

首先,住宅布局应与气候相结合。如:注重朝向的城市应充分结合良好朝向进行住宅布局,对于高层住宅区,应运用风环境分析软件模拟,最后选择最有利于夏季通风、冬季保温,能够形成良好风环境的总平面布局的方案。其次,住宅设计应与再生能源及资源利用相结合。设计可与太阳能设施结合的住宅构造,以及可进行中水和雨水再利用的住宅设备。另外,住宅设计还应充分考虑节省能源的构造,如遮阳系统等,把建筑美和节能功能和谐地统一起来。

## 7.3.3　场所理念

场所理念,就是通过缜密细致的空间建构,赋予空间以意义——包括实用的功能意义和精神层面的象征意义。从而使得新区居住空间具备家园的特性,而非奢华的人工孤岛。家园感的获得,依靠自然的延续性、历史的厚重感以及人文关怀基础上的空间创造。

**1) 记忆的延续**

在城市新区,将原先的非城市建设用地转化为住区是十分常见的。在这一迅速的时空转变过程中,很容易忽略值得延续的自然环境和人文环境特征,陷入盲目造城的误区。实际上,如果换一种视角,总会在基地上发现独特的风土和景观。

在自然环境层面,包括地形地貌和河湖水体等特定的地域景观要素,以及有价值的原生植物群落,都可以加以保留,并可以通过设计进一步强化这些特征。从而使得住区获得一种植根于此的厚重的场所精神。在人文环境层面,除了被认定的历史文化资源之外,对于该基地曾经承载的历史,都可以加以挖掘,并通过某种方式表达出来。如1960年代美国哥伦比亚新城的建设过程中,就十分重视当地的历史,通过使用18世纪的地名、保留一些富于特色的乡村建筑、建设一些老式的乡村小路等等措施,将种种历史痕迹串联起来,形成了浓郁的场所精神和文化氛围。[12: 135]

**2) 空间的建构**

对住区内部环境的感受是在住区内各层次空间的使用中感知的。住区内部的各类公共空间包括内部生活性街道、集中公共活动空间和半公共活动空间的界面。这类住区内部空间是居民日常户外活动的主要空间,其环境设计既要保证住区内的闲适气氛,又应充满生机和活力。

对于内部生活性街道,要根据街道的作用,确定底层建筑的功能,并注重建筑低层处理与街道及其他环境要素的融合。对于集中公共活动空间,其范围较大,居民在其间的活动更多样,且易观察到周边环境的整体景象,应注重多栋住宅造型的整体性,并对具有活动中心场所性质的公共空间加以烘托。对于半公共活动空间,其范围较小,居民在其间的活动多为交互性较强的交往活动,应注重入口、底层、楼栋交往层的细部处理,营造亲切的居住环境,见图 7-8。

宜人的内部生活小商业街 　具有一定象征意义的集中公共活动空间

温馨的接近住宅的半公共空间 　与绿化结合的公共活动空间

**图 7-8　多层次空间的建构**

当前,在土地集约利用的总体趋势下,大城市新区居住空间进行高层、高强度开发将成为常态。但是,高层住宅建筑由于其庞大的体量容易给住区环境带来压抑等负面影响,如何减弱这种负面影响、建构积极有活力的高层住区环境成为必需应对的一大挑战。曾经获得多个奖项的新加坡淡宾尼新城中就运用了多层建筑穿插于高层建筑的方式,削弱高层界面的压抑感。日本的东云集合住区由山本理显设计,通过三维层面的空间建构创造了多种尺度和性格的场所——位于底层的尺度宜人的集商业、托儿所、会所和保健中心、保龄球馆等公共设施于一体的步行街,位于高架平台上的尺度较为开阔、宁静安适的住区休闲绿地和广场,以及建筑内部的各类半公共空间,见图 7-9。山本理显在北京建外 SOHO 中采用了类似的手法,将地下车库、地下商业广场、地面多层公共设施、地面活动广场一体化设计,在容积率达 3.7 的高层住宅区中创造出宜人的丰富的充满活力的环境,见图 7-10。

**3) 形象的塑造**

住区是孕育人成长、滋养人心灵的场所,作为人们心灵停泊的家园所在,其应被赋予什么样的精神特质是值得深思的。住宅是人们最重要也是花费最大的生活资料,在经由供应体系的获取到居于其中的日常生活过程中的体验所形成的精神感受,无疑会对人们的生活态度、价值观产生重要的影响。这种个体的精神感受通常具有一定的普遍性,进而对社会整体的价值取向、生活风尚产生影响。

卡斯腾·哈里斯(Karsten Harries)认为,"所有审美客体都是被提取出来的、并被固定

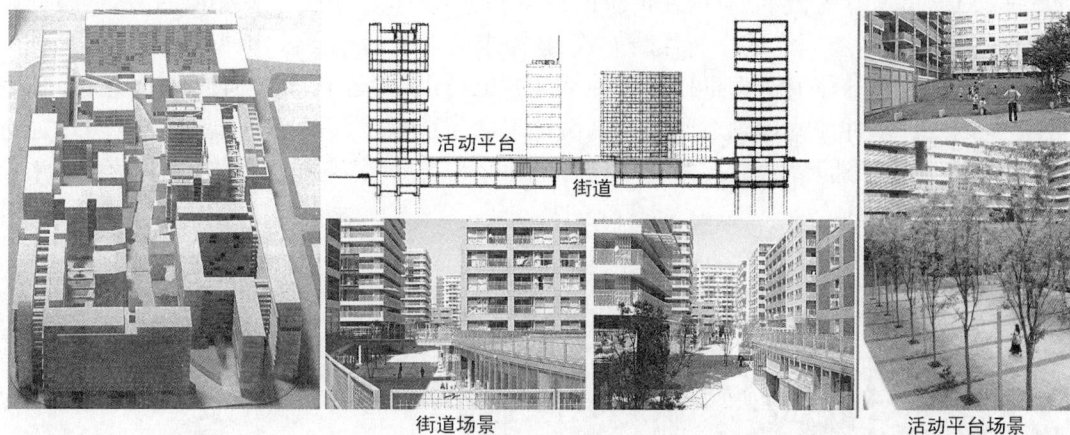

图 7-9　基于三维空间场所建构的日本东云集合住区规划

图 7-10　北京建外 SOHO 地面及地上层一体化设计

下来,这其中具有某种意义"[135]。比如,一度风靡全国的欧陆风实际上反映了对西方生活的追崇和向往,对宝瓶柱、石膏线条的竞相仿效表达出消极的精神内容——空洞和盲从。居住空间是人们极其重要的生存空间之一,住区形象传递出的这一精神信息无疑会对人们起到潜在的消极影响。因此进行恰当的理念表现是建筑师必须认真加以考虑的。那么什么样的理念是积极的?——形象塑造中的意义应符合人在实践过程中探索世界的知性需求以及人与人、人与自然共存的感性需求,这其中包含十分丰富的内容,如人与自然的和谐、人与人的和睦共处、人与历史的不可割断的联系、审慎而一往无前的探索精神等。基于这种理性美的认知基础上,从居住建筑的本质特征、发展方向、特定类型和自然人文环境中挖掘恰当的表现方式。在经济全球化的今天,西式风格在中国建筑中运用本也是一件正常的事,但是在西方建筑本身也在日新月异的时候,我们所借鉴的风格还处在"夏威夷风情、法兰西风尚、德国小镇"等狭隘的圈域时,则不能不说存在问题了。

规划设计师不能只是作为开发商的某种住宅商品营销意念的代理人,对于住宅这一特殊的与人成长、生活关系密切的产品,应在其中体现自主的思考,在开发商的服务人与大众住宅的设计师之间找寻一个平衡的位置。住宅蕴含的理念将潜移默化地影响居住者,引导形成健康的生活态度和理性的消费意识,继而通过消费者多维的居住价值观以及自主的产品选择意向对开发商产生影响。

关于设计理念的代表性话语如下:和谐——平等,关爱,人与人、人与自然的和谐共处;

传承——对城市文脉的传承、对居住传统的传承；共生——与地域生态环境的共生、与社区人文环境的共生；创新——适应居住新方式、新需求的创新等等。这几种理性美不是孤立不相容的。一个成功的住宅造型，可以是"传承"的，也可以是"创新"的。根据具体情况，住宅的造型可以兼具多种美的理念。而要达到设计理念与造型之间的契合，笔者认为可以通过处理"建筑形体与周边环境"、"元素符号（包括空间）与文脉"、"空间与居住需求"的关系来全方位促成，见图7-11。

德国著名建筑师赫曼.赫茨伯格设计的集合住宅，对过渡空间界面的处理基于促发交往的构想，同时也形成了富于变化耐人寻味的外部造型

基于生活空间营建的形象塑造

安藤忠雄设计的六甲集合住宅的屋顶平台构筑了住户与自然的观景交流空间，同时又是一定范围邻里的公有庭院。此设计是基于消除现代社会人与自然、人与人之间疏离的考虑，在完全现代的建筑形式中融入传统日本庭院的精髓

新加坡某街区住宅，沿城市街道的外部界面处理简洁，追求大的虚实对比；街区内界面的处理则较为细腻。

基于与城市环境相契合的形象塑造

基于传承居住空间文脉的创新性形象塑造

**图 7-11　三种出发点的住宅形象塑造**

### 7.3.4　集约理念

集约理念，就是要顺应国家住宅政策发展导向，在户型设计、楼栋设计和住区规划方面进行精细化设计，既节约土地，又不以牺牲居住舒适度为代价。

**1）户型设计——兼顾面积集约与舒适性**

国家关于调整住房供应结构的相关政策，代表着国家对节约城市建设用地，提高土地的配置效率在政策上的清晰导向①。

目前，特别应着力研究中小户型设计的方法。以日本为例，70%以上的公寓住宅套内面积都在65～80平方米之间，折合中国住宅建筑面积在90平方米左右[136]。日本住宅设计精巧宜居，其经验特别值得借鉴。

（1）空间尺度上，确立更精细地使用空间的态度和措施。一方面，居室（包括起居和卧室）的面积可进一步减少不必要的面积；另一方面，注重空间的多适性、变通性设计，多适性指通过空间的复合利用达到节约空间的目的，见图7-12；变通性则为小户型提供了随时间

---

① 2006年5月，国务院办公厅转发了建设部等九部委《关于调整住房供应结构，稳定住房价格的意见》，明确了新建住房结构比例：自2006年6月1日起，凡新审批、新开工的商品住房建设，套型建筑面积90平方米以下住房（含经济适用住房）面积所占比重，必须达到开发建设总面积的70%以上。

周期变化和家庭结构不同对空间加以多方式利用的可能,见图 7-13。

(2) 缩小户型面积,不应该牺牲或降低配套部分的功能。卫生空间的设计,应尽可能做到厕、浴、洗脸功能的分开,各种功能各得其所,互不干扰;厨房的设计,应结合管道布置和装修精细利用空间;储藏空间对于保证住宅空间整洁十分重要,日本住宅中储藏面积占 10%,应充分利用走道、立体空间、边角空间设置储藏空间,见图 7-14。

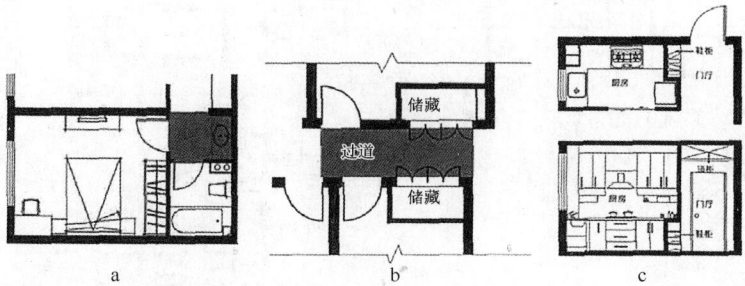

a 洗脸台前空间与卧室入口空间的复合利用
b 过道空间与储藏门扇开启空间的复合利用
c 门厅鞋柜与厨房一侧界墙空间的复合利用

**图 7-12 空间的多适性设计**[137]

a 日本住宅中的和室是变通性空间的典型
b 中小户型可设置"半"空间作为可变通空间

**图 7-13 空间的变通性设计**[137]

日本卫生空间组织十分精细

日本厨房设计通常与装修相结合进行标准化设计

储藏空间设计充分利用边角空间与立体空间

**图 7-14 居室外配套部分的精细设计**[137]

### 2) 楼栋设计——兼顾紧凑和各户的均好性

我国目前住宅面积计算是以住宅建筑面积为准,其中包括公摊的公共部分建筑面积。因此,如何通过楼栋设计减少公摊面积,提高使用系数是中小户型集合楼栋设计的首要挑战。尤其是在容积率要求较高的城市地块,需认真考虑高层的中小户型楼栋的设计方法。对于高层住宅,由于消防和疏散的技术要求,公共交通面积较多层多出很多,故宜采取多套的紧凑组合单元,以平摊高层较高的公摊面积。

板式高层和点式高层特别值得研究[138]。前者由于具有更高的均好性尤其更受欢迎。但是多套的组合单元,对于单元的精细化设计提出更高要求,首先要采取措施降低公共交通与住宅之间的干扰,其次要解决好各套之间的相互遮挡和视线干扰问题。图7-15是杭州天都城天星苑二期的单体设计,其优点有:①均好性强,每户均有两个南向房间,通风良好;②巧妙利用凹口和天井,使得所有厨房和卫生间均有直接对外开窗;③因地制宜有些户型设置了可变通的多功能空间;④阳台采用隔层错位设计,既满足功能又不计面积。

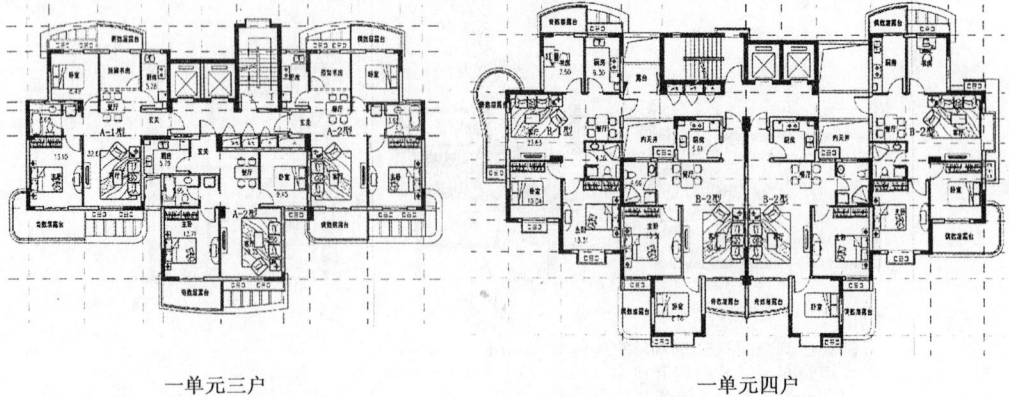

一单元三户　　　　　　　　　　一单元四户

**图7-15　杭州天都城天星苑二期的楼栋设计**[139]

### 3) 住区规划——兼顾节地与环境质量

户型面积缩小,在同样容积率的情况下,意味着户数的增加。如何在容纳更多住户的同时,保证居住环境质量,住区规划布局需要更为深入细致的琢磨,以做到高容低密(即高容积率、低密度),兼顾节地要求和环境质量。图7-16为2006年"全国节能省地型住宅设计竞赛"的优秀作品,该作品在追求节能省地的同时也创造了较高的居住舒适度[140]。该作品的主要优点如下:

(1) 住宅楼栋应集中布局,留出足够的可承担公共活动和美化环境等功能的公共绿地空间;

(2) 楼栋组合板、点结合,以拼接为主,特别是要充分利用边角空间巧妙布局多户组合的点式单元;

(3) 结合转角等处适当布置东西向住宅;

(4) 在某些情况下,在适宜的朝向角度范围内将住宅

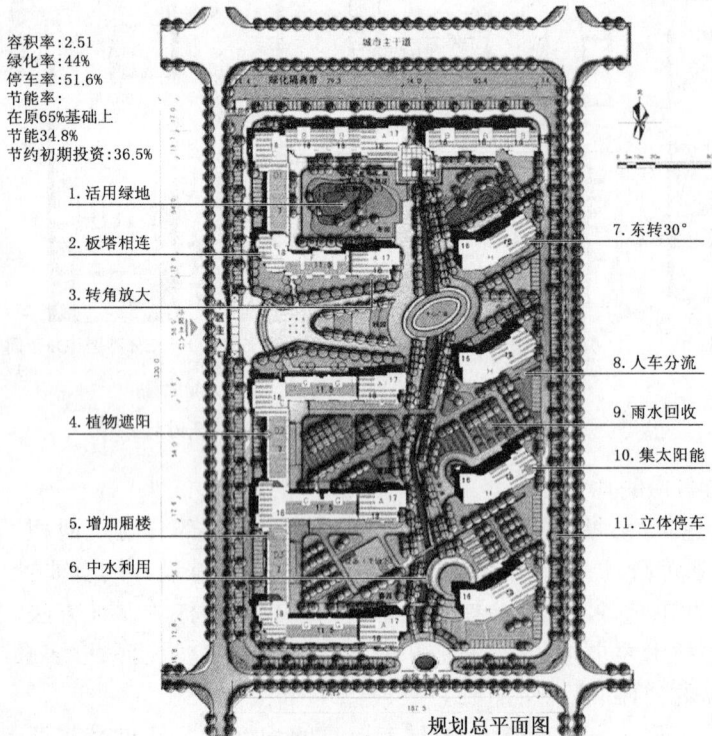

容积率:2.51
绿化率:44%
停车率:51.6%
节能率:
在原65%基础上
节能34.8%
节约初期投资:36.5%

1. 活用绿地
2. 板塔相连
3. 转角放大
4. 植物遮阳
5. 增加厢楼
6. 中水利用
7. 东转30°
8. 人车分流
9. 雨水回收
10. 集太阳能
11. 立体停车

规划总平面图

**图7-16　兼顾节地与环境质量的住区规划**[140]

楼栋偏转一定角度布置,可节约用地间距。

## 本章小结

　　本章着重探讨城市规划体系的完善。认为在传统的城市规划体系基础上尚应进一步拓展城市规划深度,提出应在以下三方面进一步加强规划控制——"宏观层次的城市新区居住空间发展策略、中观层次的城市新区居住空间规划与设计组织、微观层次的规划设计理念创新"。然后在这一框架下,结合相关案例和作者的实践提出了具体的举措和建议。宏观层面,提出应加强"基于可持续发展的城市居住空间体系"研究,并注重"基于动态指引和联动发展的城市新区居住空间发展地段建设战略与发展计划"的制定;中观层面,提出"加强住区公共设施建设的规划适应性研究"和"通过规划设计组织兼顾整体控制与特色生成";微观层面,着重提出"经营理念"、"生态理念"、"场所理念"和"集约理念"对于提升详细规划质量的效用。

# 8 规划应对之三

## ——跨越多层次的保障性住房规划

关于转型期住房政策的研究表明,对非保障性商品住房,政府有限干预,出发点是促进宏观经济健康发展、推动资源集约型的城市发展;对保障性住房,政府主导,但充分利用市场机制,主旨是使社会各阶层共享改革成果、共同持续发展、建设和谐社会。

从前文"形势与挑战"一章关于保障性住房政策的障碍分析来看,这些障碍在各方力量的推动下已有突破的转机,需要在实践中进一步探索并最终加以解决。在政府的有效介入下,充分利用市场经济,住房保障体制有望逐步解决建设资金的良性循环、分配机制的公平合理、建设管理的高效有序等难题。在转型期建构"和谐社会"的时代背景下,保障性住房建设的相关政策将会日臻完善。在这样一个制度环境下,保障性住房规划亟须通过对空间资源的配置作用,促进被保障的群体更好地发展,融入社会整体前进的时代大潮中去。

目前的城市新区中,由征用集体土地导致的失地农民安置房是保障性住房建设的主体。但是随着新区建设的持续推进,也会逐渐出现一般性城镇低收入人口;对于某些在小城镇基础上发展来的新区,城市结构将持续调整(如环境整治、危旧房改造等),从而导致城市拆迁低收入人口;对于以工业园带动的城市新区,外来务工人员数量较多,已出现了一些政府引导、市场运作的租赁型住房(可称为准保障性住房),随着保障性住房政策逐渐放宽,租赁型公共住房的适应范围还会突破目前廉租房的限制向年轻人、外来人才等扩大。

## 8.1 国外及香港相关实践的启示

### 8.1.1 美国 1930 年代—1960 年代公共住房计划

1929 年,经济大萧条暴露了城市建设中严重的住房问题,城市建设尤其是住房体系滞后于城市化进程,大多数人的住宅是租用房屋,在经济萧条的冲击下,很多人沦为无家可归者,在纽约尽管有强烈的抗议活动帮助了 7 万余人继续居住在租用房屋中,但还是有十万余人变得无家可归。1930 年代,联邦政府颁布了具有划时代意义的新政(the New Deal),1934 年成立了联邦住宅管理机构,联邦政府开始介入住宅建设。一方面开始推动公共住宅的建设,这些公共住宅有的建在旧城,有的建在郊区,另一方面开始制定相关政策鼓励房地产发展和居民购买住房。这一时期的公共住宅建设具有积极的意义和良好的效果。[55:178-180][60:72-93]

二战后,情况则发生了变化。基于良好愿望基础之上的联邦政府公共住房计划却进一步强化了种族社会隔离。公共住房的选址多为内城贫民窟改造后的地段,并成为二战后大规模黑人移民的聚居地。而与此同时,政府给予了白人退伍军人充足的优惠条件使其于郊区落户安家,民权运动取得的胜利使得黑人中产阶级获益,也获得了迁往郊区的资格,这加深了黑人穷人的贫困,因为他们不仅失去了工作,更失去了学习的榜样。[141]而选址于郊区的公共住房(如纽约),则由于集聚规模较大,产生了较强的外部负效应,导致了白人的逃离式迁移(White Flee)。

公共住房的空间安排与产业发展、经济结构的空间格局(旧中心城区工业的撤离以及相伴而生的新郊区产业的成长)以及制度、文化方面种族隔离思想对空间的影响(大规模公共住房项目加速了白人的逃离,持续的种族隔离势力使得黑人的教育、医疗、住房、交际乃至政治参与等条件陷入恶性循环,不能获得向上流动的机会)相结合,强化了黑人的贫穷与白人的物质成功。[141]基于贫民窟改造基础之上的公共住房很快沦为新的贫民聚居区。

**启示**:基于公平正义基础之上的社会制度环境是针对弱势群体的公共住房获得成功社会效应的前提。另外,区位的选择和恰当的集聚规模非常重要,公共住房的空间安排应与产业发展、经济结构的空间格局相配合。

### 8.1.2　法国巴黎郊区移民聚居区

随着1960—1970年代的移民潮,大量移民在巴黎郊区定居,当时的郊区相对于这些第一代移民的来源国来说提供了较好的生存条件,使他们获得了向上流动的渠道。然而,限于公共设施的匮乏以及就业渠道的短缺,第二乃至第三代移民的生存条件却止步不前,况且这些移民后代不会和其前辈比较而是和巴黎本地居民比较。这一类的隔离导致了社会向上流动的不可持续性。因此,虽然移民热潮初期社会问题并不严重,但是随着时间的推移,移民后代的满意程度却在逐渐下降,矛盾的恶化最终导致了2005年法国巴黎郊区骚乱。这种情况在欧洲其他移民国家同样存在,1980年代以后由此引发的骚乱开始出现,如1981、1982、1985年在英国主要城市均发生过移民骚乱。少数族群聚居、遭受隔离、失业、贫穷、环境恶化,继而遭受更严酷的隔离。法国《费加罗报》的社论甚至说,这些毫无生气的社区成了500万人生活的"牢狱"。

**启示**:相对于短期社会支持而言,弱势群体更需要持续性的社会支持,避免社会排斥,尤其要注重平等的教育、就业等机会的提供,从而使公平、合理、开放的代际流动成为可能。

### 8.1.3　瑞典1990年代后期新住房政策

1990年代后期,像一些发达的欧美国家一样,瑞典也被"居住分异"的问题所困扰。在瑞典,这种分化和相互隔离的状况,不仅存在于城市内部,更重要的是体现在城市与城市之间。在不同的城市间,居住群体的特性差异(如年龄、收入和种族等)越来越明显。由此引发城市格局失衡、城市间发展不均衡、低收入与高收入居民的矛盾、低收入居民被排斥现象的加剧等一系列问题,引起了瑞典政府的高度重视。自1997年开始,瑞典政府提出"发展和公平——21世纪城市政策"的发展目标,强调在积极促进各城市持续发展的基础上,减少居民群体间的、不同种族间的以及城市间的居住分异现象。

为此,瑞典政府汲取了以往推行"百万工程"过程中单一依靠增加供给产生弊端的教训,成立了一个由7个部门(涉及法律、社会事务、金融、教育、文化、工业和环境部门)组成的委员会,从就业、教育、公共卫生、邻里关系等方面综合考虑,以期营造出一个个公平、平等和可持续发展的居住城市。该委员会和各区域政府一起,对中心城市周围的弱势城市进行全方位改进,以减少城市间的分异现象。

从瑞典的经验来看,政府在考虑制定住房政策时,不仅仅是局限在提高中低收入居民的住房可支付性、可达性等问题上,还囊括了减小居住分异、降低城市间发展失衡等方面。由于瑞典政府的早期介入,在进行了较全面的研究后,从住房供应、补贴、城市规划、城市间的协调管理等方面出发,经过缜密筹划,最终才能得以制定出具有明确针对性和相互配套的调整政策。

**启示**:住房政策是整个社会保障政策的一个重要组成部分,它不单单是与作为物质的城市相关联,更重要的是与居住在城市中的人密切相连。仅仅依靠住房政策本身并不能完全有效地解决问题,而是应当建立一个涉及住房市场、劳动力市场、文化传统、社会体系、教育状况等全方位的政策体系。政府在制定政策时,不仅对整个区域的发展有深入的了解,更需要对人们的需求、愿望以及面临的困难有全面的掌握,以期有一个长期的、全方位的视角。各相关的政府职能部门也必须做到相互密切配合,保障各工作环节有效运行。

### 8.1.4　美国1990年代以来社区驱动的可支付住宅建设[142]

1970年代以后,在西方国家福利制转型的大背景下,同时基于对二战后至1960年代北方城市公共住宅建设的反思,美国逐渐削减住房补助开支,进一步将福利责任转移到私人部门、志愿组织以及地方团体,强调"积极福利"——致力于培养人们在事业和个人生活方面的能力,强调机会的平等以及多元主义和生活方式多样化的重要性。由NGO和社区所推动建设的社会住宅弥补了公共住宅的缺陷,富有活力的社区发展运动为人自身的发展提供了更多的机会和平台。政府作用从"主导"转向"引导",要求可支付住宅与社区规划相结合。住房和城市发展局(HUD, Department of Housing and Urban Development)1994年起要求申请HUD资助的社区必须提交关于可支付住宅的需求和证明其适应当地情况的规划,从而使可支付住宅的建设必须立足于社区规划。为使工程可以提升社区活力,非营利和官方住房机构参与到长期的社区规划和建设中去,而不是孤立地专注于某项工程的建设。

1990年代后半期以来,美国的可支付住宅主要由民间的私人非营利发展公司和社区发展社团提供,从项目的可行性研究、开发组织、项目设计一直到具体建设都在其控制下完成,筹措资金的方式也更为多样。社区发展社团(Community Development Corporations,简称CDCs)不仅具有积极主动开发可支付住宅的热情,还特别重视公共参与,积极吸纳潜在的居民和周边邻里居民参与设计开发过程,旨在有限资金限制下创造有效利用土地及资源的高质量社区。由怀有良好设计愿望的建筑师、规划师等设计的无法与大社区融合的失败案例比比皆是,而重视公众参与的CDCs开发的住区则可以避免类似的失败。CDCs的设计组织使在建设预算紧张的条件下,开发者和设计师仍能保证充足的热情和责任心为低收入者设计适合的住宅。CDCs的开发与设计组织具有两大特点:一为组成完善的设计委员会;二是慎重选择建筑师。

**启示**:仅仅提供一处容身之处是不够的,保障性住房应能够在多方面与大社区相融合,确保其可以持续发展的公平环境。住房规划与社区规划的结合、项目组织机构参与到长期的社区建设过程中、优质的规划与设计,是促成融和的基础机制。

### 8.1.5 香港天水围与沙田两个新市镇的对比

20 世纪 70 年代初,香港政府开始在新界区进行大规模的新市镇发展。2008 年,全港有九个新市镇,即荃湾、沙田、屯门、大埔、元朗、粉岭/上水、将军澳、天水围和北大屿山。这些新市镇各处于不同的发展阶段,在全面发展后,可容纳人口约 400 万。当前,政府将不会进一步发展大型的新市镇,而会改为发展如启德之类的中型新发展区和新界的新发展区。

香港新市镇的建设总体上是十分成功的,均衡地兼顾经济发展、社会和谐和环境保育。注重土地综合利用和集约发展,并始终坚持公交主导。新市镇中公共租住房屋居民一般在 30%左右,资助出售房屋居民 35%左右。

其中,"出租公屋"是为真正有住屋需要,但又无法负担其他类别居所的家庭而设。房屋委员会(房委会)拥有约 67 万个出租公屋单位。香港人口中,约有 200 万人居住在公屋单位,占人口的三成左右。现时,公屋轮候册登记的家庭仍然有十一万多个。"资助出售房屋",则包括房屋委员会的"居者有其屋"计划单位、私人机构参建居屋计划单位和"租者置其屋"计划单位,以及房屋协会的住宅发售计划单位和"夹心阶层住屋"计划单位。[143]

沙田新镇可以称作成功新市镇的典型。[144]

在规划沙田的发展时,政府已预留合适的土地作各种土地用途,其中包括住宅、商业、工业和休憩用地,及提供各种社区和基础设施以满足人口的需要。其发展理念是先进的,倡导功能复合、公交优先、人口结构平衡。

沙田区内房屋种类众多,适合不同收入水平和要求的人士居住。2001 年 6 月,沙田新市镇的人口约 617 000 人,其中包括居于公共租住屋的 206 000 人,居于资助出售房屋(包括房屋委员会的"居者有其屋"计划单位、私人机构参建居屋计划单位和"租者置其屋"计划单位,以及房屋协会的住宅发售计划单位和"夹心阶层住屋"计划单位)的 209 000 人,而余下的 202 000 人则居住在私人住宅区、乡村和其他临时及非住宅用房屋,见图 8-1。

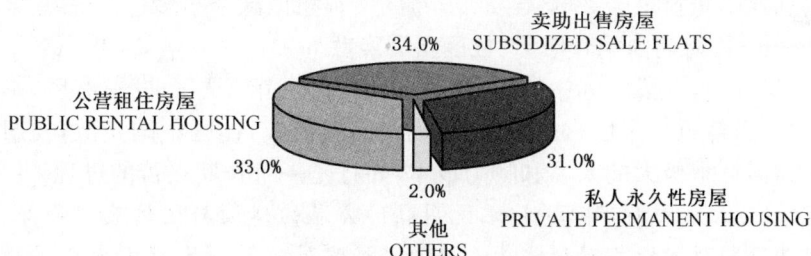

**图 8-1 沙田新镇 2001 年不同类别住宅比例**

在全面发展后,新市镇的公共租住房屋、资助出售房屋、私人永久性房屋(包括乡村房屋)及其他私人临时房屋及非住宅用房屋的整体房屋组合比率将是 27:34:36:3,而新市镇的人口约 730 000 人。

而天水围新市镇则是诸多香港新市镇中问题最多的特例[145]。具体问题如下:

**问题 1——人口失衡,公屋比例过大**

1998 年天水围北部开发时,特区政府刚宣布建立"八万五"房屋计划,北部地区成为供应大量楼房的重要地段。按照当时规划,俊宏轩、天逸邨、天恒邨共 13 000 个单位,本来都

图 8-2　天水围土地发展
规划图[144]

规划作居屋,但随着九七金融风暴影响扩大,大量居屋停建,原有单位逐改建成接收低收入家庭的公屋。而原本建立夹屋的用地,在夹屋计划取消后,亦用以建立公屋。除此之外,为应付"八万五"房屋计划的指标,房署每年需要提供 50 000 个公屋单位,天水围北于是额外增加了 7 000 个公屋单位。

大量公屋在一区内出现,令人口急剧暴涨。按照香港楼房规定,居屋单位对每户人口限制较为宽松,但公屋必须容纳更多人。结果天水围北人口急增至 10 万人,公屋居民高占 85%,其中天水围北的屋邨 2001 年入伙后,不少家庭属新移民家庭,其妻儿本在内地、随后获准家庭团聚来港,也有不少是老夫少妻,男方收入也属低下层。

**问题 2——位置偏远,交通费用过高**

天水围位置偏远,若要前往或离开天水围必须使用公共交通工具。由于与市区有一大段距离,对外交通车费昂贵,在天水围有不少人都没有能力支付,很多人只会往元朗或留在天水围工作或读书,但元朗区能就业的机会极少,很多人仍需往市区工作,只好从日常生活中节俭,来应付昂贵的交通费。虽然香港政府近期推行交通津贴,帮助屯门、元朗、天水围、上水等远离城市的新市镇的低收入居民出外,但只是冰山一角、不应所需。

**问题 3——就业支撑不足,社会问题严重**

就业问题在区内更备受关注。天水围不少人口属于新移民家庭,教育水平不高,往往只能寻找低收入工作,但从该区到市区的车费每日高达 40 多元,到区外打工的交通费高昂,令不少家庭长期倚赖失业综援。香港扶贫委员会 2006 年 9 月公布,全港入息低于平均综援金额有 103 万人,当中以天水围所属的行政区域元朗的人数最多。据社会福利署资料显示,2004 年元朗区领取综援个案近 30 000 宗,天水围约占一半。而天水围的自杀求助个案也冠绝全港,撒玛利亚防止自杀会 2005 至 2006 年的资料指该区个案多达 70 多宗。

**问题 4——一段时期内配套滞后,社区氛围涣散**

受金融危机冲击,一段时间中诊所、警署、公园、图书馆等配套设施滞后,影响了该地区的城市吸引力。虽然近年来已竭力弥补,但痼疾已经形成,社区氛围涣散,要想如其他新市镇般充满活力,需耗费极大的人力和物力成本,并且是一个长期艰苦的过程。

**启示**:沙田与天水围新市镇的对比说明:(1)公屋的建设与区位交通条件、配套设施建设、就业支撑必须联动方能推动低收入人口的持续发展;(2)一定范围内公屋的比例应有所控制,方能形成人口混合、互相支撑的和谐发展局面;(3)一旦痼疾形成,即使如行政高效的香港政府都难以应对,故未雨绸缪、妥善规划才是上策。

## 8.2　完善保障性住房规划的制度建议

从前文"成绩与问题"一章所揭示和分析的保障性住房实践中,可以发现已进行了许多有价值的探索,成功与失败并存。成功的案例,具有一定的共性,即在战略层面重视、在具体操作层面细致,能够为被保障人群的发展提供适宜的经济环境、区位条件和住区环境,并重视后期的社区管理和建设。

当前中国城市新区建设的社会特点是：①快速城市化进程下，大量城市新区的社区处于动态建构过程中；②自下而上的社区力量、非政府组织缺席。在这种情况下，政府对保障性住房应起到主导作用，而如何主导——既充分考虑被保障人群的发展需求、又能够充分利用市场机制、且不损害市场的有效性甚至对区域经济起到良性推动作用，则需要统筹考虑。

建构适宜的规划机制是提升保障性住房规划编制质量和效用的首要一环，通过规划体系、规划组织和配合机制的优化，使城市规划力量真正介入到有关保障性住房的空间决策中，从而使独具空间视野的城市规划在关于保障性住房的公共政策领域发挥应有的作用。

## 8.2.1 进行保障性住房建设专项规划

住房建设规划和年度住房建设计划着力点是城市总体层面的指导，但均缺乏地区操作层面的指导性。而分区的保障性住房专项规划恰好可以弥补这一缺失，基于分区层面的规划，不仅可使相关调查更具针对性，而且便于与控制性详细规划相衔接，从而落实到地块的具体控制，确保保障性住房建设。同时，可使保障性住房建设立足于分区层面进行整体协调，结合分区特定的社会经济发展情况和土地、环境等综合承载能力确定建设强度和土地供应量。

与发达国家目前普遍提倡由社区和非营利机构驱动社会住宅建设不同，中国国情决定了保障性住房专项规划只能自上而下组织进行，但必须结合社会发展进行相应的空间规划，重视人口社会属性的考虑，应在整合现有资源基础上，确保社会经济的协调发展和持续发展，以避免问题累积从而增加日后整治协调成本。

其规划期限不宜长，宜与近期 5 年建设规划期限同步。规划期限过长，有一些规划用地在远景中较好的条件在近期可能无法形成，同时规划存在的变动因素增多，如果近期选择这些用地，其可持续发展并不能得到保证。其次，对近期建设中涉及的各类城市建设导致的保障性住房需求量的预测将更准确。

保障性住房规划除了根据建设量需求预测和土地资源等条件确定土地供应量以外，还要明确选址、规模和配套。因此，保障性住房建设规划应是涉及多层次的专项综合性规划。

【案例】

无锡锡山区镇村布局远景规划，结合城市组团（基于小城镇基础上发展的城市新区）远景规划，统筹考虑了外围新型农村社区布点、城市组团内的农民安置区布点以及村镇工业集中安置区布点。从规划上看，这些农民安置区较为均质地分布在组团中，周边公共设施条件也较好。但是，由于规划期限较长，有一些规划用地在远景中较好的条件在近期可能无法形成，同时规划的变动因素太多，如果近期安置区选择这些用地，其可持续发展并不能得到保证，见图 8-3。

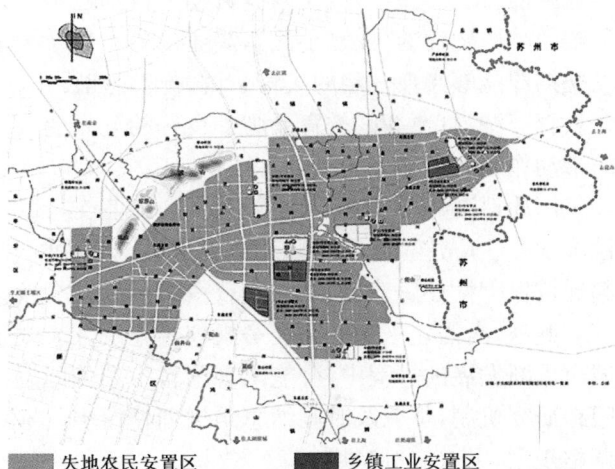

■ 失地农民安置区　　■ 乡镇工业安置区

**图 8-3　无锡锡山区安镇-羊尖组团镇村布局规划（2050 年）**

### 8.2.2 保障性住房建设规划的组织制度

目前,大部分地区的保障性住房建设只是城市住房建设规划的组成部分,一般是由房产部门牵头,由于涉及范围大且房产管理部门缺乏空间观念,比较关注保障性住房建设量的测算和基于经济测算的具体建设运作,比较忽视保障性住房的选址和规划布局。

由于保障性住房的复杂性,理想的制度是设立专门机构对其规划、建设、管理予以组织、指导和协调,如香港房屋委员会及房屋署所担负的职责是香港公屋建设取得重大成功的保证。通过专门机构的专职工作,保证规划所获取的信息建立在多方组织单元的有效沟通基础之上,这些组织单元包括政府、政府各职能部门、各功能区主管单位、社区、民众、规划设计单位等,又能够在利益冲突时能够担负起协调作用,并成为民意上传、政策下达的中间桥梁。

但是,目前缺乏这样的专门机构,在这种情况下,保障性住房建设规划宜由政府出面组织,由具备空间视野的规划部门牵头,房产、土地、各功能区主管部门等积极配合。在这种组织机制中,政府必须有建构和谐社会的发展观念,规划部门则会同规划设计单位通过组织深入细致的规划研究、运用相应的技术方法来解决具体的规划问题。

### 8.2.3 保障性住房建设规划实施的配合机制

保障性住房建设规划与总体规划、近期建设规划等相衔接,恰当的布局使得居住、就业、交通、公共设施配套等方面具备相互支持、共同推动被保障人口可持续发展的可能。但是,具备这种可能,并不意味就能够成为现实,规划成功实施尚需相应的配合机制。规划实施过程中,尚需部门联动推进保障性住房城市环境的支撑性,包括交通系统的持续完善、公共设施的及时兴建,以及经营性土地的储备投放的时序跟进,方能落实避免排斥和隔离的规划目标。因此,在政府的协调下,建设部门联动机制十分必要。

在这一方面,应借鉴安徽合肥政务文化新区安置失地农民的经验。在规划编制时,坚持新区规划与就业规划相结合,尽可能多地提供就业场所,创造条件引导和鼓励群众自谋职业、自主经营;通过成立清洁公司、园林绿化公司、物业管理公司、保安公司、综合执法队等,形成区内就业安置平台,使区内劳动力得到逐步安置。新区范围内拆迁居民全部回迁,建设了四个品质优良的"恢复小区",妥善安置 2 万多居民(其中包括农民 18 000 人),因此在开发初期即能够集聚一定的人气。同时配套建设小学、幼儿园、农贸市场等公共设施。注重整合教育资源,打造新区教育品牌。良好的规划建设对吸引进一步的房地产开发起到了积极的带动作用。

因此,相应的配合机制应包括——就业支持、教育配套、交通支撑、其他公共设施和基础设施配套。应建立沟通和会商机制使得这些主管部门制定相应的行动计划,与规划部门一起促成保障性住房建设的实施,获得较好的社会效益。

此外,尚需建立保障性住房规划实施及社会效果跟踪研究机制。城市发展是动态的,在城市不断发展的过程中,可能出现预料不到的问题。建立保障性住房规划实施及社会效果跟踪研究机制,可以及时归纳总结规划建设中的成绩与不足,应对可能出现的新情况,适时调整规划,采取应对策略。

# 8.3  城市新区保障性住房规划——跨越多层次的规划

遗憾的是,以合理进行空间资源分配为主旨的城市规划虽已有一定的探索和突破,但直接影响居住社会空间格局的法定规划体系却仍然几乎处于失语状态,对保障性住房的建设起到的指导作用极其有限。国外相关实践的经验与教训告诉我们,保障性住房的规划不是规划体系的某一个层级就能解决的,它既涉及宏观层面的综合发展战略,又涉及中观层面的社区发展支持,还涉及微观层面的针对性设计。

继续加强宏观层级的保障性住房建设规划研究,这一层级的规划,应对近期保障性住房建设予以准确调查和预测,包括基于住房状况调查获取的低收入住房困难户的数据,以及基于城市建设推进的拆迁导致的经济适用房和拆迁安置房的数据;并在新区整体层面上进行保障住房的选址研究。

在中观层次上,应对保障性住房的规划布局进行研究,明确控制性详细规划应对各类保障性住房的区位选择与规模确定予以空间上的落实,这一层次应与经营性土地储备相衔接,并与综合性社区规划相结合;对已建成区域,这一层次应与社区建设规划相结合,有效应对已出现的问题,促进社区环境、社区公共设施的持续改善和发展。

微观层级的详细规划,应根据土地集约利用原则,研究被保障人群的居住需求,对住宅设计、公共设施设计、环境设计作针对性的规划研究。

## 8.3.1  规划目标及与规划各层次的关系

从目前的保障性住房建设来看,普遍存在以下问题:

**1)需求不明**

除了低收入住房困难户的数量相对稳定之外,伴随城市化进程的快速推进,大量市政建设、项目开发将带来大量保障性住房需求,而政府对这部分建设量不够明了,就会导致疲于应付、供应滞后的局面,既不利于城市建设的推进,也不利于社会稳定。

**2)选址掣肘**

对于保障性住房选址存在两种误区,一种认为为了体现对保障性住房的重视,应选择城市中心等优质区位;一种则认为保障性住房不应阻碍房地产的市场运作,应选择土地价值不高的地段。保障性住房选址在"中心优质地段还是城市偏僻地段"的悖论似乎无法化解,在不得要领的争论中,最后通常由行政指令解决。

**3)布局不合理**

保障性住房居民中的低收入户、教育水平较低的失地农民等均属社会弱势群体,而现有不少保障性住房建设成片规模较大,与外界社区成隔离之势,公共设施也自成一体,但提供的公共服务质量堪忧。由于不能享受和普通市民等同的城市生活条件,导致社区氛围涣散,治安问题严重,不利于和谐社区的培育。

**4)工程建设型目标取向**

目前,保障性住房建设仍以工程建设为主旨,虽然解决了其基本居住需求的问题,但对于其未来的持续发展缺乏推动，一些保障性住房长期存在交通不便、就业困难、配套不完善等问题，不利于这些社区的长远健康发展。

因此，虽然在转型期建构"和谐社会"的时代背景下，保障性住房建设的金融运作、申购与推出机制、存量管理等相关政策将会日臻完善，但如果保障性住房的空间决策仍然滞后的话，可能会产生与初衷相悖的社会效果。实际上美国 1930—1960 年代的公共住房建设、瑞典在 1960—1970 年代的百万工程项目都已经提供了前车之鉴。

保障性住房建设亟须空间视野下的综合规划应对之策。除了满足被保障人群基本居住需求以外，保障性住房规划目标应涵盖"长远的持续发展"、"综合的社会效益"和"细致的人文关怀"。

（1）长远的持续发展——促进发展，避免排斥；与宏观层次规划研究密切相关　使被保障人群具备通过后致性因素进行向上流动和代际流动的可能性。这主要通过城市环境的支撑来达到，需要通过选址研究，遴选出近期具备适宜交通、就业、生活和教育条件的区位。

（2）综合的社会效益——促进融合，避免隔离；与中观层次规划研究密切相关　既能够保证被保障人群较好的生存环境，又能够与周边社区融合，避免外部负效应的产生，不妨碍地区的整体发展，甚至对地区发展起到积极的推动作用。这主要通过确定合理的社区结构来达到，需要通过布局研究，避免大规模封闭式孤岛的产生，在社区范围内规模适当，能与周边住区融合。

（3）细致的人文关怀——促进稳定，增强自尊；与微观层次规划设计密切相关　通过提高住宅质量和环境品质，可以增强被保障人群的自尊心，有助于培养对于社区的自豪感、认同感，可以有效缓解抵触情绪，促进稳定。这主要通过提高微观层面的住宅和住区的规划建设质量来达成。需要认真研究被保障人群居住需求，在土地集约利用原则下，使有限的住宅面积发挥出较大的效用，提高居住质量；另一方面，通过细致的建筑设计和环境处理，在造价有限的前提下，创造出优美宜人的居住环境，提高居住品质。

而不同的被保障人群，其规划目标还应有所侧重。对于廉租房和经济适用房（针对城市低收入家庭和拆迁居民），增强社会支持是首要目标。对于农民安置房，促进其尽快适应城市生活、完成从农民向市民的转型是首要目标。对于针对外来务工人口的租赁型公共住房，注重保障实效、便于管理是首要目标。

## 8.3.2　总体层面——保障性住房建设量测算与选址研究

### 1）保障性住房建设量测算

首先根据各地保障性住房申请或申购标准，对近期被保障人口及其保障住房建设量进行调查。以南京为例，包括：①可申请廉租房的住户、可申购经济适用房的城镇低收入户，根据近几年政府的保障能力，按照货币资金补贴与实物保障方式的比例进行保障住房建设量的测算；②由国有土地拆迁将导致的经济适用房（拆迁中符合经济适用住房申购标准的住户）建设量和拆迁安置房建设量、由集体土地拆迁将导致的经济适用房（拆迁中符合经济适用住房申购标准的住户）和拆迁安置房建设量；③此外，在外来务工人员相对比较集中的新区，有些城市政府具有一定的财政实力和建设计划、或者在政府引导下市场有建设租赁型公寓的意向,也应纳入到总体规划控制中去。

第一类住房建设量的调查应与当地房管局和住房保障办公室合作进行;第二类住房建设量的调查应与当地拆迁办公室、大型项目建设指挥机构合作进行;第三类住房建设量应与推动此类住房建设的主导机构(一般是各工业园区)合作进行。调研中发现由于各片区居民原有房屋面积、拿房意愿存在差异,各组团、园区的拆迁安置需求量与被拆迁量的关系不尽相同。保障性住房建设量的统计相当繁琐,必须秉持高度的责任心和精细的调研程序设计,才能获取有价值的数据。

保障性住房建设量的测算是一项非常细致繁杂的工作,需要多部门的配合,进行详尽的调查、核对和统计,决不是在市级住房建设规划层面就能完成的。在新区范围进行,则具备操作的可能性。

然后,与政府及各建设主体(包括房产部门、房产部门下设的经济适用房开发公司、各园区管理机构等)进行协商,依据土地资源情况、控制性详细规划,兼顾被保障群体的住房意愿,在分区层面整体协调,初步确定用地的空间选择意向和建设强度,分类型、分年度落实土地供应量。

**【案例】** 南京六合区"三房"建设量需求调查与预测①

(1)项目概况 六合区位于南京市北郊,是南京市以化学工业为主导的制造业基地、对外交通门户、现代化的新郊区,在新一轮总体规划中确定的都市发展区范围内。城市形态呈分散组团状结构,通过绿化隔离带分隔为雄州、大厂、长芦和玉带四大组团。其中,雄州组团承担行政、商贸、生活、生产等综合性功能,大厂组团以生产、居住功能为主。长芦和玉带两个组团都是以化学工业为主导的生产基地,见图8-4。

随着南京市跨江战略的实施、产业园区的进一步发展、生态建设以及城市结构的调整,跨江发展重点工程项目(如机场建设、市政设施推进)、园区建设、生态防护绿地建设、经营性储备出让土地等都将涉及大量国有和集体土地上的居民拆迁问题。另外,基

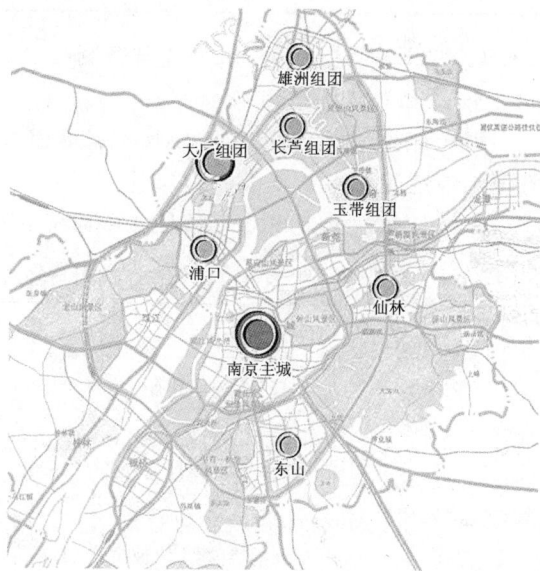

图8-4 六合城市结构及与南京城市关系示意图

于和谐社会的发展理念,低收入家庭的住房问题也越来越引起重视。

《南京市六合区"三房"建设规划2008—2012年》就是在这一背景下组织编制的。规划目标如下:

① 住房保障和建设小康社会的要求:为六合中心城区低收入家庭提供住房保障,实现小康社会"住有所居"的建设目标;

---

① 《南京市六合区"三房"建设规划2008—2012年》由南京市规划局六合分局牵头,笔者为项目负责人。

② 推进地区总体建设有序开展的工作要求：为地区开发、园区建设、城市基础设施建设、市重点工程项目等拆迁安置住房提供保障，推进相关城市建设按计划实施。

规划任务是：总体调查研究2008—2012年六合区"三房"建设发展需求，确定建设规模和年度计划；优化"三房"建设规划选址与布局，落实近期建设中政府保障性住房建设，有序推进小康社会建设。

根据六合区地方政府文件和实际情况，六合区三房指"廉租房"、"经济适用房"和"拆迁安置房"，尚不包括外来务工人员公寓。

表8-1　六合区三房定义

1. 廉租房——土地通过划拨运作
指政府以实物配租的方式，向符合城镇居民最低生活保障标准且住房困难的家庭提供社会保障性质的住房

2. 经济适用住房——土地通过划拨运作
指列入政府工作计划，由政府组织房地产开发企业建造，以微利价向城镇中低收入家庭出售的住房。它是具有社会保障性质的商品住宅，具有经济性和适用性的特点

3. 拆迁安置住房（中低价商品房）——土地通过招拍挂运作
指因城市建设、土地开发等原因进行拆迁，而安置给被拆迁人居住使用的房屋。安置的对象包括城市被拆迁居民，也包括被征地的失地农户

（2）"三房"建设量需求调查与预测
① 廉租与经济适用房
由两部分构成：一为保障低收入家庭困难户的廉租和经济适用房需求量；二为拆迁户中符合经济适用房申购要求的需求量。

保障低收入家庭困难户的廉租和经济适用房需求量调查与预测思路：

表8-2　六合区廉租与经济适用房需求量调查预测思路

| 保障性住房 | 步骤1 | 步骤2 | 步骤3 |
|---|---|---|---|
| | 低收入家庭困难户调查 | 保障性住房需求总量预测 | 分类分年度建设量预估 |
| 基础数据来源：南京沿江工业开发区住房制度保障办公室、六合区房产局 | 依据相关文件，低收入家庭困难户指家庭人均月收入低于750元，且人均住房建筑面积小于15平方米的家庭户<br>其他：符合条件的被拆迁困难家庭、省市劳模、现役军人、落实私房政策户、老职工 | 根据近几年政府的保障能力，对低收入家庭住房困难户按70%实行货币资金补贴，30%实行实物保障方式 | 廉租房、经济适用房分年度建设量 |

注：1. 调研范围——低收入家庭困难户主要分布于大厂、雄州，具体统计按大厂、雄州两组团进行；
2. 该部分数据是房产局在社区层面详细调查后获取的数据，相对准确。

拆迁中的符合经济适用房申购条件的经济适用房需求量调查与预测思路：
与拆迁安置住房的调查相结合，按照拆迁总量一定比例折算，比例由相关开发建设主管部门依据往年操作经验和已进行的摸底调查进行估算提供。
② 拆迁安置住房（国有以及集体土地拆迁安置房）
需求调查与预测思路：

表 8-3　六合区拆迁安置房需求量调查预测思路

| 拆迁安置住房<br><br>基础数据来源:南京沿江工业开发区住房制度保障办公室、六合区房产局、各园区指挥部(中山科技园、化学工业园、虹山精细化工园)、机场建设指挥部 | 步骤 1 | 步骤 2 | 步骤 3 |
|---|---|---|---|
| | 拆迁总量调查 | 拆迁安置住房需求总量预估 | 拆迁安置住房年度供应 |
| | 按项目建设(如滁河整治、各类园区建设、污染地区拆迁等)、市政建设、经营性用地开发分别统计 | 综合考虑安置房与商品房差价、国有土地与集体土地拆迁量比例、拆迁居民拿房意愿确定安置住房供应比例(各组团、园区比例不尽相同) | 综合考虑政府财政、以往年度拆迁完成量以及项目建设进展预估 |

注:1. 调研范围——雄州组团、大厂组团(含葛塘新城)、化学工业园、机场、六合开发区、红山精细化工园、中山科技园。

　　2. 该部分数据不可能像低收入家庭困难户那样准确,因为考虑到社会稳定和防止居民事先得到消息后私搭违建,拆迁工作一般要求事先保密,所以不能进行详细的入户调查,而是通过其他渠道甚至采用地形图核算的方式获取拆迁量,安置量的比例则通过往年操作经验估算。

　　3. 调研中发现:各组团、园区的拆迁安置需求量与被拆迁量的关系不尽相同。从居民角度,存在各片区居民原有房屋面积、拿房意愿的差异;从政府角度,存在用地紧张程度、拆迁工作难易方面的差异。导致的结果是:雄州按补偿量与拆迁量1:1的比例关系测算,开发区约为97%、化工园约为70%、中山科技园约为90%、红山精细化工园约为70%;而沿江工业园区则按户均90平方米安置。

**2) 保障性住房选址研究——避免排斥、操作可行**

如何化解保障性住房在区位选择方面的盲目性,既考虑被保障人群的适居性,又兼顾土地经济价值,避免选择商业价值很高的地块,需要细致的选址研究。建立评估指标体系,对初步具备选址可能性的地块进行多因子综合评估,是理性而科学的方法。

(1)基于基本信息处理,进行可能用地筛选　依据控规和近期建设规划筛选出选址的可能地点。在近期建设规划确定的建设框架中,在控规居住用地的范围内,减去已批和已明确意向的居住用地,再减去现状条件良好和近期不可能更新改造的居住用地,如此筛选出的余下居住用地即为可能选址用地。图8-5显示的是经过上述操作过程筛选出的南京六合葛塘新城的三房可选用地。

(2)基于用地适宜性评估,进行用地初步遴选　通过理性的分析,保障性住房选址在"中心优质地段还是城市偏僻地段"的悖论实际上并不成其为一个问题。对于被保障人群的支撑性城市环境条件与中心区能够提供的条件并不一定完全重合,而城市目前的偏僻地段,如果能够在近期获得发展,其城市环境并不一定就不符合推动居民持续发展的条件。

因此,为了避免妄下结论,应做选址研究

图例:
■ 选址可能地点
▨ 现状居住用地
▧ 已有三房用地
▨ 已批或已有意向三房用地
▨ 已批或已有意向经营性用地

图 8-5　南京六合葛塘新城的三房可选用地

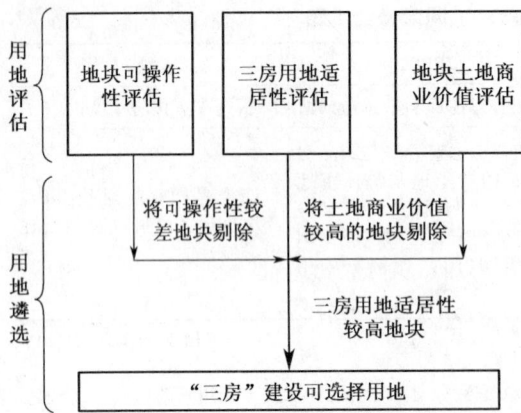

图 8-6　选址评估技术路线

工作,在筛选出的可能用地基础之上,综合分析可能用地的相关指标,为选址提供依据。具体技术路线如图 8-6。

评估应包括以下三方面:

首先,对于保障性住房用地适宜性进行评估——避免排斥

被保障人口大多处于社会较低阶层,相当多属于社会弱势群体。如何通过恰当的选址保证这些人群的生活基本条件、并推动其可持续发展,避免不适宜的城市环境可能造成的经济排斥和社会排斥,应是规划的首要目标。因此选址用地适宜性评估应针对地块对于保证被保障人口生活与推动其发展的综合作用进行评估。建构的用地适宜性评估体系指标框架如表 8-4。

表 8-4　评估体系指标框架

| 用地适宜性评估 | | | | | | | |
|---|---|---|---|---|---|---|---|
| 生活条件 | | 教育设施 | | 交通条件 | | 就业环境 | |
| 社区中心的建设情况及计划 | 基层中心的建设情况及计划 | 九年制义务教育设施的建设情况及计划 | 幼儿园、高中的建设情况及计划 | 使用城市公共交通的便捷性及公交建设计划 | 城市道路系统的成熟度及建设计划 | 与可提供第二产业就业机会的空间距离 | 与可提供第三产业就业机会的空间距离 |
| 用地可操作性评估 | | | | | | | |
| 拆迁量 | | 拆迁建筑质量 | | | 拆迁建筑类别 | | |
| 用地商业价值评估 | | | | | | | |
| 景观价值 | | 区位价值 | | | | 环境价值 | |
| 与城市山体和水体的关系 | 与城市其他开放空间的关系 | 与城市公共中心的关系 | 与城市公共交通的关系 | 与城市道路系统的关系 | 与其他重要公共设施的关系 | 与化工污染的关系 | 与交通噪声、工业噪声的关系 |

其次,针对地块的可操作性予以评估——操作可行

由于保障性住房规划属于近期建设规划,其地块应具备近期收储利用的可行性,这与地块拆迁难度有关。因此选址用地适宜性评估应针对地块的可操作性予以评估。建构的用地可操作性评估体系指标框架包括:拆迁量、拆迁建筑质量、拆迁建筑类型。

第三,针对地块的土地商业价值进行评估——衔接市场

应通过城市开发带动三房建设,三房建设不应与城市开发建设相矛盾。因此,应针对地块的土地商业价值进行评估,留出商业价值最大的地块作为经营性用地。建构的用地商业价值评估体系指标框架包括:景观价值、区位价值和环境价值。

在南京市六合区"三房"建设规划的过程中,评估体系的作用不仅在于给出一个理性分析依据,更重要的是提供了一个规划设计院、规划管理部门与政府之间对话的平台,在此基

础上,三方的交流更为流畅,更易达成共识。依据评估体系进行用地初步遴选,将进一步缩小三房用地的选择范围,为用地布局规划提供基础。

### 8.3.3 中观层面——保障性住房布局规划

保障性住房的具体布局、规模与配套应在规划的中观层次落实,与控制性详细规划相衔接,统筹安排,合理布局,注重配套服务设施完善。

在选址评估初步遴选出的用地基础之上,依据布局原则最终落实建设量的空间安排。提出近期保障性住房建设的控地规划,具体落实地块的位置、规模、规划设计要求。继而与土地储备出让开发相衔接,明确年度供地计划,落实保障性住房建设。

**1)基于避免隔离的社区结构——保证一定的布局分散度**

在控规已制定的社区结构基础上,进行保障性住房的具体布局,见图8-7。

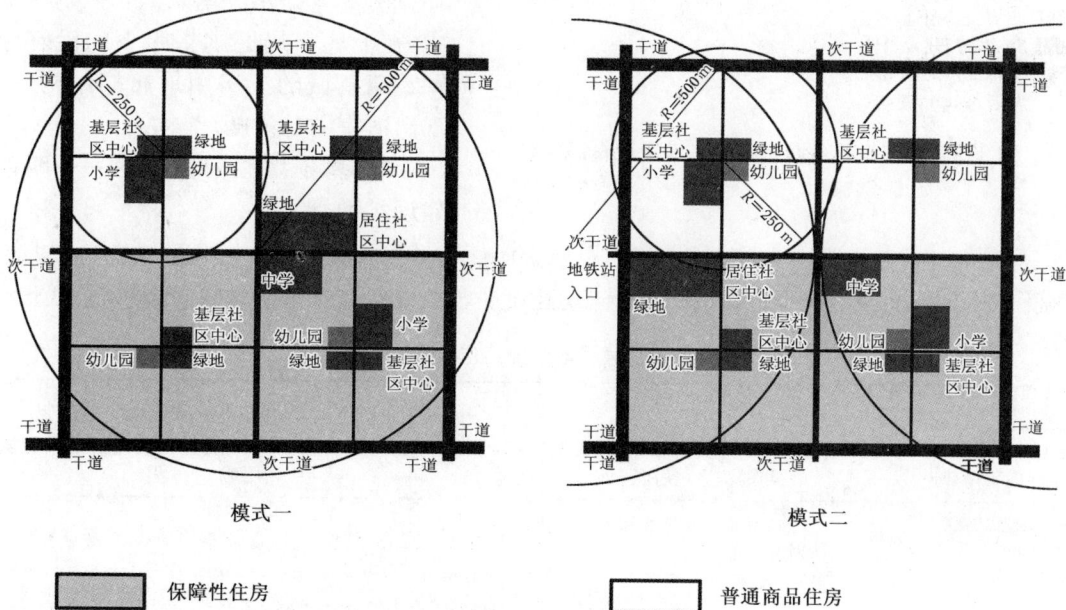

模式一      模式二

保障性住房　　　　　　　普通商品住房

**图8-7　基于社区结构基础上的保障性住房布局模式图**

首先,由于3~6个基层社区构成一个社区,为使被保障人口与其他居民有较多的接触,社区中心应成为共享型的公共空间。故保障性住房集聚规模切忌过大,防止过于封闭和隔离,笔者认为保障性住房人口不宜超过所属社区的一半规模。

其次,在周边地块开发尚不明朗的前提下,应确保此类住区的基本生活服务设施配套。保障性住房集聚规模以基层社区规模为宜,即人口规模0.5万~1万人,如此可以由基层社区配套设施提供最基本的生活服务功能。

第三,前文已提及与周边普通社区共享义务教育设施是被保障人口得以持续发展的重要条件,故九年制义务教育学校的服务半径内宜将普通商品房住区和保障性住区混合布置。

综上所述,保障性住房的空间分布应具备一定的分散度,具体布局原则可以归结为以下四点:

(1)集聚规模高限　人口规模不宜超过社区人口规模的1/2,用地规模不宜超过社区总

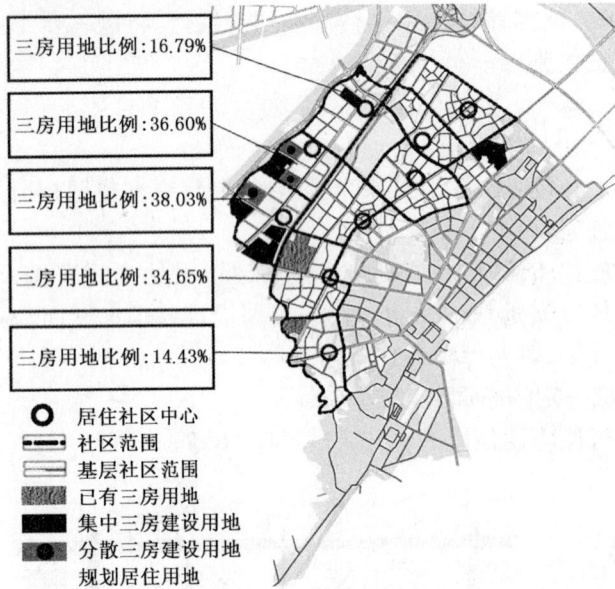

图 8-8 沿江组团葛塘新城的三房用地布局结构

居住用地规模的 1/3①。

（2）集聚规模低限 在周边居住用地近期出让情况尚不明朗的情况下，集聚规模以基层社区规模为宜。

（3）配套建设 首先，近期应有基层社区中心建设计划以确保此类住区的基本生活服务设施配套；其次，近期应有义务教育设施建设计划。

（4）社区结构——在社区范围内进行三房和其他商品房的混合（以普通商品房为主）。

图 8-8 显示了南京六合三房规划中，在上述布局原则指引下的沿江组团葛塘新城的三房用地布局结构，体现出适宜的分散度。

**2）基于增强可操作性——明确建设类型**

保障性住房是由政府主导，因此布局规划尚应便于政府操作，需与土地运作方式相对应，明确保障性住房的建设类型。在南京六合三房建设规划中，将建设类型分为以下四种，见表 8-5。

表 8-5 四种三房用地土地运作和开发建设类型

| | 集中建设* | | 分散建设** | |
|---|---|---|---|---|
| | 集中经济适用房建设用地（包括廉租房建设） | 集中拆迁安置房建设用地（可与经济适用房混合） | 就地分散建设的拆迁安置房用地 | 异地分散建设的拆迁安置房用地 |
| 土地运作方式 | 土地划拨 | 以招拍挂（带条件）为主，划拨为辅 | 土地招拍挂（带条件） | 土地招拍挂（带条件） |
| 开发建设方式 | 列入政府工作计划，政府主导 | 通过市场运作，但由于利润率较低，通常由政府托底 | 大部分居住类经营性用地采用就地安置，开发商需承担原用地上的拆迁安置 | 非居住类经营性用地或工业用地建设采用异地安置，被安置用地的开发商需承担拆迁安置 |

\* 地块内全部为三房用地；
\*\* 部分拆迁安置房与开发项目在同一地块进行建设。

**3）基于与土地储备衔接——明确建设时序**

建设时序包括"建设量"和"空间"两个方面的时序安排。

建设量的时序安排，在廉租和经济适用房方面，要与政府财政计划衔接，政府应加大支持力度，尽快改善低收入住房困难户的居住条件；在拆迁安置房方面，要与项目进展相衔接，及时建设供应拆迁住房，保证社会稳定，推进城市建设的顺利进行。

建设量在空间层面的时序安排，要与土地储备出让开发相衔接，统筹保障性住房与商品

① 考虑到社区居住用地可据市场情况配建部分公共设施用地，故保障住房用地规模建议不宜超过社区居住用地的 1/3。

住房的建设时序,进行社区范围内的混合建设,推进社区整体发展、尽快成熟。此外,由于片区整体需求的支撑,也更有利于交通等市政基础设施建设的及时跟进。

#### 4)基于对开发建设指引——落实控地规划

依据控制性详细规划,拟定保障性住房建设用地地块规划,确定地块的位置、规模以及容积率等技术经济控制指标。基于集约利用土地的总体原则,同时考虑地方居民的接收程度,应适当提高容积率。对于多层地块,容积率应达到1.3;鼓励高层建设,容积率达到1.6。除了居住用地外,对于基层社区配套用地和九年制义务教育学校用地也应予以明确。

### 8.3.4 微观层面——设计组织与针对性设计

#### 1)重视设计组织

保障性住宅由于缺乏市场力量的主动积极推动,其规划设计往往不能像商品住宅一样做到深思熟虑、精雕细琢。然而,保障性住房却特别需要有针对性的优质设计,应对经济条件限定下的特定需求,同时提供体面的舒适的居住环境。通过提高住宅质量和环境品质,可以增强被保障人群的自尊心,有助于培养对于社区的自豪感、认同感,可以有效缓解抵触情绪,促进稳定。因此,保障性住区详规设计应由政府有关部门加以有效的组织,获取最佳方案。

经济适用房的开发与设计组织的质量,依赖政府开发机构或委托开发商的自身水平,从目前情况看,虽然也注重市场调研和居民需求的跟踪研究,但不重视公众参与,对某些问题的解决立足于开发者的主观立场。其设计有时也采用招标形式,然而招标的方案通常注重空间形式大于注重空间内涵、注重基地内部方案的完善性大于注重与周边区域的协调,评审专家也多为临时召集,缺乏对项目的整体性了解和实地考察。建筑师的作用仅限于狭窄的"设计"范畴,并不自始至终参与开发的全过程,而开发者给予的设计时间通常也较短,因此立意构思多来自于其设计经验,最终设计出的住区成功与否具有较大的偶然性。

建筑师、规划师的水平对于住宅区的成功与否固然十分关键,但是开发与设计的组织则更为重要。开发与设计组织决定了建筑师、规划师获取信息的渠道和构思方向,比如出发点是为表现自己而作的设计和为居民而作的设计显然是不同的,个人的主观臆断和众人的参与决策其结果也显然是不同的,而这两点在为大众设计住宅时尤其重要。

美国的可支付住宅的设计组织可以给我们很多的启示。1990年代后半期以来,美国的可支付住宅主要由民间的私人非营利发展公司和社区发展社团提供,从项目的可行性研究、开发组织、项目设计一直到具体建设都在其控制下完成,筹措资金的方式也更为多样,更重要的是具有积极主动开发可支付住宅的热情;政府主要在政策、资金补助和法律法规方面提供适宜的制度环境。这样开发机构与审批机构完全分开,各司其职,不仅可使可支付住宅的建设更为高效,还使项目审批更为公正合理。

社区发展社团(CDCs)的开发与设计组织具有两大特点:一为组成完善的设计委员会;二是慎重选择建筑师。[142]

设计委员会从一开始就介入到住房开发过程中去,其组成结构是:指导委员会(代表CDCs参与开发组织,其人员身份构成很丰富,涉及各行各业,有专家、商人、神职人员、建筑师、热心的公民、还有来自低收入社区的行动主义者等)、邻里居民、使用者代表(已完成的类似住宅的居民可以作为使用者代表,凭借其居住经历会提出有价值的建议)、物业管理方(能够凭借其工作经验在如何设计出更为持久的良好居住环境方面提供有价值的意见)。在设计委员会的努力下,可支付住宅的居民和邻里的要求得到充分的研究和考虑,使社区更为健康稳定。即使是出租型的可支付住宅,其居民长期生活至儿女成人的现象也不少见。

**图 8-9 美国某可支付住宅**[142]

美国的可支付住宅十分重视设计质量,对设计质量的高要求不仅体现在申请基金的难易程度上,还体现在政府审批过程中。因此,建筑师的选择是 CDCs 极为重视的环节。建筑师在设计过程中必须能够顺利建立起开发团队与社区之间的双向对话,具有敏感、耐心和负责的品质,获取相关的信息来指引设计方向,最终营造出在物质环境、社会环境和费用方面均令人满意的住区,见图 8-9。建筑师在设计过程中不仅要能够快速而深入地了解社区、指导并帮助社区意识到可能产生影响的某些特定问题,还要起到处理好社区意见并给出解决方案、取得选民支持以获得土地使用和资金许可等积极作用。一些 CDCs 拥有知名的设计过高质量的可支付住宅的建筑师名单,并邀请来自邻里的代表参与对建筑师的会见和选择。

CDCs 在选择建筑师时尤其注重其以下几方面的能力:合作能力——善于倾听持不同意见者并与其合作;了解问题的能力——善于辨别各类需求并对邻里的社会或建筑历史具有敏感的体察能力;技术能力——从最初规划到建设各步骤均能参与和管理。

日本岐阜县营"ハイタウン北方"中低收入住宅也是一个可资借鉴的案例[146]。该住区由岐阜县公共建筑和房屋署进行总体规划建设的组织,邀请矶崎新担任协调建筑师,特别请了四位"敏感"、"细腻"的女性建筑师进行具体建筑设计,设计过程中组织了各界人士参与,包括居民、市议会代表和学术界人士,最终获得了一个高品质的环境,见表 8-6、图 8-10、图 8-11。

**表 8-6 日本岐阜县营"ハイタウン北方"中低收入住宅概况**

| 住　栋 | 住栋结构和层数 | 住宅建筑面积 | 户　数 |
|---|---|---|---|
| S-1(高桥设计)栋 | 9 层 RC 结构 | 8 934.70 平方米 | 109 |
| S-2(Hawley)栋 | 10 层 RC 结构 | 9 465.08 平方米 | 107 |
| S-3(Diller)栋 | 8 层 RC 结构 | 9 787.66 平方米 | 107 |
| S-4(妹岛)栋 | 10 层 RC 结构 | 9 559.70 平方米 | 107 |
| 合　计 | | 37 747.14 平方米 | 430 |

注:户均面积仅 87.7 平方米,其中包括少量公共租屋和残疾人住宅。

岐阜县营"ハイタウン北方"附近早期低收入住区　　　　岐阜县营"ハイタウン北方"中央公共活动带

图 8-10　日本岐阜县营"ハイタウン北方"与其附近早期低收入住区对比[146]

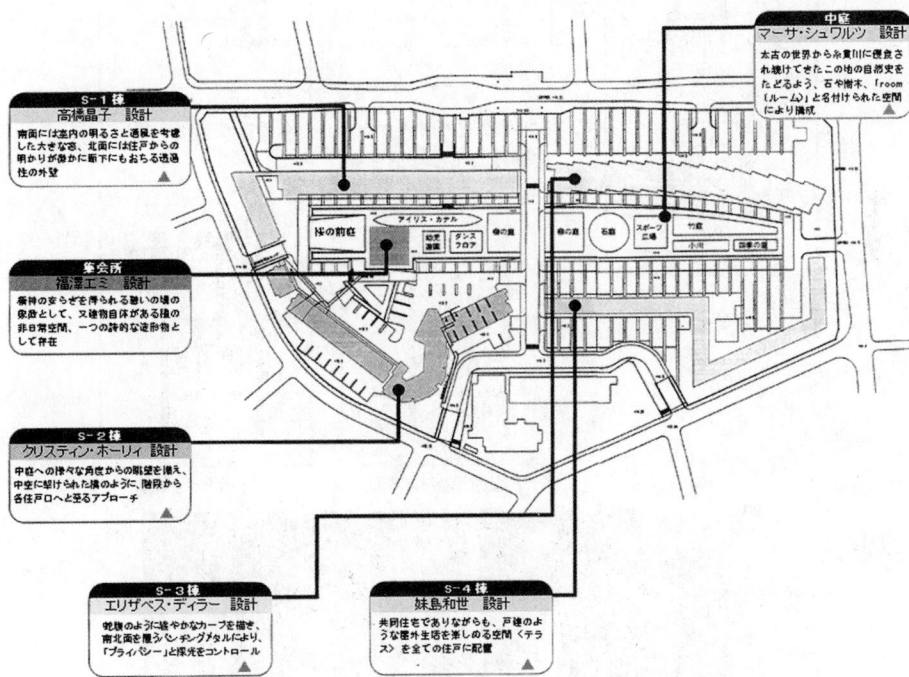

图 8-11　日本岐阜县营"ハイタウン北方"总图[146]

### 2) 针对性的设计

保障性住房供应对象对于住房的需求,与商品住房相比,有共性,但也有诸多差异。要基于调研的基础上进行针对性的设计。

以拆迁农民安置房为例,调研发现,微观层面的城市安置区虽然从外表看与一般多层的城市住区没有什么区别,但在空间利用上却有一些非常鲜明的特点,如居民非常喜爱在底层活动,其中一些日常活动甚至就在户外场地进行(如吃饭、打牌、交谈等),住宅楼栋之间的带形交往空间非常具有生活气息,与城市普通居住小区的宅间绿地很不一样,表现出一种介于农村与城市之间的居住氛围。上述的这些开放性特征其实是当今城市住区所特别欠缺的,规划应对这些优点加以承继,而不是简单地用城市住区模式来替代。

无锡锡山区春合苑、竹苑两个安置区的设计就较有针对性,因而显得很有特色,见图

8-12。安置区内住宅全部为一梯二户的单元式多层住宅,面积为150平方米和90平方米两种,顶层住宅为跃层式户型。底层则为每户均设计了一个十余平方米的房间,在该房间内配置了上下水设施,使其可变换多种功能,我们在调查中发现其用途有以下几种:①老年人住宅;②活动室;③厨房兼餐厅;④储藏杂物室;⑤出租;⑥经营小店。在底层活动的居民人数众多,使得居民可延续原有农村的一些生活方式,如邻里经常性的交往,厨房餐厅在地面层,老人的主要活动在地面层等。

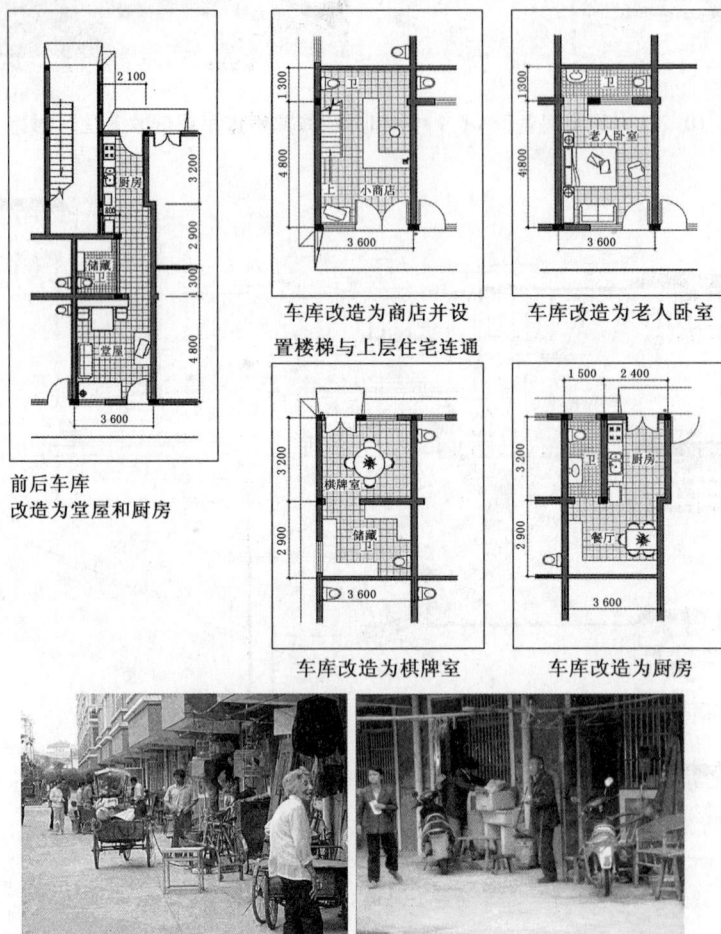

图 8-12 无锡锡山区春合苑、竹苑住宅底层的多适性设计

以经济适用房为例,调研表明,设计者往往不能全面体察居民对于住宅的特定使用要求。对南京市景明佳园等两处经济适用房的调研发现,"部分居民自发地在小区内摆摊设点,甚至利用一楼住房破墙开店,满足小区居民生活之需。但如此一来,又使违章改造和占道经营现象不断出现。好端端的新建住宅小区,随处可见一楼居民破墙开设的店面,景观遭到极大破坏。当地人戏称这两个小区是'远看一朵花,近看全是疤'"。[147]虽然配套不够完善是造成该现象的重要原因,但实际上,即使配套完善,经济适用房居民由于受教育水平较低,其就业形式中低端服务业的比例是较高的。而利用自家资源(尤其是底层住户)破墙开店,则是一项成本低的就业投资。这些门面缺乏装饰,环境脏乱,但也拥有一定的客户群。

对于这种需求,规划设计一般都没有主动应对。如果规划设计主动考虑这些低端服务业经营场所,提供基本的上下水等基础设施,采用经济美观的轻型建材,便于更新和不需要时进行拆除,则既提供了就业空间,又不致影响环境。

# 本章小结

本章首先借鉴了国外及香港相关实践的经验和教训,结合当前中国城市新区建设的社会特点,提出了完善保障性住房规划的制度建议,包括:"进行保障性住房建设专项规划、保障性住房建设规划的组织制度、保障性住房建设规划实施的配合机制",指出分区层面的保障性住房专项规划,具备这样三个优点:①在分区层面进行整体协调、统筹安排;②可获取更具针对性、更准确的建设量需求;③可与控制性详细规划相结合,落实控地规划。对于规划编制,指出除了满足被保障人群基本居住需求以外,保障性住房规划目标应涵盖"长远的持续发展"、"综合的社会效益"和"细致的人文关怀"。这三方面的目标分别与规划体系的宏观、中观和微观层次对应,得出保障性住房规划应跨越多层次的结论。本章结合笔者实践,运用的规划方法具有较强的创新性。指出总体层面应加强保障性住房建设量测算与选址,特别是创新性建立了用地评估体系增强用地选址的合理性、可操作性且不与土地市场开发相矛盾;中观层面明确控制性详细规划应对各类保障性住房的具体布局、规模与配套予以空间上的落实,保证一定的布局分散度以避免隔离的社区结构,明确建设类型以增强可操作性,明确建设时序以与土地储备衔接,落实控地规划基于对开发建设指引;微观层面的详细规划,提出重视设计组织以促发高质量的规划设计,并强调应根据被保障人群的需求对住宅设计、公共设施设计、环境设计作针对性的规划研究。

# 9 规划应对之四
## ——基于多维研究的物质空间形态规划

对于城市新区,居住空间的建设经历全局的再次建构过程。物质空间规划能否通过对用地功能布局、综合系统建构、开发强度控制和空间特色营造,使得居住空间建设在"功能合理性"的基础上具备"适应可持续发展的空间框架",是至关重要的。

研究居住空间规划,不得不提邻里模式,其自 1920 年代被提出以来在世界各地均有持续不断的应用。近年来,在西方国家伴随新城市主义热潮使得"明确边界、小规模组合"的邻里模式再度大热。这一章中,首先对邻里模式现象进行批判性分析,从关于邻里模式的正反两方面评价中获得借鉴;继而提出相应的规划理念,探讨了确定居住空间物质形态的规划体系。认为目标的多向性、地区的地域性、系统的综合性决定了物质空间规划必须立足于多维研究基础,基于多维分析基础之上的理性规划才是正确路径;最后探讨了作为物质空间规划基础的多维研究方法。

# 9.1 邻里模式的相关评论

通过追溯在西方自由市场经济为主导的背景下带有建构和谐社区理念、并在西方城市新区规划建设中广泛应用的"邻里"概念的实践与相关评论,希望籍此得到有益的启示和借鉴。邻里可以说是西方城市新区居住空间物质规划具有奠基性的方法论,贯穿了 20 世纪的居住空间规划实践,并被推崇者赋予了浓厚的情感色彩。随着时代的发展,其规划目标以及基于邻里基本模式的空间组织也都在不断的更新和调整。1990 年代以来,在经济全球化、环境危机以及社会失衡的背景下,邻里概念更是被提到了前所未有的高度,体现在美国新城市主义、英国都市村庄和澳大利亚适居邻里的规划实践中。

而这些打着邻里概念旗号的实践,却失败与成功并存、赞美与批判之声同在,这些现象折射出西方居住空间规划探索的轨迹。挖掘这些表象之后的深层原因,对于我国推动城市新区居住空间和谐发展具有重要的借鉴意义:应以邻里情结为规划伦理基础,将邻里概念作为参考,跳出邻里基本模式的套路限制,规划的具体模式应该是多元的。

## 9.1.1 邻里与邻里情结

纵观 20 世纪西方城市居住空间的规划实践,邻里概念占据了极其重要的位置。1920 年代末期在规划实践和规划理论研究领域几乎同时提出了两个邻里概念。前者是以雷德朋规划为代表的邻里(Radburn neighborhood)规划模式,后者是克拉伦斯·佩里在其理论著作中提出的邻里单位(neighborhood unit)规划概念。这两个邻里概念都初步体现出人与自然和谐、人与技术和谐、人与人和谐发展的理念。[148]

克拉伦斯·斯泰恩关注如何通过物质规划来应对汽车时代的问题,并深受田园城市的影响,其雷德朋邻里规划的代表特征是超级街区和尽端路。克拉伦斯·佩里则总结了能够增强或削弱邻里社区环境的物质形态特点,并吸收了当时有关学校、商店和街道布局的研究成果,特别是对儿童上学安全性、防止汽车干扰和设施使用便捷性方面的研究,其集十年研究之功所提出的邻里单位的主要思想是道路系统保证设施使用便捷性、过境道路不从住区内穿越、社区中心与学校结合、提供足够的开放空间。雷德朋邻里和邻里单位有不少相同之处,如限制规模、限定边界、充足开放空间、邻里中心、不允许过境交通且注重行人安全的道路系统等,这些空间的组织方式成为邻里基本模式。基于邻里基本模式,其规划实践中的空间组织也有一定的可变性,见表 9-1。

表 9-1　邻里概念主旨、邻里基本模式以及基于基本模式的空间组织可变性

| 邻里概念主旨 | 健康<br>安全<br>方便 | 是克拉伦斯·斯泰恩与克拉伦斯·佩里所强调的,始终贯穿在以后的实践中 |
| | 促进社区性 | 为两者所提及,但在以后的实践中被过分夸大 |
| 邻里基本模式 | 限制规模(以 5~10 分钟步行距离为半径)<br>限定边界<br>充足开放空间<br>邻里中心<br>注重行人安全的交通系统 | |
| 基于基本模式<br>的可变性 | 规模 | 人口规模可变(3 000~12 000 人) |
| | 边界 | 绿化或道路 |
| | 邻里中心 | 单中心或多中心,居中或邻边界 |
| | 道路 | 人车分流或人车混行 |
| | 建筑群体 | 紧凑组合或松散组合 |
| | 交往空间 | 广场、街道、滨水空间、公共设施一体化空间 |
| | 绿化 | 外围或中心,集中或分散 |
| | 邻里组合 | 等级型组合(蕴含了等级配套的概念)或拼合(邻里各个独立) |

克拉伦斯·斯泰恩和克拉伦斯·佩里都极具社会责任心,前者于 1912—1918 年参加了纽约的廉价公寓改革运动,后者对 19 世纪末期开始的关于住房和社会福利的改革运动也深感兴趣。他们在各自的邻里概念中都提及了对"社区性"的推动。斯泰恩接受了英国田园城市莱彻沃斯(Letchworth)的规划师昂温关于邻里协作的观点,即邻里之间的协作与社区设施布局有很密切的关系,这些设施包括学校、商店、公共机构、开放空间等。佩里在其 1929年的著作中的最后提到了邻里概念与社会交往的关系,即增强面对面联系的机会。但社区性却并不是他们所着重强调的,也并不认为邻里对于促进社区性有多么强有力的作用。然而,邻里概念与社区性的联系却在后人的实践中被过分夸大。

邻里概念自在美国出现以后,其基本模式迅即成为政府、开发商、借贷机构、建筑师和规划师均极力赞成的发展模式。建设新邻里一度成为巴尔的摩、芝加哥、底特律的城市发展主题,并于 1930 年代和 1940 年代在世界普及,如英国、俄国、加拿大、巴西、瑞典、南非、以色列

等均在其新城建设中借鉴了邻里理论。邻里概念于 1950 年代被收入很有影响的两本教科书——《城市模式》(Urban Pattern)和《人的城市》(The City of Man)。通过广泛的规划实践与理论传播,邻里逐渐被认为是城市新城建设和居住区规划理所当然的规划方法,当然具体的建设形态随着时间和地域的不同也表现出不同的形式,这种状况一直持续到 1960 年代末期。

1970 年代与 1980 年代是邻里概念的沉寂时期,邻里不再被作为口号普遍提及。"健康、安全、便捷"等邻里概念的主旨已成为定律,不需要通过邻里这一称谓来强调;其次邻里基本模式诸如"限制规模、限定边界、邻里中心"也不再成为住区的显著特征,"健康、安全、便捷"完全可以通过其他日益发达的技术措施来达到。邻里概念被数字化,体现在各国的住区规划规范或指导标准中,注重公共设施、开放空间等的面积配套,住区规划建设关注的是住宅标准的提高和人均居住面积的提升。

进入 1990 年代,邻里概念再度被广泛提及和重新认识,成为美国新城市主义(Neourbanism)、英国都市村庄(Urban Village)和澳大利亚适居邻里(Livable Neighbourhood)的核心规划理念。这次邻里概念的重新提出,更关注其物质空间模式并以此为基础进行新时期的重新演绎。在对技术至上、环境危机和社会空间失衡的普遍反思中,邻里的物质空间模式与环境、经济与社会可持续发展的显性联系成为其被重新演绎的合法理由。表 9-2 即把邻里概念 20 世纪以来的应用历程作一简要表述。

表 9-2　邻里概念 20 世纪以来的应用历程

| 时间 | 1930—1940 年代 | 1950—1960 年代 | 1990 年代— |
|---|---|---|---|
| 代表项目 | 英美第一代新城 | 西方综合新城 | 美国新城市主义<br>英国都市村庄<br>澳大利亚适居邻里 |
| 应对主要问题 | 工业时代混乱的城市环境<br>汽车时代的居住需求与安全 | 大城市病<br>战后住宅供应 | 郊区化蔓延<br>社会空间失衡<br>城市中心衰退 |
| 规划目标 | 健康、安全、卫生、方便、自给自足 | 健康、安全、卫生、方便、区域整体协调发展 | 集约利用土地、增强地区活力、提供就业机会、可持续发展、区域整体协调发展 |
| 规划模式 | 超级街区<br>邻里单位 | 承继邻里概念的基本模式,但放弃自给自足的全能功能,强化城镇中心、弱化邻里中心,公共空间的设置更为多样化 | 承继邻里概念的基本模式(英国都市村庄有所突破)<br>较高密度混合用途开发<br>强调公交优先<br>借鉴传统城镇空间布局<br>强调城市性与社区归属感 |
| 评价 | 空间环境井然有序,但是密度较低缺乏城市性,邻里中心效益欠佳,由于规模及产业功能等问题自给自足不能实现 | 着眼于已有的物质、社会、经济环境确定适宜的规划模式,规划目标也更现实 | 空间环境既有秩序又有变化,其与物质环境相关的目标基本都能实现,然而其社会目标的实现却有赖于项目的整体组织和控制 |

邻里理论的成功之处在于以下几个方面。首先,它可以满足一定的物质与社会功能,并且是一种简单易行可操作性较强的组织城市居住空间的方法。具体表现在以下几个方面:①公共设施的配套与使用的便捷性;②妥善处理车流与步行交通;③注重绿化与景观;④注重社区内居民交往机会的提供。

其次,由于邻里与传统社区存在较多的共性,导致了一个普遍的认识——那就是邻里可作为缓解极端个人主义、促发群体性的空间形态从而具有积极的社会意义。这一点在 1990 年代以后出现的美国新城市主义、英国都市村庄、澳大利亚适居邻里的规划实践中屡屡被提及。

第三,邻里理论在被提出之初就被作为是对抗工业城市无序、混乱、肮脏、危险的良药,而 1990 年代的重新演绎则又以后工业城市生态危机和社会失衡的缓解剂的面目出现。而在这些规划实践中确实不乏诸多的成功项目。

故此,邻里概念既具有一丝怀旧的意蕴,又可随着时代的发展而不断更新,集传统性与先进性于一体,从而成为 20 世纪以来最富有情感特色的理论,居住空间规划中的邻里情结挥之不去、延绵至今。

### 9.1.2 邻里情结批判

然而回顾 20 世纪以来的城市规划评论,可以发现对邻里概念并不全是赞扬之声,针对邻里概念应用的批判以两个阶段为代表。

第一阶段以 1960 年代简·雅各布(Jane Jacobs)针对超级街区的规划模式的批判为代表。评论家简·雅各布、赫伯特·冈斯(Herbert Gans)、城市社会学家凯瑟林·鲍尔(Catherine Bauer)对压倒一切的、流行的邻里规划模式的盲目应用提出了批评,认为超级街区的空间与功能组织并不能提供真正的城市性。除了健康、安全、卫生、方便以外,超级街区对促发交往并不具有决定性的作用。简单地认为通过邻里就可推进社区性的观念忽视了更为深刻的研究。邻里规划模式成为继功能分区之后的又一规划教条,对这一教条的盲目崇拜阻碍了城市规划理论和实践的进一步探索。冈斯研究表明居民的同质性而非物质距离的接近性更能推动交往;其他一些研究表明居民社会阶层状况诸如教育背景、收入、生活方式等是更重要的因素,而居民自身的社交愿望和能力也非常重要。1970 年的一项针对雷德朋、雷斯顿(Reston)、哥伦比亚(Columbia)的研究表明吸引居民选择这些住区的主导原因不在于这些住区与社区的相关性,而在于设施的丰富性和便捷性。

第二阶段以 21 世纪初阿里·马达里布尔(Ali Madanipour)针对 1990 年代以来西方国家流行的片面夸大邻里基本模式与环境、经济与社会可持续发展的显性联系的批判为代表[149]。阿里·马达里布尔总结了邻里概念近 20 年频频在西方国家被应用的五条支撑理由,这些理由表现为规划实践中应用邻里概念的目的。然而就这五个可支撑邻里的方面,阿里·马达里布尔又都一一提出了反驳,即邻里并不一定是达到这些目的的最佳选择或唯一选择,见表 9-3。

表 9-3　阿里·马达里布尔对邻里概念的批判

| | 正 | 反 |
| --- | --- | --- |
| 可持续的城市形式<br>（A sustainable urban form） | 使用公共设施的便捷性,通过发展公共交通减少小汽车利用率 | 邻里的公共设施并不能满足人们生活各层面的需要,注重设施布局的紧凑城市同样可以达到上述目的 |
| 城市管理的方法<br>（A means of urban management） | 有特点的、有秩序的邻里发展模式便于城市管理 | 信息时代的城市管理可通过多种方式实现,邻里之间的竞争和差异性有时是消极的,分离的邻里可能破坏城市的整体发展 |

| | 正 | 反 |
| --- | --- | --- |
| 市场操作的媒介<br>（A vehicle of market operation） | 邻里的规模符合已成为英美地产开发主流的大型公司进行规模开发的需要 | 社会空间的马赛克（Mosaic）分布对于整体经济的推进起到消极作用 |
| 社会整合的框架<br>（A framework for social integration） | 通过形式上的凝聚性促进社会整合 | 传统社区赖以存在的社会经济基础已消失，邻里作为形式上的社区其物质和精神的支撑作用极为可疑，而向传统的复归也并不适合所有人的要求（较强的个人不愿被束缚），邻里内部关系的加强可能导致邻里之间关系的减弱 |
| 建立特质和识别性的方法<br>（A means of differentiation） | 通过相近的社会身份促成邻里内部的相似性从而建构其新的社会联系，形成对立于城市化匿名性（anonymity）的本地特质 | 这种本地特质的建立并不能改变人们现代生活方式的本质，加剧城市社会隔离状态 |

纵观这些批判之声，可以发现批判并不是对邻里概念本身的否定，相反邻里概念的目标确实是城市规划所必须追求的。所有的批判实际上针对的是实践中邻里模式的固化，以及其中所体现的邻里概念的被误用、滥用，当然还包括那种理所当然的态度。第一阶段的批判主要集中在邻里模式与社会作用的联系上，正所谓"好心没办成好事"，邻里模式所赋予的公共空间并不能真正有效地促发交往，超级街区破坏了传统网络所同时具备的交通与交往的双重空间意义的结合，这一固定模式一旦成为教条则必将阻碍规划的进一步探索。第二阶段的批判集中在规划目标与特定空间组织模式的简单联系上，虽然这一阶段的规划更注重场所性、设计组织也更有力，但这一时期的社会经济背景更为复杂、规划目标多元且内在关系复杂，一种单一的模式不可能放诸四海而皆准。

邻里概念在推动居住环境建设方面具有一定的科学性，在构建社会联系平台等方面确有积极的作用，这也正是为什么随着时代的发展邻里非但没从人们的视野中淡出，反而总是不断地被更新并引起持久的关注。但明确限定边界、小组团组合的邻里模式决不是万能的，尼古拉斯. N. 帕特里西奥（Nicholas N. Patricios）总结了邻里概念在实践中被运用时的三种设计态度，认为因地制宜（opportunistic）的态度是最适宜的，只有在一定的社会经济背景和地域环境下应用才可以达到最好的效果[148]。要达到邻里概念的主要目标，邻里模式可以作为极有价值的重要参考，但并不是唯一答案。对于某一特定地域的居住空间的发展，城市规划应从更宽广的视角去推动。

# 9.2 规划理念和规划体系

## 9.2.1 规划理念

### 1）功能合理——系统综合

这是最基本的理念。秉承现代主义规划理论对于功能性和合理性的关注，主要是承继邻里单位的基本原则建构能够完善应对居住功能的综合系统，包括：

基于服务半径均衡性的公共设施分级布局；

妥善应对车行交通和重视步行交通安全性的道路系统；

以及便于人们使用的绿地系统。

**2）持续发展——目标多向**

这是社会、经济、环境可持续发展观下应秉持的规划理念。在居住功能自身合理性的基础上，体现环境、效率和社会效益的协调发展，包括：

环境层面——公交导向下的土地利用，倡导土地集约利用并兼顾交通方式多元化；

效率层面——交通效率适宜的路网模式，兼顾交通疏解与居住舒适性；

社会层面——持续激发活力的生长模式，兼顾整体的完善性与动态发展过程中的局部整体性。

**3）因地制宜——地域特征**

这是既能与城市协同发展、又旨在打造特色家园应秉持的理念。包括：

公共设施配套——整体出发，考虑与城市整体关系，合理分级；

空间特色打造——挖掘资源，彰显自然或人文特色，传承或创新。

### 9.2.2 规划体系

目前对于新区居住空间的物质空间规划一般有三个层面的规划体系在发挥作用。一是新区总规，实际上是属于总体规划层面的分区规划，依据已经依法批准的城市总体规划，对新区土地利用、人口分布和公共服务设施、基础设施的配置做出安排，其中包括居住用地布局、居住人口分布内容；二是规划编制单元的控制性详细规划，对具体地块的土地利用和建设提出控制指标，作为建设主管部门（城乡规划主管部门）作出建设项目规划许可的依据，其中包括对居住用地地块的一系列控制指标的制定；三是修建性详细规划，是在控制性详规基础之上对地块进行住宅、公共建筑、道路、绿地等物质空间要素的具体落实。

上述是这一常规体系在居住空间的物质空间规划方面可以起到的作用，可以说满足了组织居住功能的基本要求，但是如果以前述的规划理念来衡量，尚不够完善。在此提出以下建议：

首先，在新区总规层面，虽然《城市规划编制办法》（中华人民共和国建设部令第146号）要求分区规划应对控制性详细规划的编制提出指导性要求，但大多数此类指导性要求是针对中心地区等具有特定意图的地区，对于面广量大的居住用地缺乏指引。笔者认为，应对新区的每个规划编制单元都提出相应指引，这对于居住空间发展的意义在于能够在新区整体层面对各规划编制单元的"人口分布、交通方式、景观特色乃至住房建设计划"进行统筹。

其次，在控制性详细规划层面，以新区总规为依据，城市级的系统不可变更，但地区层面的系统可根据情况做较大调整，是确定物质空间具体空间结构的重要阶段。

但限于公共财力，这一阶段相应的地区城市设计研究一般只针对重点地区，一般性地区的居住空间模式通常缺乏城市设计支撑。由于新区总规对居住空间的物质形态进行的是概略性的规划，而地区城市设计则可以通过详尽的研究提出更为具体的空间框架。笔者认为应加入地区城市设计环节，正如第七章中就已提出的——"地区城市设计将对地区整体发展作出进一步的指引，包括制定发展目标（服务于怎样的居民，创造什么样的环境），确定功能格局(包括公共设施体系、绿化系统、交通系统等),制定适宜的协调体制(根据项目规模、难易程度、开发方式等确定协调体系的层级和方式)。"

这三个层级应起到的作用见表9-4。可以看出,新区总规、地区城市设计和控制性详细规划对于确定居住空间的物质空间规划模式至关重要,而地区城市设计则最为关键。

表9-4　确定居住空间物质形态的规划体系

| 规划体系 | 作　用 | 在常规操作基础上应强化的方面 |
|---|---|---|
| 新区总规 | 概略性的规划,提出总体空间框架 | 规划编制单元指引,在新区整体层面对各规划编制单元的"人口分布、交通方式、景观特色乃至住房建设计划"进行统筹 |
| 地区城市设计 | 城市设计多维研究,提出具体空间框架 | 路网模式、开发强度、空间特色、生长模式、公共设施,在地区层面规划适应可持续发展的空间框架 |
| 控制性详细规划 | 地块控制规划,落实空间控制意图 | 融汇城市设计导则,在地块层面对地区城市设计目标加以呼应,注重整体控制和特色引导 |

# 9.3　作为物质空间规划之基础的多维研究

在功能合理、持续发展、因地制宜的理念指引下,新区居住空间的物质空间规划必须要能够与城市整体系统顺畅衔接,同时又紧密结合地区的资源禀赋。居住空间的物质空间模式有许多种,规则的、自由的,小街区、大街区,集中的、分散的,高密度、低密度,……不一而足。简单的比较毫无意义,关键在于这种模式是不是最能够契合各种外部与内部条件。

由于目标的多向性、地区的地域性、系统的综合性,决定了物质空间规划必须立足于多维研究基础。由于地区城市设计对于确定居住空间的物质空间规划模式最为关键,且该环节尤其应该强化研究"路网模式、开发强度、空间特色、持续生长、公共设施",故本节主要探讨该层级的上述几个方面的研究方法。

## 9.3.1　路网模式

我国的城市新区居住空间的路网模式曾出现以下两种较为普遍的模式。

**1) 传统小区规划模式下的大街区等级化疏路网模式**

目的:早期城市新区居住区路网模式多依据传统的居住区规划理念和相关规范,强调"居住区"尤其是"小区"环境好、封闭性好、道路系统通而不畅,居民通勤等出行主要依靠外围干道交通,从而避免交通对住区环境的干扰,营造具有归属感和安全感、安静舒适的生活空间。依据相关规范,小区规模0.7万~1.5万人,用地规模根据不同开发强度约在10~30公顷。道路按等级设置,路网间距较大,次干道和支路网密度一般仅3~7千米/平方千米。[150]

问题:不适应当前机动车大量增长的交通压力,易对交通组织形成阻碍,见图9-1。

**2) 适应机动化交通和开发规模的小街区密路网模式**

目的:为适应不断增长的机动化交通需求,近年不少新区的居住区路网模式开始摒弃传统的"居住区、小区、组团"的等级模式,简化层级至两级,并加密次干道和支路网,甚至采用小街廓、密路网、窄断面的高密路网。街区面积减小至约2~6公顷。另一方面,地块规模与房地产开发的市场需求小型化趋势相吻合。首先,地价的日渐增高使得开发商必需对市场需求加以预测进行稳妥开发;其次,政府对于新区的基础设施投资资金主要来源于土地出让金,要求相应的地块划分适应开发商的要求,使得土地可以顺利出让,尽快回收土地出让金。这些都造成了小街区方格网在新区的使用,次干道和支路网密度达到 6～8.5 千米/平方千米。[150]

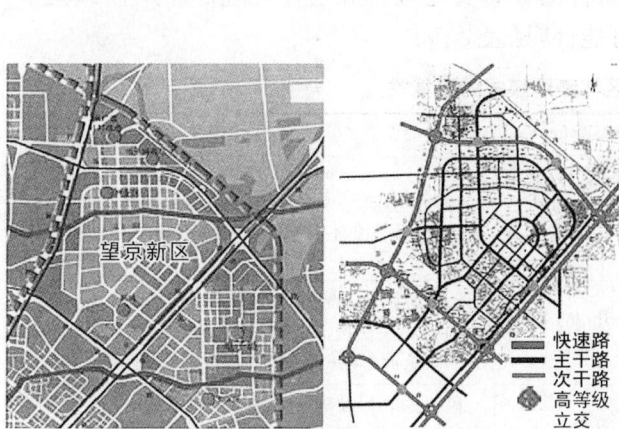

用地规模:17.8平方千米　规划人口:33万人
交通问题:进出困难、交通阻塞严重
1. 路网与周边道路系统衔接不足;2. 较多规划支路被封闭管理成为小区内部路,使得路网模式称为实质上的疏路网、大街区模式。

图 9-1　北京望京新区交通问题[151]

快速路
主干路
次干路
高等级立交

城市主干道
城市次干道
城市支路
单向通行支路

图 9-2　厦门集美北部新城[150]

问题:街区规模变小,使得直接临街的住宅增多,易受交通噪音、污染等影响,见图 9-2。

这两种模式在交通效率和舒适居住环境方面不可兼顾。因此应综合交通需求和环境质量,推动符合可持续发展理念的公交系统建设,采取适宜的交通模式及与之匹配的路网结构。从国内外高密度城市地区的发展经验看,可以看到以下这种比较理想的路网模式。

**3) 理想模式:公交导向下兼顾交通效率和步行环境的适宜路网模式**

优点:在成熟的"大容量公交主线＋公交次级网络"的支撑下,居民通勤出行等主要依靠公交,如在香港,"高层高密度的住宅建设"和"结合地形走势精心组织的步行线路"进一步推动了较高的居民公交使用率。这种情况下,机动车道路网主要承担的是非大量通勤性交通,可以根据具体情况并通过特定的交通分析确定路网密度,见图 9-3。

然而,目前我国的现实情况是城市新区大容量公交建设尚处于起步阶段,相当多城市尚无此经济基础和财政实力。且已有规划建设的大容量公交线多串联的是老城中心至新区的大学城、商业商务

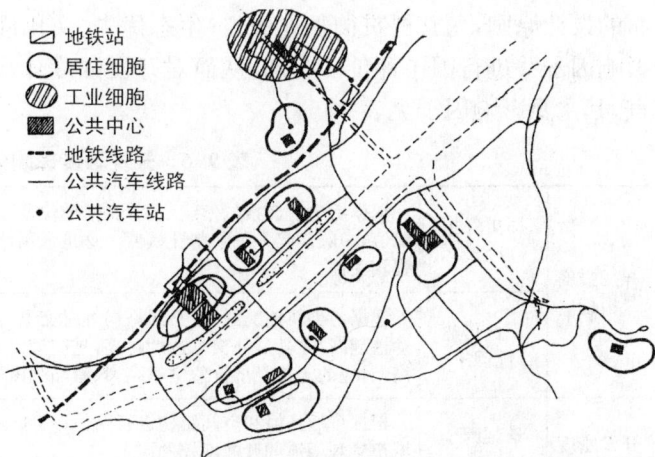

地铁站
居住细胞
工业细胞
公共中心
地铁线路
公共汽车线路
公共汽车站

图 9-3　香港沙田以公交为导向的居住用地布局[152]

中心、体育中心等重要核心地区，对居住空间的覆盖面有限。即新区中已出现的一些大容量公交节点基本都属于"城市型 TOD"，而非"邻里型 TOD"。此外，私家车增长速度很快，由于公交建设尚较滞后，私家车出行率将保持持续增长。

在这样的情况下，研究适合地区特定条件的兼顾交通效率和居住环境的路网模式就十分重要。笔者认为至少可以有以下几种可能性，见表 9-5。

表 9-5　街区与路网模式的可能性

| | 地区条件 | 街区模式 | 开发强度与路网 | 备　注 |
|---|---|---|---|---|
| 1 | 大容量公交沿线站点周边的居住地区 | 中小型街区 | 200～500 米范围高强度开发，路网宜密；500～1 000 米范围中高强度开发，路网适中 | 特别应强调公交站点至各街区的步行系统的建构，以提升公交使用率 |
| 2 | 城市中心地区 | 商住混合小街区 | 中高强度开发，路网宜密 | 道路等级相对均匀，职能分工差异不大。由于要分担中心区交通，道路交通流量较大，对住区环境有一定负面影响。住区设计应对此有所应对 |
| 3 | 一般城市地区 | 中小型街区 | 中高强度开发，路网适中 | 可以采取分级明确的道路等级结构，干道网较规则，主要承担交通功能和布置等级较高的公共设施。支路系统主要承担区级以下的交通功能和布置基层服务的公共设施，线性可较自由 |
| 4 | 滨水临山等交通尽端地区 | 邻里组合型街区 | 中低强度开发，路网宜疏 | 结合地形地貌特点，路网形态较自由，开阔的绿地与紧凑的建筑群相间，追求宁静舒适的住区环境 |

此外，不论何种路网模式，都应充分发挥道路的多重作用，包括——高效交通联系、增强公共设施的可达性、促进公共设施的良性运营以及传统街道在提升居住空间活力方面等的综合作用。

### 9.3.2　开发强度

开发强度包括用地的开发强度指标和密度指标。虽然用地的开发强度控制最终是通过控制性详规的地块指标来实施的，但是由局部地块组合所构成的整体形态将反映出具体的高度和开敞度，是新区居住空间物质形态的重要构成。因此开发强度的确定要基于城市层面的设计原则，尤其要贯彻整体优先、生态优先、文化优先的规划前提，从城市整体层面确定影响因子并进行因子评价和叠加，从而对开发强度作出全面而合理的指引。对居住空间而言，其主要影响因子见表 9-6。

表 9-6　开发强度影响因子

| | | |
|---|---|---|
| 开发强度指标 | 历史保护因子 | 根据历史性要素的紫线范围(文保单位紫线和城市紫线)以及协调区的高度控制要求进行赋值，一般情况下是限制性赋值。这是强制性因子，居住用地的高度控制和强度控制具有较强相关性 |
| | 交通可达性因子 | 根据各类轨道交通、道路网格局等对交通可达性进行赋值。从可持续发展的角度，交通可达性越高，尤其是公交可达性越高，越应该以高强度集约型土地开发为主；此外交通可达性越高，对应的土地经济价值也越高，只有高强度开发才能挖掘出更大的开发潜力 |
| 开发密度指标(开敞度) | 景观因子 | 根据自然环境和空间结构进行赋值，一般情况下是限制性赋值。包括山水等景观区和重要城市景观廊道的开敞度控制要求 |
| | 生态因子 | 根据生态分析研究成果进行赋值，一般情况下是限制性赋值。这是强制性因子，包括不同等级的生态敏感区和生态廊道的开敞度控制要求 |

以上四个因子中,历史保护因子、景观因子和生态因子一般都是限制性赋值,起到的作用是在局部地段依据历史文化优先、自然生态优先原则限制开发强度的作用。而交通可达性因子则根据交通可达性的分析进行开发强度分等控制,特别倡导在交通可达性高的地段,尤其是大容量轨道交通节点进行高强度开发。大容量轨道交通将成为城市区域之间重要的联系纽带,是未来新区交通体系中不可缺少的组成部分。在轨道交通站点附近提高居住密度,已是许多国家和地区的常见做法。如香港沙田铁路线站点,商业与公建及高层住宅紧密结合在一起,形成一个高效、省地、省时、方便生活的新城镇。巴黎为方便郊区的交通联系,采取了有别于市区地铁的快速大站轨道交通系统(RER),使居住在较远郊区居住区的人们可以通过 RER 快速进入巴黎市区,并换乘市区地铁到达市区各处。沿 RER 郊区站点的居住密度也是相对较高的。[153]

不同的开发强度和密度的组合将产生丰富多彩的物质空间形态,见图9-4。

上海浦东新区中高强度住区开发　　　　　香港沙田新城高强度低密度住区开发

**图9-4　不同开发强度和密度组合产生的空间形态**

### 9.3.3　空间特色

居住空间作为城市的主要空间,它的建设在很大程度上决定着城市的整体形象。如何创造一种有个性的城市居住空间形态,建构出有特色的居民新家园,从而提升城市形象、强化城市竞争力,是物质空间规划的一大挑战。

"在影响地域个性的相关因子中,由于地域的自然、文化与历史属性具有唯一性的特点,故而塑造一个地域的个性,强化与彰显上述要素成为当然手段。"[154]抓住地域性的自然、文化与历史属性特点之后,不拘一格地进行与之相适应的空间系统设计,就会产生出富有特色的居住空间。空间特色的打造有如下几种方法:

**1) 有机规划——与自然环境的契合**

**【案例】　日本多摩新城**

由于新城位于丘陵地带,道路布局充分结合地形,线型设计顺应自然,局部甚至利用这一地形地貌特点。规划设计了一个在一般居住区难以实现的立体人车分流道路系统,在机动车路和步行道的交叉口处,巧妙利用自然地形高差设计成立体交叉;积极保存已有的绿地资源,采取高低错落、疏密有致的不同建筑密度区,建筑布置和设计造型也适应各自的地形、用地大小及形状特点,形式各异多样、个性突出;通过低、中和高层住宅的有机配置,创造了层次丰富的、变化多样的街区景观。因此,多摩新城整体规划模式呈现出一种非常有秩序的有机规划形态,以及建筑与自然相融合的空间景观,见图9-5。

**2) 人文特色——历史空间特色的挖掘**

**【案例】 上海青浦规划**

这是美国SWA公司为位于青浦和朱家角之间的新城所作的规划。基于历史条件和自然环境,方案采取了现代江南水乡的构思,水系遍布整个区域,并且为基础结构提供了将基地连接起来的开放空间。方案设置了一条600米宽的河边绿带,将两个现有城镇和新城联系起来。另外还设置了一个包括服务游客和来访者的港口,一座湿地公园和一个文化中心,见图9-6。

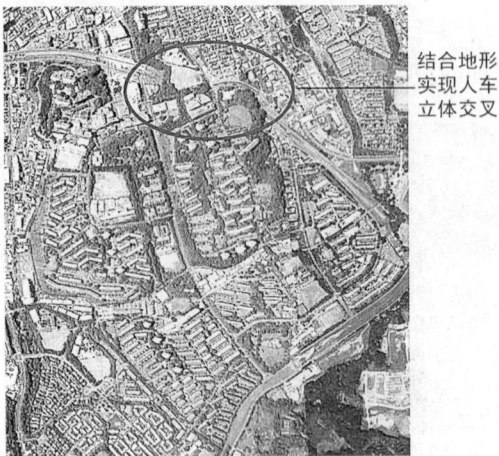

图9-5 日本多摩新城局部形态

图9-6 上海青浦新城规划[155]

**3) 人文特色——某种空间特色的借鉴(以借鉴为主)**

**【案例】 上海安亭新镇[156]**

安亭新镇占地面积约5平方千米。建筑平均层高3.6米,以4~5层为主,人口3万~5万人。新镇在平面形态上模仿生长型小城镇。主要道路系统是不规则的环状路网与自然弯曲的井字路的复合。另外在遵守规划导则的前提下,建筑师被赋予足够的自由完成各片区的设计,使用了从新古典主义到包豪斯、简约主义等多种元素,使城镇环境呈现出高度的个性化和多样化,见图9-7。

**4) 人文特色——基于某种空间特色借鉴基础之上的创新(以创新为主)**

**【案例】 日本幕张新都心滨城住区**

幕张新都心也是东京都多中心发展战略的组成部分,规划就业岗位15万人,居住人口2.6万人。其发展目标为:以国际会展中心为核心的展示功能、会议功能、中枢商务功能、研究开发功能、文化教育功能、余暇功能以及以滨城住区为主体的居住功能。

基于幕张新都心的发展目标,滨城住区的规划目标确定为"把都市住区作为都市街区来设计,而不是封闭的居住小区",构筑具有人气的都市街区以及统一而多样的城市景观。

住区划分为若干街区,每个街区占地约70米×80米见方。住区外部空间、景观设计均有统一的规划设计原则。该住区的物质空间规划模式借鉴了欧洲传统街区模式,但在借鉴的基础上结合日本情况以及基地特点,在街道设计、景观控制方面进行了颇多创新,见图9-8。

图 9-7　上海安亭新镇[156]

图 9-8　日本幕张新都心滨城住区街区特色[157]

### 9.3.4　持续生长

新区居住空间的生成,是一个持续发展的动态过程。根据其建设规模与发展速度,物质空间规划模式应兼顾整体的完善性与动态发展过程中的局部整体性,尤其要保证建设期较长的城市新区居住空间在逐步发展过程中的基本生活需求的满足。

不同于现代主义的居住空间组织方式,后现代主义的居住空间组织更加强调动态的生长和发展的过程,物质空间规划模式应与此相适应。西方的"10 次小组"以及日本的"新陈代谢"小组都提出过"簇式结构",主张城市应像一串串葡萄,具备生长、变化和发展的可能性。由此理念引发出的线形结构模式在日本的爱知县菱野新城、吉备高原新城、藤泽市藤泽新城中均得以实施。[158]

日本菱野新城是居住空间发展与生长模式互动的典型。该新城的公共设施分布于"T"形联结区,成为新城的发展脊。三个生活区沿该"T"形脊展开分布。公共设施的建设与居住空间的发展互为支撑。这一"T"形公共设施轴,实际上是线形发展轴的变体,构成了菱野新城的空间特色,见图 9-9。

图 9-9　菱野新城[159]

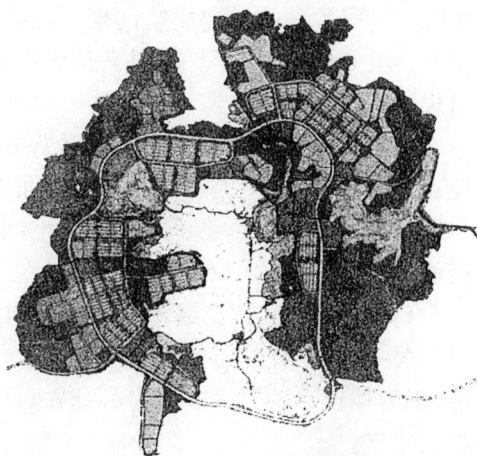

图 9-10　吉备高原新城[160]

吉备高原新城,沿着高原上现有的农业区成环状发展。是沿环形道路发展的线性模式。环形道路联通城市中心,并把内部生活区与外围其他功能区区分开来。内部生活区也有一条内部环路,为生活区服务的设施沿此环路设置。这种规划模式,保证了农业区与城市区的并行共处,见图9-10。

实际上,物质空间的线性生长模式,只适应受各种条件所限的带状发展地区。线性生长模式的适应生长与发展的规划思想,在其他规划模式中完全可以加以应用。生长轴线不一定是单一的线形,也可以是节点放射形、树形、或是可以逐步完善的网络型。

由于新区居住空间是新区城市整体的有机构成部分,伴随新区发展不同阶段,居住空间生长模式也应与之协同,体现出不同的形态走势,见表9-7。

表9-7 新区不同发展阶段的居住空间生长模式建议

| 新区整体发展阶段 | | 居住空间生长模式 |
|---|---|---|
| 启动期 | 空间整治<br>基础设施建设<br>先期项目导入(根据情况确定,一般有四种导入模式——行政功能、大型公建、旅游休闲、房地产) | 与基础设施以及先期项目统筹进行居住空间开发,一般有以下几种类型:沿交通线线形开发、交通节点周边开发、先期项目配套开发、与城市公共设施建设协同着手进行片区深度开发 |
| 成长期 | 产业功能逐步成熟<br>人口迁移持续进行<br>在先期项目引领下,城市空间结构逐步拓展 | 从点状、线形、小规模面状片区向纵深发展,片区逐步成熟,并与城市其他功能区网络状连接 |
| 成熟期 | 整体功能逐步稳定<br>空间结构逐步完善 | 居住空间整体格局(布局、规模、与其他城市功能区关系、社会空间结构)逐渐形成;<br>组织结构(交通组织、公建配套、空间特色等)逐渐完善 |

## 9.3.5 公共设施

第七章中已探讨了公共设施配套适应性的三个层面,即"配套分级与新区的功能结构、人口分布相适应,空间形态与增强新区活力及力促以市场行为为主体的配套设施的良性运营要求相适应,功能布局与新区的社会空间分布以及对弱势群体的扶持要求相适应"。这三个层面与居住空间的物质空间规划在结构层面有一定的关系。但是,由于公共设施既是提供公共服务的重要空间,同时又是居住空间中的活跃性、景观性空间,故进一步加强物质空间规划研究十分必要。

鉴于商业性公共设施在良性运营方面的高要求、公共设施在建构空间特色方面的重要性、公共设施在持续提升社区活力方面的有效性,笔者认为公共设施的物质空间规划应能够与居住空间的交通体系、土地利用、空间特色相契合,提升公共设施建设在经济层面和文化层面的双重效应。

### 1) 公共设施与"交通体系和土地利用"的结合

公共设施与"交通体系和土地利用"的结合主要针对的是社区级及以上级别的公共设施,因为相较于基层级社区中心,高级别的公共设施对交通可达性和土地开发的经济性有更高的要求。

以轨道交通为主导的居住区,公共建筑应布置在轨道站点周边,以轨道站点为核心综合开发大型商业服务设施,在从轨道站进入居住区的道路上设置沿街商业。中小学用地结合联系轨道站点的主要步行通道设置。在离轨道站点500米范围内应形成完善的步行系统,见图9-11。

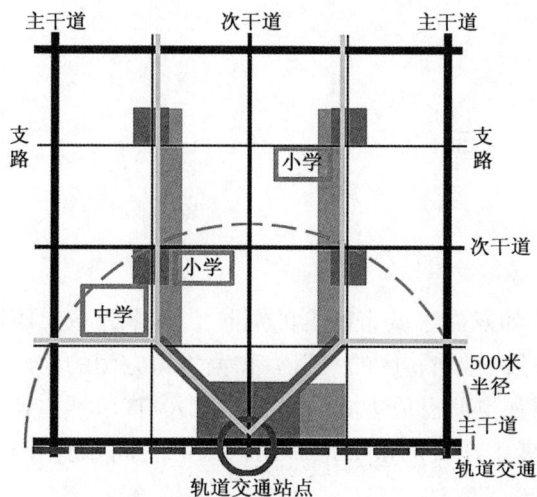

图9-11 以轨道交通为主的住区公共设施布局

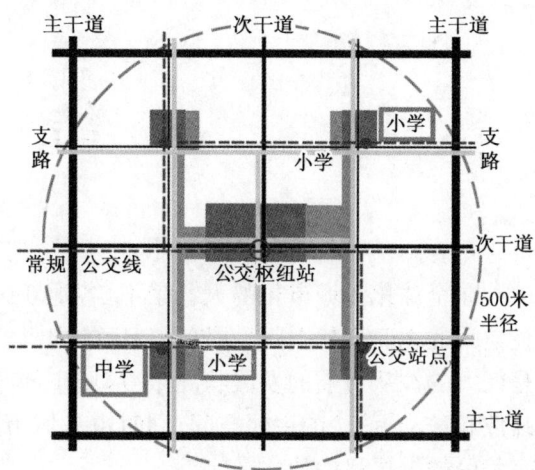

图9-12 以常规公交为主的住区公共设施布局

以常规公交为主导的居住区,公共建筑通常布置在居住区中心地段,有大型商业服务设施及沿次干道的商业街。中小学等设施通常均衡布置在居住区内部。居住区公共建筑中心区和公园周边用地的开发强度较高,其他地区开发强度较均衡。公交线路可沿次干道引入居住区,站点宜与中小学等公共设施结合,见图9-12。

**2)公共设施与"空间特色"的呼应**

居住空间整体特色的营造要抓住地域的自然、文化和历史属性,公共设施的空间规划应有所呼应,并在此基础上根据公共设施规模和功能进行创新。由于公共设施是居住空间中的活跃性、景观性要素,故而更应强化和突出特色,如结合自然特征创造山水特色,结合街区理念打造街道特色,结合历史特征塑造空间特色,等等。

# 本章小结

本章指出城市新区居住空间建设经历全局的再次建构过程,其物质空间规划能否提供"适应可持续发展的空间框架"是至关重要的。提出了物质空间规划理念,包括"功能合理——系统综合,持续发展——目标多向,因地制宜——地域特征"。认为基于目标的多向性、地区的地域性、系统的综合性,该环节尤其应该强化研究"路网模式、开发强度、空间特色、持续生长、公共设施"。认为基于多维分析基础之上的理性规划才是正确路径,并针对上述五个方面进行了详细论述。

# 结　　语

在全球化和城市化的大背景下,各地新区蓬勃发展。城市新区的居住空间作为城市居住空间的主要增长空间,在促进新区的内涵式发展、增强新区的吸引力和竞争力方面的作用是巨大的。从目前的发展状况来看,城市新区居住空间已成为吸纳旧城疏散人口(包括主动疏散和被动拆迁)的主要空间,同时也是城市扩展中涉及的被征地农民的聚居空间,还是外来移民的聚居目的地之一。

而中国社会经济"双重转型"的改革背景,使得新区居住空间发展表现出跌宕起伏的发展历程,成绩值得总结和发扬,问题需要发现和回避。在今后各地新区还将不断崛起和持续发展的形势下,如何尽量避免问题的产生,降低日后整治协调的成本,是城市规划研究领域不可回避的。

人人都可以对生活其中的住区评头论足一番,其看法实际上都带有评论者个人社会经济属性的烙印。在众说纷纭之中,作为一名从事城市规划工作的研究者,怎样才能深刻洞察与居住相关的社会现象、在各种话语体系中进行独立判断? 在当前转型期复杂的社会经济条件下,城市规划究竟能够做些什么,当碰到问题之时,我们总习惯说城市规划的作用是有限的,难道城市规划真的已充分发挥了作用?

因此,作为一本面向规划实践的书,笔者的所有努力皆可归结为:从新区居住空间的功能和社会性两方面探讨已有建设中的城市规划效用,面对转型期的发展形势和挑战,探寻城市规划如何推动新区居住空间的良性发展。本书试图在对相关制度环境进行深刻体察的基础上,对城市规划效用进行深刻检讨,结合规划理念的提升,对城市规划机制、体系提出建设性建议。

研究基于如下思路:一、以问题为导向,基于发展过程研究和实态评析,剖析新区居住空间建设在功能和社会性两方面的成绩和问题,评价城市规划效用;二、紧密结合制度研究,既包括对住房制度及相关政策等制度环境的研究,明确形势与挑战,也包括对新区居住空间开发建设的运行机制研究,探寻城市规划行动能力以及相关机制的作用;三、基于前两点的研究成果,进行规划应对研究(但不是问题解决型的应对,而是如何避免问题产生的应对),既包括"规划机制的优化"以深入到新区居住空间发展的制度体系中去,也包括"规划体系的完善"以达到对新区居住空间各层面的引导,结合规划理念的提升,进一步挖掘城市规划潜力,推动功能健康运行、促进社会和谐发展。

书稿虽已完成,但限于笔者的时间、精力和水平,难免存在不少疏漏和不足:(1)由于作者长期从事中微观层面的规划教学和实践,受知识背景所限,本书对于宏观层面的居住空间体系研究不够深入;(2)规划应对研究中有作者详细社会调查和实践研究支撑的部分论述更为充分,如居住空间社会性的调查、发展地段建设战略与发展计划、保障性住房规划等,由于各种原因,欠缺项目实践支撑的部分则相对薄弱一些;(3)实践研究的实态检讨部分主要以南京为例,由于这部分依赖大量一手调研资料,主要以南京为例便于资料收集和研究深入开展,且南京新区居住空间发展历程亦具有一定代表性,但确实影响了实态研究结论的普遍性。

　　最后要说的是,本书是在我的博士论文基础上完成的,在职攻读博士学位期间,得到了导师吴明伟先生的悉心指导,以及其他同事、朋友的倾心相助,还有家人的关爱和支持。在这里,向给予我热诚帮助和支持的所有人致以最诚挚的谢意。

# 参 考 文 献

［1］李允鉌. 华夏意匠［M］. 香港：Wide Angle Press，1980.

［2］ Kiril Stanilov. Postwar growth and suburban development patterns［M］//Kiril Stanilov, Brenda Case Scheer. Suburban form—an international perspective. Now York：Routledge，2004：6-7.

［3］冯健. 我国城市郊区化研究的进展与展望［J］. 人文地理，2001(6).

［4］罗思东. 美国郊区的蔓延：对交通拥堵与土地资源流失的分析［J］. 城市规划汇刊，2005(3).

［5］陈劲松. 新城模式：国际大都市发展实证案例［M］. 北京：机械工业出版社，2006.

［6］张敏. 国外郊区城市群体发展模式之一——美国的边缘城市［EB/OL］. http：//www. curb. com. cn/pageshow. asp? id_forum＝006111.

［7］张敏. 国外郊区城市群体发展模式之三——澳大利亚的郊区城市中心［EB/OL］. http：//www. curb. com. cn/pageshow. asp? id_forum＝006112.

［8］李涛，陈天. 土地利用与城市交通协调发展［J］. 南方建筑，2005(5).

［9］刘佳燕，陈振华，王鹏，等. 北京新城公共设施规划中的思考［J］. 城市规划，2006(4).

［10］Kiril Stanilov. Planning for sprawl：the evolution of a regional shopping center［M］//Kiril Stanilov, Brenda Case Scheer. Suburban form—an international perspective. Now York：Routledge，2004.

［11］周俭，等. 住宅区用地规模及规划设计问题探讨［J］. 城市规划，1999(1).

［12］清华大学建筑学院万科住区规划研究课题组，万科建筑研究中心. 万科的主张［M］. 南京：东南大学出版社，2004.

［13］马强. 道路布局模式与北美郊区型社区的发展［J］. 国外城市规划，2004(2).

［14］梁江，孙晖. 可持续发展规划的范例——西雅图市总体规划述评［J］. 国外城市规划，2000(4).

［15］Berg Per G. Sustainability resources in Swedish townscape neighbourhoods results from the model project Hagaby and comparisons with three common residential areas ［J］. Landscape and Urban Planning，2004，68：29-52.

［16］沈清基. 关于生态住区的思考［J］. 华中建筑，2000(3).

［17］曾梓峰. 可持续发展生态社区规划中社会资本观念之应用［J］. 现代城市研究，2005(7).

［18］哈贝马斯. 交往行动理论［M］. 洪佩郁，蔺青，译. 重庆：重庆出版社，1984.

［19］阿格妮丝·赫勒. 日常生活［M］. 衣俊卿，译. 重庆：重庆出版社. 1990.

［20］单世联. 想象的自由与限制［J］. 读书，2006(1).

[21] 安东尼·吉登斯. 社会学[M]. 赵旭东,等译. 北京:北京大学出版社,2003.

[22] D. 霍斯特. 是分析社会还是改造社会——哈贝马斯与卢曼之争[J]. 国外社会科学,2000(3).

[23] 陆学艺. 当代中国社会流动[M]. 北京:社会科学文献出版社,2004.

[24] 唐子来. 西方城市空间结构研究的理论和方法[J]. 城市规划汇刊,1997(6).

[25] 顾朝林,C Kestloot. 北京社会极化与空间分异研究[J]. 地理学报,1997(5).

[26] Fulong Wu, Klaire Webber. The rise of "foreign gated communities" in Beijing:between economic globalization and local institutions[J]. Cities,2004,21(3).

[27] 吴启焰,崔功豪. 南京市居住空间分异特征及其形成机制[J]. 城市规划,1999(12).

[28] 张鸿雁. 论当代中国城市社区分异与变迁的现状及发展趋势[J]. 规划师,2002(8).

[29] 李志刚,等. 当代我国大都市的社会空间分异——对上海三个社区的实证研究[J]. 城市规划,2004(6).

[30] 刘冰,张晋庆. 城市居住空间分异的规划对策研究[J]. 城市规划,2002(12).

[31] 张维,马春波. 武汉市居住空间分异特征初探[J]. 华中建筑,2004(3).

[32] 张庭伟. 1990 年代中国城市空间结构的变化及其动力机制[J]. 城市规划,2001(7).

[33] 顾朝林,C Kestloot. 北京社会空间结构影响因素及其演化研究[J]. 城市规划,1997(4).

[34] 杨上广,丁金宏. 浦东新区社会极化问题研究[J]. 城市规划汇刊,2004(6).

[35] 袁雯,等. 浦东新区社区空间布局及量化指标研究[J]. 人文地理,1996(3).

[36] 魏立华,闫小培. 大城市郊区化中社会空间的"非均衡破碎化"——以广州市为例[J]. 城市规划,2006(5).

[37] 饶小军,邵晓光. 边缘社区:城市族群社会空间透视[J]. 城市规划,2001(9).

[38] 李志刚,等. 城市社会空间分异:倡导还是控制[J]. 城市规划汇刊,2004(6).

[39] 刘平. 问题与思路:从社区建设到社区发展[J]. 学习与探索,2002(3).

[40] 胡伟. 城市规划与社区规划之辨析[J]. 城市规划汇刊,2001(1).

[41] 胡伟. 纽约市社区规划的现状述评[J]. 城市规划,2001(2).

[42] 曹国华,张露. 轨道交通与城市空间有序增长相关研究[J]. 城市轨道交通研究,2003(1).

[43] 李志刚,张京祥. 调解社会空间分异,实现城市规划对"弱势群体"的关怀——对悉尼 UFP 报告的借鉴[J]. 国外城市规划,2004(6).

[44] 孙施文,等. 开展具有中国特色的社区规划——以上海市为例[J]. 城市规划汇刊,2001(6).

[45] 唐忠新. 中国城市社区建设的兴起和主要特征[J]. 天津社会科学,2001(6).

[46] 徐桂华,魏倩. 制度经济学三大流派的比较与评析[J]. 经济经纬,2004(6).

[47] Richard Arnott. 经济理论与住房[M]//埃德温·S. 米尔斯,主编;郝寿义,译. 区域和城市经济学手册. 第 2 卷:城市经济学. 北京:经济科学出版社,2003.

[48] 田东海. 福利国家与住房政策[J]. 国外城市规划,2000(1).

[49] 曲蕾. 荷兰社会住宅的运作方式及其在城市更新中的作用[J]. 国外城市规划,2004(3).

[50] 白晨曦. 法国社会住宅的融资与建设[J]. 国外城市规划,2004(5).

[51] 安德鲁·M. 哈默,琼汉尼斯·F. 林. 发展中国家城市化:模式、问题和政策[M]//埃德温·S. 米尔斯,主编;郝寿义,译. 区域和城市经济学手册. 第 2 卷:城市经济学. 北京:经济科学出版社,2003.

[52] 王英,郑德高. 在可持续发展理念下英国住宅建设的道路选择——读《绿地、棕地和住宅开发》[J]. 国外城市规划,2005(6).

[53] 中国社会科学院语言研究所词典编辑室. 现代汉语词典(2002 增补本). 北京:商务印书馆,2002.

[54] 何兴华. 管治思潮及其对人居环境领域的影响[J]. 城市规划,2001(9).

[55] Janet L Abu Lughod. New York, Chicago, Los Angeles: America's global cities [M]. Minneapolis: University of Minnesota Press,1999.

[56] 宗跃光. 大都市空间扩展的周期性特征——以美国华盛顿巴尔的摩地区为例[J]. 地理学报,2005(3).

[57] 吕斌,张忠国. 美国城市成长管理政策研究及其借鉴[J]. 城市规划,2005(3).

[58] Thomas Harvey, Martha A. Suburban morphology and Portland's urban growth boundary[M]//Kiril Stanilov, Brenda Case Scheer. Suburban form—an international perspective. New York: Routledge,2004.

[59] Nicholas N Patricios. The neighborhood concept: a retrospective of physical design and social interaction[J]. Journal of Architecture and Planning Research, 2002, 19:1.

[60] Carol A Christensen. The American garden city and the new towns movement[M]. Ann Arbor: UMI Research Press, 1994:71-93.

[61] 沈玉麟. 外国城市建设史[M]. 北京:中国建筑工业出版社,2004:136-137.

[62] 洪亮平. 城市设计历程[M]. 北京:中国建筑工业出版社,2002.

[63] Peter Neal. Urban villages and the making of communities[M]. London:Spon Press, 2003.

[64] 张捷,赵民. 新城规划的理论与实践——田园城市思想的世纪演绎[M]. 北京:中国建筑工业出版社,2005.

[65] 肯尼斯·弗兰姆普敦. 现代建筑:一部批判的历史[M]. 张钦楠,译. 北京:三联书店,2004.

[66] The Hampstead Garden Suburb Act 1906, Unwin's Layout. [EB/OL]. http://www.hgs.org.uk/history/index.html.

[67] 迈克尔·布鲁顿,希拉·布鲁顿. 英国新城发展与建设[J]. 于立,胡伶倩,译. 城市规划,2003(12).

[68] 白云生,等. 城市规划与设计选例[J]. 世界建筑,1983(6).

[69] Michael Pacione. Where will the people go? Assessing the new settlement option for the United Kingdom[J]. Progress in Planning, 2004,2(2).

[70] 马裕祥. 日本城市化及其中心城市的空间结构模式[J]. 浙江经济,1997(3).

[71] 汪冬梅. 日本、美国城市化比较及其对我国的启示[J]. 中国农村经济,2003(9).

[72] 杨小荔,等. 美国和日本的农村剩余劳动力转移及对我国的启示[J]. 企业经济,2004(9).

[73] 西山卯三. 三十五年来日本生活方式和住宅状况之变化[J]. 林尽染,译. 世界建筑,1983(3).

[74] 张松. 21 世纪日本国土规划的动向及启示[J]. 城市规划,2002,26(12).

[75] 王长坤. 日本新城建设对天津开发区空间规划的借鉴[J]. 城市,2005(4).

[76] 崔昌律,冯利芳. 多摩新城,日本[J]. 世界建筑,1983(6).

[77] 港北新城. [EB/OL]. http://www. supdri. com/xslt/9. htm.

[78] 张菁,刘颖曦. 战后日本集合住宅的发展[J]. 新建筑,2001(2).

[79] 日本集合住宅规划设计的发展[N]. 中国建设报,2006-07-21.

[80] 江平尚史,沙永杰. 日本多摩新城第 15 住区的实验[J]. 时代建筑,2001(2).

[81] 李锦霞. 日本幕张滨城住区的研究与启示[D]. 杭州:浙江大学,2005.

[82] [美]丹尼斯·德怀尔编. 东南亚地区城市化发展的人口因素与面临问题[EB/OL]. 黄必红,译. http://www. cpirc. org. cn/yjwx/yjwx_detail. asp? id=2511.

[83] Limin Hee, Chye Kiang Heng. Transformations of space:a retrospective on public housing in Singapore[M]//Kiril Stanilov, Brenda Case Scheer. Suburban form—an international perspective. New York:Routledge, 2004.

[84] Housing and development board[EB/OL]. http://en. wikipedia. org/wiki/housing_and_development_board.

[85] 李光耀. 新加坡的公共住房政策——得失之间的政治与地产[N]. 中国房地产导报,2005-06.

[86] Foo Tuan Seik. Planning and design of Tampines, an award-winning high-rise, high-density township in Singapore[J]. Cities,2001,18(1):3342.

[87] 胡昊. 从榜鹅镇看新加坡二十一世纪新镇建设[J]. 小城镇建设,2002(2).

[88] 聂兰生,等. 21 世纪中国大城市居住形态解析[M]. 天津:天津大学出版社,2004:27.

[89] 朱锡金. 城市结构的活性[J]. 城市规划汇刊,1987(5).

[90] 中共南京市委宣传部. 让我们的城市更美——从规划看城市变化[G]. 南京市规划局,2003.

[91] 王兴平,孙晨,吴烨. 江宁经济技术开发区居住空间与产业空间关系的现状调研[Z]. 2007.

[92] 南京市规划局,南京市城市规划编制研究中心. 2005 年度土地招标拍卖规划汇总分析[Z]. 2005.

[93] 王伟强. 和谐城市的塑造[M]. 北京:中国建筑工业出版社,2005:35.

[94] 谢守红,宁越敏. 广州市人口郊区化研究——兼与北京、上海的比较[J]. 地域研究与开发,2006(6).

[95] 杨海寰. 南京郊区化水平研究[J]. 现代城市研究,2004(2).

[96] 周启昌,冯九璋. 大城市新市区人口的特点、问题及对策——以南京市江宁区为例[J]. 南京人口管理干部学院学报,2004(4).

[97] 刘秉镰,郑立波. 中国城市郊区化的特点及动力机制[J]. 理论学刊,2004(10).

[98] 南京市规划局.南京河西新城区北部地区控制性详细规划 2005 专题研究[Z].2005.

[99] 苏州工业园区构建和谐"天堂"[N].人民日报海外版,2006-8-12.

[100] 南京市规划局.南京河西新城区中部地区控制性详细规划 2004 附件——规划实施评估、规划调整说明[Z].2004.

[101] 江苏省统计局.对我省房地产市场形势的分析判断[EB/OL].[20050607] http://www.jssb.gov.cn/jssb/tjfx/tjfxzl/80200506170092.htm.

[102] 周岚,叶斌,徐明尧.探索住区公共设施配套规划新思路——《南京城市新建地区配套公共设施规划指引》介绍[J].城市规划,2006(4).

[103] 任绍斌.社会变迁下的中国大城市居住空间发展研究[D].东南大学建筑系,2002.

[104] 南京市规划局.南京经济适用住房建设情况汇总[Z].2006.

[105] 田敏,陈钢.经济适用房能否既"经济"又"适用"——关于我市经济适用房小区管理的情况调查与对策建议[R].中共南京市委办公厅政策研究室,2004.

[106] 邵晓梅.从土地利用变化态势谈集约利用[EB/OL].中国土地学会 6.25 网上论坛.2006.6.

[107] 中华人民共和国国土资源部.国土资源"十一五"规划纲要[Z].2006,4.

[108] 王承慧,李媚,葛黎佳,等.南京市新区失地农民安置区调查[Z],2007.

[109] 进一步维护失地农民利益南京征地补偿将同地同价[EB/OL].[20060320] www.xhby.net/xhby/content/200603/20/content_1190897.htm.

[110] 何流,官卫华.南京市城中村改造的思路、实践与对策研究[C]."城中村改造中的问题与对策"研讨会论文集,2006.

[111] 江苏省统计局.江苏省农民工状况研析[Z],2007.

[112] 王承慧,陶诗琦,朱骅,等.被动择居农民工社会生活空间图式调查[Z],2008.

[113] 让居者有其屋[EB/OL].房地产门户搜房,[2005-12-29]http://www.soufun.com.

[114] 反思农民工对廉租住房的"集体冷落"[EB/OL].[2006-09-07] http://fdc.soufun.com/news/20091121/803227_1.html.

[115] 陈泳.新的居住形态,新的生活社区——苏州工业园区"青年公社"[J].建筑师,2006(2).

[116] 叶迎君.苏州工业园区"青年公社"[J].建筑学报,2005(10).

[117] 李北方.中国消费时代何时到来[N].南风窗,2007-2-26.

[118] The world bank group. GINI Index[EB/OL]. http://data.worldbank.org/indicator/SI.POV.GINI.

[119] 章光日.关于新城开发热的冷思考[J].城市与区域规划研究,2008.

[120] 刘明彦.地产泡沫、社会福利与国家安全[J].读书,2007(3).

[121] 陆昀.房地产业进入转型调整期[N].中华工商时报,2006-10-24.

[122] 民革中央.关于政府参与投资建设经济适用房和廉租房的建议[Z].2007.

[123] Urban Task Force. Towards an Urban Renaissance-final report of the Urban Task Force[M]. London:Spon Press,1999.

[124] 周红.城市化进程与房地产业发展关系[J].现代城市研究,2005(7).

[125] 宣莹,陈定荣.城市和谐社区公共设施的规划策略——兼议《南京新建地区公共设施

配套标准指引》[J]. 城市规划学刊,2006(2).

[126] 吾维. 苏州工业园如何经营城市[EB/OL]. [20050819] http://zzhz. zjol. com. cn/ 05zzhz/system/2005/08/19/006275837_02. shtml.

[127] 李盛. 新加坡邻里中心及其在我国的借鉴意义[J]. 国外城市规划,1999(4).

[128] 唐晓莲,魏清泉. 房地产开发中的规划管理问题探析[J]. 城市规划,2006(11).

[129] 王国恩,等. 1990 年代以来广州城市空间拓展动力[C]. 2006 年中国城市规划年会论 文集中册. 中国建筑工业出版社,2006.

[130] 卢为民. 大都市郊区住区的组织与发展——以上海为例[M]. 南京:东南大学出版 社,2002.

[131] 董黎明. 城市化与住房问题[J]. 国外城市规划,2001(3).

[132] 李健,宁越敏. 1990 年代以来上海人口空间变动与城市空间结构重构[J]. 城市规划学 刊,2007(2).

[133] 清华大学建筑学院住宅与社区研究所,南京市规划设计研究院有限责任公司. 南京 河西新城区北部地区控制性详细规划专题研究[Z]. 2006.

[134] 李传省. 营建生态型居住区环境探析[J]. 中国园林,2005(9).

[135] 卡斯腾·哈里斯. 建筑的伦理功能[M]. 申嘉,陈朝晖译. 北京:华夏出版社,2001:21.

[136] 竺海湧. 中日在小户型空间尺度和面积分配上的差异[J]. 建筑学报,2008(4).

[137] 周燕珉. 中小户型住宅套内空间配置研究[J]. 装饰,2008(3).

[138] 黄富厢,唐懿. 做好住宅规划的分析与思考[J]. 城市规划,2005(12).

[139] 杜蔚民,蔡晓东. 高层住宅中小户型设计的探索——以杭州天都城天星苑二期户型设 计为例[J]. 浙江建筑,2007(9).

[140] 周燕珉,林菊英. 节能省地型住宅设计探讨——2006 全国节能省地型住宅设计竞赛 获奖作品评析[J]. 世界建筑,2006(11).

[141] 安东尼·奥罗姆,陈向明. 城市化的世界——对地点的比较分析和历史分析[M]. 上 海:上海人民出版社,2005:85-87.

[142] Tom Jones, William Pettus, Michael Pyatok. Good neighbors:affordable family housing[M]. Victoria:The Images Publishing Group Pty Ltd,1997.

[143] 官方网站 http://sc. housingauthority. gov. hk/gb/www. housingauthority. gov. hk/ b5/residential/prh/.

[144] 官方网站 http://www. pland. gov. hk/press/publication/nt_pamphlet02/stn_html/ develop_c. html.

[145] http://zh. wikipedia. org/w/index. php? title=％E5％A4％A9％E6％B0％B4％ E5％9C％8D&variant=zhcn.

[146] http://www. pref. gifu. lg. jp/pref/s11659/hightown/index. htm.

[147] 南京政策研究室. 经济适用房能否既"经济"又"适用"——关于我市经济适用房小区 管理的情况调查和对策建议[Z],2004.

[148] Nicholas N. Patricios. The neighorhood concept:a retrospective of physical design and social interaction[J]. Journal of Architecture and Planning Research, 2002, 19:1.

［149］Ali Madanipour. How relevant is "planning by neighbourhoods" today? ［J］. TPR，2001，72（2）：171191.

［150］谢英挺.居住区道路指标与路网模式研究［J］.规划师,2008(4).

［151］朱小地.北京边缘住区发展的问题研究［J］.建筑学报,2005(6).

［152］陈燕萍.适合公共交通服务的居住区布局形态——实例与分析［J］.城市规划,2002(8).

［153］许安之.城郊快速交通站点居住区模式探讨［J］.现代城市研究,2002(1).

［154］丁旭.创造一种体现地域场所精神的居住空间形态［J］.浙江大学学报（理学版）,2004(5).

［155］罗薇.青浦规划中国青浦区［J］.世界建筑导报,2004(6).

［156］黄劲松,刘宇,徐峰.上海国际汽车城安亭新镇规划研究［J］.理想空间,2005(6).

［157］清华大学建筑设计研究院,等.日本住宅［M］.北京:中国建筑工业出版社,2002.

［158］黑川纪章.城市规划的新潮流［J］.世界建筑,1987(4).

［159］菱野新城(1966)［J］.世界建筑,1987(4).

［160］吉备高原新城(1984)［J］.世界建筑,1987(4).

## 内 容 提 要

在城市新区蓬勃发展、不断崛起的形势下,在我国社会经济"双重转型"的背景下,城市新区居住空间作为城市居住空间的主要增长空间,经历了跌宕起伏的发展历程。当前,城市新区发展已逐渐从"粗放型,忽视社会目标"向"可持续,统筹社会经济发展"转型,相应地,新区居住空间亦面临新的形势和挑战。本书着力点不在于已出现问题的解决(这是城市更新和社区研究的范畴),而在于如何通过提升城市规划效用来推动新区居住空间的良性发展,降低日后整治协调的巨大成本。

本书通过居住空间理论研究和实践研究,把握功能、社会性、制度三方面的理论研究重点和热点,聚焦于转型以来我国城市新区及其居住空间的建设历程,检讨分析功能、社会性方面的成绩与问题,把握当前制度环境下的形势与挑战,抓住建设机制、规划体系这两个可以与更广域的社会经济背景相联系的方面切入,具体开展规划行动、规划控制、物质空间形态规划、保障性住房规划四个方面的规划应对研究,对推动城市新区居住空间以更为健康、有序、高效、和谐的方式发展,具有重要的理论意义和实践价值。

### 图书在版编目(CIP)数据

转型背景下城市新区居住空间规划研究/王承慧著.
—南京:东南大学出版社,2011.2
ISBN 978-7-5641-2627-8

Ⅰ.①转…　Ⅱ.①王…　Ⅲ.①城市—居住区—空间结构—研究—中国　Ⅳ.①TU984.11

中国版本图书馆 CIP 数据核字(2011)第 019731 号

东南大学出版社出版发行
(南京市四牌楼 2 号　邮编 210096)
出版人:江建中
网　　址:http://www.seupress.com
电子邮件:press@seu.edu.cn
全国各地新华书店经销　　江苏凤凰扬州鑫华印刷有限公司印刷
开本:787 mm×1092 mm　1/16　印张:14.25 字数:347 千字
2011 年 2 月第 1 版　2011 年 2 月第 1 次印刷
ISBN 978-7-5641-2627-8
印数:1~2 200 册　定价:36.00 元
本社图书若有印装质量问题,请直接与读者服务部联系。电话(传真):025-83792328